电力施工安全防范与控制

许培德 著

图书在版编目(CIP)数据

电力施工安全防范与控制 / 许培德著.—合肥：
合肥工业大学出版社，2023.10
ISBN 978-7-5650-6481-4

Ⅰ.①电… Ⅱ.①许… Ⅲ.①电力施工企业—安全管理 Ⅳ.①TM08

中国国家版本馆CIP数据核字(2023)第194168号

电力施工安全防范与控制
DIANLI SHIGONG ANQUAN FANGFAN YU KONGZHI

许培德 著

责任编辑 汪 钵
出版发行 合肥工业大学出版社
地　　址 (230009)合肥市屯溪路193号
网　　址 www.hfutpress.com.cn
电　　话 理工出版中心：0551-62903004
　　　　 营销与储运管理中心：0551-62903198
规　　格 787毫米×1092毫米 1/16
印　　张 13.5
字　　数 336千字
版　　次 2023年10月第1版
印　　次 2023年10月第1次印刷
印　　刷 河北柏兆达印刷有限公司
书　　号 ISBN 978-7-5650-6481-4
定　　价 48.00元

如果有影响阅读的印装质量问题，请与出版社营销与储运管理中心联系调换。

目前，我国正处于电力行业转型与发展的关键阶段，在技术不断更新的过程中，各行各业对电力的需求也在不断增大，我国电网改造建设施工项目和规模都得到了迅速增长，这给电力工程施工安全管理工作带来了严峻的挑战。作为关系国家能源安全和国民经济命脉的电力企业，必须高举中国特色社会主义伟大旗帜，全面贯彻习近平新时代中国特色社会主义思想，深入学习贯彻党的二十大精神，旗帜领航跟党走，强根铸魂践初心，坚定不移走中国式现代化电力发展之路。

由于电力工程的风险很高，建设现场环境复杂，为了确保电力工程建设的质量和安全，本书从实际情况出发，提供实际有效的安全控制方法。通过加强建设现场的安全管理，对建设工作进行安全风险分析，积极实施安全管理和管理改善项目，推进建设现场的实时安全管理，有效降低建设现场的个人安全风险。

本书以实践为主，适合学校和电力企业培训使用。本书具有“全而新”的特点，通过教学内容和课程体系改革，对电力工程中的问题和防控措施进行归纳总结，培养学生的创新思维。本书主要特色如下。

（1）打破传统格局，依据企业实际工作任务，重构以“工作工程为导向”的课程内容。根据教学内容和企业实际工作任务设计电力施工安全防范与控制的教学项目，将其分成四个项目，由浅入深，在教材中充分体现。

（2）打破了传统的学科结构体系，不再单纯围绕知识传授组织教材，而是站在为工程服务的角度上精选项目，处处体现教学为工程服务的思想。结合企业实际工作任务，以实际工作岗位的典型项目为载体，按项目的实施过程开展教学，通过介绍安全生产政策文件、常用法律法规及标准、安全生产管理、安全生产技术、事故与应急管理等内容，培养学生从事电力施工安全防范与控制的基本职业能力，同时培养学生诚实守信、善于协作、爱岗敬业的职业素养。

（3）应用特色鲜明。教材设计以学生为主体，以能力培养为目标，以行动导向为本位。全书采用项目式教学，从分析电力安全防范与实施过程入手，加强学生关于施工全过程、全方位、全员的安全防范意识，以做好施工现场安全管理为核心职业实践能力，从应用的角度出发，遵循“宽、浅、新、用”的原则，遵循“知识为技能服务，技能为综合能力和素质服务”的思想精心组织内容。

本书为智能化融媒体新形态教材，配套资源丰富，包括电子活页的拓展知识和在线测试题，读者可通过扫描微信小程序码浏览查看。

《电力施工安全防范与控制》微信小程序码

本书在编写过程中得到了福建水利电力职业技术学院、国网福建省电力有限公司、福建省电力行业职业教育指导委员会、福建省电力企业协会、中国电建集团福建工程有限公司、福州亿力工程有限公司、福建伟海电力工程有限公司等单位的大力支持，在此表示衷心的感谢！

由于著者水平有限，书中难免存在疏漏和不足之处，恳请广大读者批评指正。

著　者

2023年6月

目
CONTENTS
录

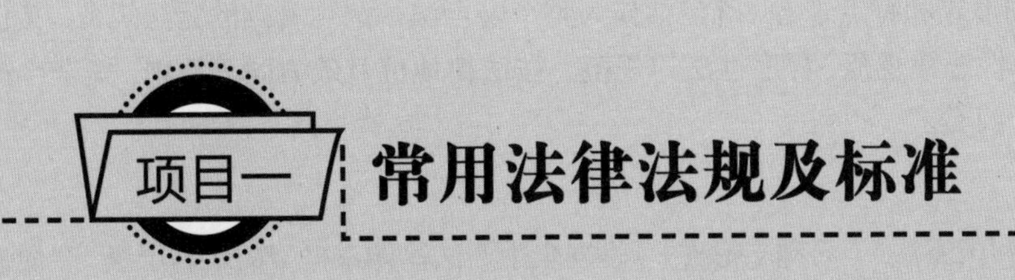

拓展知识

新修订的《中华人民共和国安全生产法》(简称《安全生产法》)强调安全生产工作必须坚持中国共产党的领导；强调把保护人民生命安全摆在首位，从源头上防范化解重大安全风险；强调保障安全生产、维护社会和谐、实现安全发展；强调管行业必须管安全、管业务必须管安全、管生产经营必须管安全。《安全生产法》坚持贯彻总体国家安全观，以国家强制力规范和解决影响安全生产的突出问题。国电电力发展股份有限公司(以下简称国电电力)充分认识实施《安全生产法》的重大意义，从夯实提升法治意识、制定完善规章制度、落实强化督导考核等方面，强化《安全生产法》贯彻落实工作，全面统筹发展和安全两件大事。

国电电力宣传贯彻《安全生产法》，筑牢安全防线

模块一　安全生产法律法规及标准概述

安全生产法律法规的概念有广义和狭义之分。广义的安全生产法律法规是指我国保护劳动者、生产者和保障生产资料及财产安全的全部法律规范。例如，关于安全生产技术方面的法规。狭义的安全生产法律法规是指国家为了改善劳动条件，防止和减少生产安全事故，保护劳动者在生产过程中的安全与健康，保障生产安全及财产安全所采取的各种措施的法律规范。例如，对女工和未成年人的劳动保护特别规定。

以《安全生产法》的颁布实施为标志，我国安全生产立法进入全面发展的新阶段。《安全生产法》的修订、颁布，是安全生产领域又一座里程碑，标志着安全生产法治工作又向前迈进了一大步，为开创安全生产工作新局面提供了强有力的法律保障。

一、安全生产法律体系

(一)安全生产法律体系的概念

安全生产法律体系，是指我国全部现行的、不同的安全生产法律规范形成的有机联系的统

一整体，是一个包含多种法律形式和法律层次的综合性系统。

从法律规范的形式和特点来看，既包括作为整个安全法律法规基础的宪法规范，又包括行政法律规范、技术性法律规范、程序性法律规范。按法律地位及效力同等原则，安全生产法律体系分为以下七个门类。

1.宪法

《中华人民共和国宪法》（简称《宪法》）是安全生产法律体系框架的最高层级，“加强劳动保护，改善劳动条件”是有关安全生产方面最高法律效力的规定。

2. 安全生产方面的法律

（1）基础法。我国有关安全生产的法律包括《安全生产法》以及与它平行的专门法律、相关法律。《安全生产法》是综合规范安全生产法律制度的法律，它适用于所有生产经营单位，是我国安全生产法律体系的核心。

（2）专门法律。专门安全生产法律是规范某一专业领域安全生产法律制度的法律。我国的专门安全生产法律有《中华人民共和国矿山安全法》（简称《矿山安全法》）、《中华人民共和国海上交通安全法》（简称《海上交通安全法》）、《中华人民共和国消防法》（简称《消防法》）、《中华人民共和国道路交通安全法》（简称《道路交通安全法》）。

（3）相关法律。与安全生产有关的法律是指专门安全生产法律以外的其他法律中涵盖安全生产内容的法律，如《中华人民共和国劳动法》（简称《劳动法》）、《中华人民共和国建筑法》（简称《建筑法》）、《中华人民共和国煤炭法》（简称《煤炭法》）《中华人民共和国铁路法》（简称《铁路法》）、《中华人民共和国民用航空法》（简称《民用航空法》）、《中华人民共和国工会法》（简称《工会法》）、《中华人民共和国全民所有制工业企业法》（简称《全民所有制工业企业法》）、《中华人民共和国乡镇企业法》（简称《乡镇企业法》）、《中华人民共和国矿产资源法》（简称《矿产资源法》）等。还有一些与安全生产监督执法工作有关的法律，如《中华人民共和国刑法》（简称《刑法》）、《中华人民共和国刑事诉讼法》（简称《刑事诉讼法》）、《中华人民共和国行政处罚法》（简称《行政处罚法》）、《中华人民共和国行政复议法》（简称《行政复议法》）、《中华人民共和国国家赔偿法》（简称《国家赔偿法》）、《中华人民共和国标准化法》（简称《标准化法》）等。

3. 安全生产行政法规

安全生产行政法规是由国务院组织制定并批准公布的，是为实施安全生产法律或规范安全生产监督管理制度而制定并颁布的一系列具体规定，是实施安全生产监督管理和监察工作的重要依据。我国已颁布了多部安全生产行政法规，如《国务院关于特大安全事故行政责任追究的规定》《煤矿安全监察条例》等。

4. 地方性安全生产法规

地方性安全生产法规是指由有立法权的地方权力机关——人民代表大会及其常务委员会和地方政府制定的安全生产规范性文件，是由法律授权制定的，是对国家安全生产法律法规的补充和完善，以解决本地区某一特定的安全生产问题为目标，具有较强的针对性和可操作性。

5. 部门安全生产规章、地方政府安全生产规章

根据《中华人民共和国立法法》（简称《立法法》）的有关规定，部门规章之间、部门规章与地方政府规章之间具有同等效力，在各自的权限范围内施行。国务院部门安全生产规章由有关部门为加强安全生产工作而颁布的规范性文件组成，从部门角度可划分为交通运输业、化学工业、石油工业、机械工业、电子工业、冶金工业、电力工业、建筑业、建材工业、航空航天业、船舶工业、轻纺工业、煤炭工业、地质勘探业、农村和乡镇工业、技术装备与统计工作、安全评价与竣工验收、劳动保护用品、教育培训、事故调查与处理、职业危害、特种设备、防火防爆和其他部门等。部门安全生产规章作为安全生产法律法规的重要补充，在我国安全生产监督管理工作中起着十分重要的作用。地方政府安全生产规章一方面从属于法律和行政法规，另一方面又从属于地方法规，并且不能与它们相抵触。

6. 安全生产标准

安全生产标准是安全生产法规体系中的一个重要组成部分，也是安全生产管理的基础和监督执法工作的重要技术依据。安全生产标准大致分为以下四类：设计规范类，安全生产设备、工具类，生产工艺安全卫生，防护用品类。

7. 已批准的国际劳工公约

国际劳工组织自1919年创立以来，一共通过了一百多个公约和两百多个建议书，其中70%的公约和建议书涉及职业安全卫生问题。我国政府为国际性安全生产工作已签订了国际性公约，当我国安全生产法律与国际劳工公约有不同时，应优先采用国际劳工公约的规定（除保留条件的条款外）。

（二）安全生产法律体系的基本框架

1. 从层级上，法可以分法律、法规、规章、法定安全生产标准、国际公约

（1）法律。法律是安全生产法律体系中的上位法，居于整个体系的最高层级，其法律地位和效力高于法规（包括行政法规、地方性法规、部门规章和地方政府规章）等下位法。法律可分为以下几种：①国家根本法，如《宪法》；②国家基本法，如《刑法》和《中华人民共和国民法典》（简称《民法典》）；③劳动综合法，如《劳动法》和《中华人民共和国劳动合同法》（简称《劳动合同法》）；④安全生产与健康综合法，如《安全生产法》和《中华人民共和国职业病防治法》（简称《职业病防治法》）；⑤专门安全生产法（也称安全生产单行法），如《中华人民共和国电力法》（简称《电力法》）、《建筑法》、《中华人民共和国消防法》（简称《消防法》）、《中华人民共和国特种设备安全法》（简称《特种设备安全法》）、《道路交通安全法》、《矿山安全法》等。

（2）法规。安全生产法规，分为行政法规和地方性法规。

（3）规章。安全生产行政规章分为部门规章和地方政府规章。

（4）法定安全生产标准。法定安全生产标准分为国家标准和行业标准。对没有国家标准和行业标准而又需要在省、自治区、直辖市范围内统一的安全生产要求，可以制定地方安全生产标准，但仅适用于该地行政范围。企业安全生产标准不属于法定安全生产标准管理范畴，仅适用于企业内部，企业安全生产标准不得低于国家、行业和地方安全生产标准规定。

（5）国际公约。国际公约是指国际间有关政治、经济、文化、技术等方面的多边条约。

2. 从同一层级的效力上，法可以分为普通法与特殊法

普通法是指适用于安全生产领域中普遍存在的基本问题和共性问题的法律规范，它们不解决某一领域存在的特殊性、专业性的法律问题。

特殊法是适用于某些安全生产领域独立存在的特殊体，更有可操作性。在同一层级的安全生产立法对同一类问题的法律适用上，特殊法优于普通法。

3. 从内容上，法可以分为综合性法与单行法

《安全生产法》属于安全生产领域的综合性法律。

《矿山安全法》属于单独适用于矿山开采安全生产的单行法律。但就矿山开采安全生产的整体而言，《矿山安全法》又属于综合性法。

二、安全生产标准体系的结构

（一）安全标准与安全生产标准体系的概念

安全生产标准虽然没有纳入我国法律体系的范畴，但在安全生产工作中起着十分重要的作用。

1. 安全标准的范围

安全标准涉及安全生产标准、产品质量安全标准、公共安全标准、方法安全标准、管理安全标准等。标准的类型包括国家标准（GB）、行业标准（如AQ、DL）、地方标准（如DB）等。

2. 安全生产标准的种类

（1）基础标准。在安全生产领域的不同范围内，对普遍的、广泛通用的共性认识所作的统一规定，是在一定范围内作为制定其他安全标准的依据和共同遵守的准则。其内容包括制定安全标准所必须遵循的基本原则、要求、术语、符号；各项应用标准、综合标准赖以制定的技术规定；物质的危险性和有害性的基本规定；材料的安全基本性质及基本检测方法等。

（2）管理标准。通过计划、组织、控制、监督、检查、评价与考核等管理活动的内容、程序、方式，使生产过程中人、物、环境各个因素处于安全受控状态，直接服务于生产经营科学管理的准则和规定。

（3）技术标准。对于生产工程中的设计、施工、操作、安装等具体技术要求及实施程序中设立的，必须符合一定安全要求及能达到此要求的实施技术和规范的总称。

（4）方法标准。对各项生产过程中技术活动的方法所作出规定。

（5）产品标准。对某一具体安全设备、装置、防护用品及其实验方法、检测检验规则、标志、包装、运输、储存等方面所作的技术规定。它是在一定时期和一定范围内具有约束力的技术准则，是产品生产、检验、验收、使用、维护和洽谈贸易的重要技术依据，对于保障安全、提高生产和使用效益具有重要意义。产品标准的主要内容包括产品的使用范围，产品的品种、规格和结构形式，产品的主要性能，产品的实验、检验方法和验收规则，产品的包装、储存和运输等方面的要求。

3. 安全生产标准的特征

（1）安全生产标准具有强制性。

（2）安全生产标准具有系统性。

（3）安全生产标准涉及面的广泛性。

（二）安全生产标准体系的结构

我国安全生产标准体系可由5个分体系构成，即基础标准分体系、管理标准分体系、技术标准分体系、产品标准分体系和方法标准分体系。每个分体系又由若干子体系组成。

1. 基础标准分体系

基础标准分体系由基本规定、名词和术语等3个子体系组成。

基础规定标准是指规范安全生产标准或标准体系编制的程序和要求。名词和术语标准是针对安全生产有关名词和术语制定的、具有普遍适用性的标准，例如《职业安全卫生术语》（GB/T 15236—2008）、《个人防护用品术语》（GB/T 12903—91）和《企业职工伤亡事故分类》（GB 6441—86）等。

安全标志和标识等通用基础标准是指在危险场所悬挂标牌或喷涂鲜明的颜色等标记以引起人的注意、避免或减少事故的发生，例如《安全色》（GB 2893—2008）、《工业管道的基本识别色、识别符号和安全标识》（GB 7231—2003）等。

2. 管理标准分体系

管理标准分体系由设计、风险评价等13个子体系组成。

设计安全标准是指为了保证工业企业总体设计（包括场区和厂房）、生产工艺、生产和辅助设备设施等设计满足安全生产要求而制定的标准，例如《工业企业总平面设计规范》（GB 50187—2012）、《工业企业设计卫生标准》（GBZ 1—2010）和《生产设备安全卫生设计总则》（GB 5083—1999）等。

3. 技术标准分体系

技术标准分体系由机械设备安全、特种设备安全等5个子体系组成。

技术标准分体系主要指生产和工艺方面技术要求和设备设施的安全技术要求。机械设备安全标准是针对机械设备和设施的设计、制造、检测与实验、使用等方面制定的标准，例如《机械安全　防护装置　固定式和活动式防护装置的设计与制造一般要求》（GB/T 8196—2018）、《冷冲压安全规程》（GB 13887—2008）和《剪切机械安全规程》（GB 6077—85）等。

4. 产品标准分体系

产品标准分体系由劳动防护用品、安全防护装置等5个子体系组成。

劳动防护用品标准分为头部、呼吸器官、眼面部、听觉器官、手部、足部、躯干和防坠落防护用品及护肤用品等几个方面，例如，《劳动防护用品选用原则》（GB 11651—89）、《头部防护　安全帽》（GB 2811—2019）和《防护鞋通用技术条件》（GB 12623—90）等。安全防护装置标准包括通用的防护装置（如防护平台和栏杆、防护网）及与生产设备配套的安全装置（如锅炉的压力计、水位计)标准。例如《固定式工业防护栏杆安全技术条件》(GB 4053.3—93)、《固定式工业钢平台》(GB 4053.4—83)和《排风罩的分类及技术条件》(GB/T 16758—2008)等。

5. 方法标准分体系

方法标准分体系由设备检测、产品试验和检测方法等3个子体系组成。

方法标准是对各项生产过程中技术活动的方法所作出的规定，例如《工作场所空气中有害物质监测的采样规范》(GBZ 159—2004)、《高温作业环境气象条件测定方法》(GB/T 934—2008)和《爆炸性环境 电阻式伴热器 第1部分：通用和试验要求》(GB/T 19518.1—2017)等。

模块二 电力建设安全生产标准化创建

安全生产标准化是预防事故、加强安全生产管理的重要基础，是落实企业安全生产主体责任的有力措施。开展电力建设施工企业安全生产标准化创建工作，对于建立健全电力施工企业安全生产风险管控机制和监督管理机制，推进电力安全生产监督管理工作科学化、规范化、制度化，保证电力工业科学发展、安全发展具有重大意义。下面着重介绍电力工程有关的《电力工程建设项目安全生产标准化规范及达标评级标准》和《电力建设施工企业安全生产标准化规范及达标评级标准》。

一、《电力工程建设项目安全生产标准化规范及达标评级标准》简介

为加强电力工程建设项目安全生产监督管理，落实《国务院关于进一步加强企业安全生产工作的通知》(国发〔2010〕23号)，规范电力工程建设项目安全生产标准化工作，国家能源局电力安全监管司组织编制了《电力工程建设项目安全生产标准化规范及达标评级标准》。

《电力工程建设项目安全生产标准化规范及达标评级标准》的制定主要依据《企业安全生产标准化基本规范》(AQ/T 9006—2010，现已更新为GB/T 33000—2016)。《企业安全生产标准化基本规范》(GB/T 33000—2016)规定了企业安全生产标准化管理体系建立、保持与评定的原则和一般要求，以及目标职责、制度化管理、教育培训、现场管理、安全风险管控及隐患排查治理、应急管理、事故管理和持续改进八个体系的核心技术要求。《电力工程建设项目安全生产标准化规范及达标评级标准》考虑电力工程建设项目的类型、特点，规定了电力工程建设项目安全生产的目标，组织机构和职责，安全生产投入，法律法规与安全管理制度，教育培训，施工设备管理，作业安全，隐患排查和治理，危险源辨识和重大危险源监控，职业健康，应急救援，事故、报告和处理，绩效评定和持续改进等方面的内容和要求，规范电力工程建设项目安全管理。

(一)适用范围

《电力工程建设项目安全生产标准化规范及达标评级标准》适用于中华人民共和国境内火电、水电、输变电等电力工程建设项目，风电、光伏发电等其他电力工程建设项目可参照执行。

（二）规范性引用文件

引用文件既是编制《电力工程建设项目安全生产标准化规范及达标评级标准》时参照的标准，也是标准执行时应遵守的法规性文件。该标准所列引用文件，凡是注日期的，仅注日期的版本适用于该标准。凡是不注日期的，其最新版本（包括所有的修改单）适用于该标准。具体引用文件见该标准正文。

（三）术语和定义

（1）企业安全生产标准化。企业通过落实企业安全生产主体责任，通过全员全过程参与，建立并保持安全生产管理体系，全面管控生产经营活动各环节的安全生产与职业卫生工作，实现安全健康管理系统化、岗位操作行为规范化、设备设施本质安全化、作业环境器具定置化，并持续改进。

（2）安全生产绩效。根据安全生产和职业卫生目标，在安全生产、职业卫生等工作方面取得的可测量结果。

（3）企业主要负责人。有限责任公司、股份有限公司的董事长、总经理，其他生产经营单位的厂长、经理、矿长，以及对生产经营活动有决策权的实际控制人。

（4）相关方。工作场所内外与企业安全生产绩效有关或受其影响的个人或单位，如承包商、供应商等。

（5）资源。实施安全生产标准化所需的人员、资金、设施、材料、技术和方法等。

（6）高处作业。凡在坠落高度基准面2 m以上（含2 m）有可能坠落的高处进行的作业。

（7）受限空间。受限空间是指施工现场各种设备内部（炉、罐、仓、池、槽车、管道、烟道等）和隧道、下水道、沟、坑、井、池、涵洞、阀门间、污水处理设施等封闭、半封闭的设施及场所（地下隐蔽工程、密闭容器、长期不用的设施或通风不畅的场所等）。在符合以下所有物理条件（同时符合3条）外，还至少存在以下危险特征之一的空间。

物理条件包括以下3条：

①有足够的空间，让员工可以进入并进行指定的工作；

②进入和撤离受到限制，不能自如进出；

③并非设计用来给员工长时间在内工作的。

危险特征包括以下4条：

①存在或可能产生有毒有害气体；

②存在或可能产生掩埋进入者的物料；

③内部结构可能将进入者困在其中（例如，内有固定设备或四壁向内倾斜收拢）；

④存在已识别出的健康、安全风险。

（8）特种作业。特种作业指容易发生事故，对操作者本人、他人的安全健康及设备、设施的安全可能造成重大危害的作业。

（9）重大危险源。重大危险源是指长期或临时生产、搬运、使用或储存危险物品，且危险物品的数量等于或超过临界量的单元（包括场所和设施）。

（10）事故隐患。事故隐患分为一般事故隐患和重大事故隐患。一般事故隐患是指危害和整改难度较小，发现后能够立即整改排除的隐患。重大事故隐患是指危害和整改难度较大，应当全部或局部停产停业，并经过一定时间整改治理方能排除的隐患，或者因外部因素影响致使生产经营单位自身难以排除的隐患。

（四）实施过程中应遵守的一般要求

（1）原则。电力工程建设项目开展安全生产标准化工作，遵循“安全第一、预防为主、综合治理”的方针，以隐患排查治理、危险源动态管理、安全文明施工为基础，提高安全生产水平，防范事故，保障人身安全健康，实现电力工程建设活动顺利进行。

（2）建立和保持。依据本标准要求，结合电力工程建设特点，采用“策划、实施、检查、改进”动态循环的模式，通过自我检查、自我纠正和自我完善，规范安全管理和作业行为，建立并保持安全绩效持续改进的长效管理机制。

（3）评审。标准化达标评级采用对照本标准评分的方式，评审得分=（实得分 ÷ 应得分）×100。其中，实得分为评分项目实际得分值的总和，应得分为评分项目标准分值的总和。标准化达标评级分为一级、二级、三级，一级评审得分应大于90分，二级评审得分应大于80分，三评审得分应大于70分。

（4）评审时间。评审时间应为工程施工高峰期。火电工程：首台锅炉板梁吊装至系统调试阶段。水电工程：挡水建筑物完成50%至机电设备开始安装。输变电工程：变电工程主变就位前或线路工程导地线架线前。其他电力工程建设项目可根据工程情况适时申请评审。

（5）核心要求。工程项目安全生产标准化核心要求及评分标准共13个要素，包含47个考核项，46个考核子项，共计317条具体考核内容。其中涉及建设方的考核内容19项，涉及施工方的考核内容154项，涉及各单位的考核内容是126项，涉及监理方的具体内容10项，涉及建设方、施工方双方的内容共计4项，涉及监理、施工、建设单位的内容共计1项，涉及设计方的具体内容3项。总分1 000分，按得分率计算实际得分，应得分=1 000－不考核项的应得分数。

（五）附录规定与实施要求

《电力工程建设项目安全生产标准化规范及达标评级标准》中给出的附录与核心要求效力相同，注明“包括但不限于”时，指可根据项目情况，增加有关内容，但规定的要求应按标准实施。

二、《电力建设施工企业安全生产标准化规范及达标评级标准》简介

为加强电力建设安全生产监督管理，落实《国务院关于进一步加强企业安全生产工作的通知》（国发〔2010〕23号）、《国务院关于坚持科学发展安全发展促进安全生产形势持续稳定好转的意见》（国发〔2011〕40号），规范电力建设施工企业安全生产标准化工作，国家能源局电力安全监管司组织编制了《电力建设施工企业安全生产标准化规范及达标评级标准》。

《电力建设施工企业安全生产标准化规范及达标评级标准》的制定主要依据《企业安全生产标准化基本规范》（GB/T 33000—2016）。该标准规定了电力施工企业安全生产标准化管理体系建立、保持与评定的原则和一般要求，以及目标职责、制度化管理、教育培训、现场管理、安全风险管控及隐患排查治理、应急管理、事故管理和持续改进八个体系要素的核心技术要求。

（一）适用范围

《电力建设施工企业安全生产标准化规范及达标评级标准》适用于中华人民共和国境内从事电源、电网建设的施工企业。

（二）规范性引用文件

引用的文件既是编制《电力建设施工企业安全生产标准化规范及达标评级标准》时参照的标准，也是标准执行时应遵守的法规性文件。该标准所列引用文件，凡是注日期的，仅注日期的版本适用于本标准。但标准中也指出，鼓励根据本标准达成协议的各方研究是否可使用这些文件的最新版本。凡是不注日期的，其最新版本（包括所有的修改单）适用于该标准。

（三）术语和定义

《电力建设施工企业安全生产标准化规范及达标评级标准》中的术语和定义根据《企业安全生产标准化基本规范》（GB/T 33000—2016）中规定的术语和国家、行业现行法规、标准，结合项目特点制定。

（1）安全生产标准化。通过建立安全生产责任制，制定安全管理制度和操作规程，排查治理隐患和监控重大危险源，建立风险分析和预控机制，规范电力建设施工企业安全生产行为，使电力建设施工企业各环节符合有关安全生产法律法规和标准规范的要求，人、机、物、环处于良好的状态，并持续改进，不断加强电力建设施工企业安全生产规范化建设。

（2）安全绩效。依据安全工作目标，在施工企业安全工作方面取得的可测量结果。

（3）相关方。与电力建设施工企业的安全绩效相关联或受其影响的组织或个人。

（4）资源。实施安全生产标准化所需的人员、资金、设施、材料、技术和方法等。

（5）高处作业。凡在坠落高度基准面2 m以上（含2 m）有可能坠落的高处进行的作业。

（6）受限空间。受限空间是指施工现场各种设备内部（炉、罐、仓、池、槽车、管道、烟道等）和隧道、下水道、沟、坑、井、池、涵洞、阀门间、污水处理设施等封闭、半封闭的设施及场所（地下隐蔽工程、密闭容器、长期不用的设施或通风不畅的场所等）。

在符合以下所有物理条件（同时符合3条）外，还至少存在以下危险特征之一的空间。

物理条件包括以下3条：

①有足够的空间，让员工可以进入并进行指定的工作；

②进入和撤离受到限制，不能自如进出；

③并非设计用来给员工长时间在内工作的。

危险特征包括以下4条：

①存在或可能产生有毒有害气体；

②存在或可能产生掩埋进入者的物料；

③内部结构可能将进入者困在其中（例如，内有固定设备或四壁向内倾斜收拢）；

④存在已识别出的健康、安全风险。

（7）特种作业。特种作业指容易发生事故，对操作者本人、他人的安全健康及设备、设施的安全可能造成重大危害的作业。

（8）重大危险源。重大危险源是指长期或临时生产、搬运、使用或储存危险物品，且危险物品的数量等于或超过临界量的单元（包括场所和设施）。

（9）事故隐患。事故隐患分为一般事故隐患和重大事故隐患。一般事故隐患是指危害和整改难度较小，发现后能够立即整改排除的隐患。重大事故隐患是指危害和整改难度较大，应当全部或局部停产停业，并经过一定时间整改治理方能排除的隐患，或者因外部因素影响致使生产经营单位自身难以排除的隐患。

（四）实施过程应遵守的一般要求

（1）原则。电力建设施工企业开展安全生产标准化工作遵循“安全第一、预防为主、综合治理”的方针，以安全文明施工、危险源动态管理、隐患排查治理为基础，提高安全生产水平，防范事故，保障人身安全、健康，实现电力建设施工企业安全目标。

（2）建立和保持。依据本标准要求，结合电力建设施工企业特点，采用“策划、实施、检查、改进”动态循环的模式，通过自我检查、自我纠正和自我完善，规范安全管理和作业行为，建立并保持安全绩效持续改进的长效管理机制。

（3）评审。标准化达标评级采用对照本标准评分的方式，评审得分=（实得分 ÷ 应得分）×100。其中，实得分为受评企业实际得分值的总和，应得分为受评企业适用项标准分值的总和。标准化达标评级分为一级、二级、三级，评审得分90分及以上为一级，得分80分及以上为二级，得分70分及以上为三级。

（4）核心要求。施工企业安全生产标准化核心要求及评分标准共13个要素，47个考核项目，46个考核子项，共计475项具体内容。其中涉及企业的具体内容90项，涉及项目部的具体内容327项，公司与项目共同涉及的具体内容58项。总分1 000分，按得分率计算实际得分，应得分=1 000－不考核项的应得分数。

（五）附录规定实施要求

《电力建设施工企业安全生产标准化规范及达标评级标准》中给出的附录与核心要求效力相同，注明“包括但不限于”时，指可根据企业自身情况，增加有关内容，但规定的要求应按标准实施。主要包括以下几种。

附录A：常规安全防护设施。

附录B：施工企业应建立的安全管理制度。

附录C：达到一定规模的危险性较大的分部分项工程。

附录D：超过一定规模的危险性较大的分部分项工程。

附录E：重要临时设施、重要施工工序、特殊作业、危险作业项目。

附录F：安全施工作业票。

附录G：专项应急预案。

附录H：现场应急处置方案。

模块三　电力建设企业应急能力建设的内容与要求

为深入贯彻落实《安全生产法》《中华人民共和国突发事件应对法》（简称《突发事件应对法》）及其他有关法律法规和规章制度，促进电力行业应急管理制度化、规范化和标准化建设，提高电力行业突发事件应对能力，落实《国家能源局综合司关于深入开展电力企业应急能力建设评估工作的通知》（国能综安全〔2016〕542号），国家能源局电力安全监管司组织编制了《电力建设企业应急能力建设评估规范》（DL/T 1921—2018），2017年开始全面开展企业应急能力建设评估工作。

一、电力建设企业应急能力建设的主要内容

（一）适用范围

《电力建设企业应急能力建设评估规范》适用于电力建设企业（包括勘测设计和施工企业）安全生产应急能力建设评估工作，电力装备制造企业可参照执行。

（二）术语和定义

1. 应急管理

应急管理是指为应对突发事件而采取的，涵盖预防与应急准备、监测与预警、应急处置与救援、事后恢复与重建全过程的有计划、有组织、系统性的行为。

2. 应急体系

应急体系是指电力行业各单位充分整合和利用现有资源，在建立和完善本单位“一案三制”的基础上，全面加强应急重要环节的建设，包括监测预警、应急指挥、应急队伍、物资保障、培训演练、科技支撑、恢复重建等。

3. 电力建设企业应急能力建设评估

电力建设企业应急能力建设评估以电力建设企业为评估主体，以应急能力建设和提升为目标，以应对各类突发事件的综合能力评估为手段，以全面应急管理理论为指导，构建科学合理的建设与评估指标体系，建立评估模型和完善评估方法，进行综合评估。通过评估，明确电力建设企业应急能力存在的问题和不足，不断改进和完善应急体系，提高企业的应急能力。

（三）一般要求

（1）电力建设企业应建立健全应急体系，完善应急监测预警和应急响应机制，以电力建设工程项目为重点，全面开展应急能力建设工作。

（2）电力建设企业应根据业务特点开展应急能力建设工作。

电力建设工程项目规划及可行性研究阶段，勘测设计单位应开展安全风险、地质灾害和涉及电力建设工程安全的重大问题分析和评估，提出安全防护措施，为施工单位应急能力建设与评估提供技术支持。

电力建设工程实行工程总承包的，总承包单位应按照合同约定，履行建设单位对工程应急管理的责任。

施工单位应根据电力建设工程项目的施工特点、范围，制订应急预案，对施工现场易发生事故的部位、环节进行监控；实行施工总承包的，由施工总承包单位组织分包单位开展应急管理工作，落实各项应急要求，定期开展应急演练、应急能力建设自查自评，建立与地方政府、上级单位及建设单位的协调联动机制。

（四）建设内容

电力建设企业应急能力建设应围绕预防与应急准备、监测与预警、应急处置与救援、事后恢复与重建四个方面开展。

1. 预防与应急准备能力建设

预防与应急准备能力建设应包括法规制度、应急规划与实施、应急组织体系、应急预案管理、应急培训与演练、应急队伍、应急保障能力等方面，具体内容如下。

（1）应识别、获取和更新适用的应急管理法律法规和有关要求，及时修订本企业应急管理制度，并在企业内部进行宣传、培训和落实。

（2）应将应急管理工作纳入企业安全发展规划，并同步实施、同步推进。

（3）应建立应急组织体系，明确各级人员的应急管理及应急救援职责，定期开展考核。

（4）应结合企业风险分析情况，根据有关标准及其他相关要求开展应急预案编制、评审、备案工作。

（5）应急管理制度应含有应急教育培训的内容，制订并实施应急教育培训计划，建立教育培训档案。

（6）应制订并实施应急演练计划，对演练过程和效果进行评估。

（7）应建立应急救援队伍，与社会救援、医疗、消防等专业应急队伍及应急协作单位建立联系。

（8）应保证应急所需资金，配置应急装备和物资，与应急协作单位建立装备和物资互助机制。

（9）建立应急联动机制，明确本单位与联动单位职责、权限和程序，加强与联动部门配合协调。

（10）应建立应急值守制度，明确值守方式、值班人员职责等。

2. 监测与预警能力建设

监测与预警能力建设包括监测预警能力、事件监测、预警管理等方面，具体内容如下。

（1）应建立分级负责的常态监测网络，明确各级、各专业部门的监测职责和范围。与上级主管单位、政府有关部门和专业机构建立联络机制。

（2）应建立突发事件预警机制，明确预警的具体条件、方式方法和信息发布程序，根据事态发展调整预警级别并重新发布或解除。

3. 应急处置与救援能力建设

应急处置与救援能力建设包括先期处置、应急指挥、应急启动、现场救援、信息报送、信息发布、调整与结束等方面，具体内容如下。

（1）突发事件发生时，现场人员应第一时间进行先期处置，防止事故扩大，重点做好人员的自救和互救工作，及时报送信息。

（2）应急领导机构确定应急响应级别，启动应急响应；应急指挥机构按照相应的应急预案、处置方案，开展应急救援，做好现场监测，保证现场处置人员安全，防止次生灾害。

（3）及时向政府有关部门和上级单位报送信息。

（4）按预案规定调整或解除应急响应。

4. 事后恢复与重建能力建设

事后恢复与重建能力建设包括后期处置、应急处置评估、恢复重建等方面，具体内容如下。

（1）应开展突发事件原因调查和分析，并统计事件造成的各项损失。

（2）应对现场处置工作进行总结，落实应急处置评估报告有关建议和要求，改进应急管理工作。

（3）应制定临时过渡措施和整改计划，针对设备、设施和施工现场存在的隐患及时落实专项治理资金，制定整改措施，合理安排进度，确保安全、高效地实施整改。

（4）应结合事件调查分析结果，查找存在的问题，修改相关工作规划，制定建设方案，实施建设。

二、电力建设企业应急能力建设的评估方法与要求

应急能力评估内容依据应急能力建设内容，按照评分标准打分，各电力建设企业可根据《电力建设企业应急能力建设评估规范》开展自评估。应急能力评估以静态评估为主，动态评估为辅。评估范围包括企业及其所承揽的工程项目，项目现场采取抽查方式，抽查个数应不少于2个，且覆盖主要业务范围。

（一）静态评估

静态评估的方法包括资料检查、现场勘查等。检查的资料应包括应急规章制度、应急预案、以往突发事件处置、应急演练等相关资料和数据信息；现场勘查对象应包括应急装备、物资、信息系统等。

（二）动态评估

动态评估的方法包括访谈、考问、考试、模拟演练等。

1. 访谈

访谈对象为企业应急领导机构负责人，了解其对本岗位应急工作职责，企业综合预案内容，预警、响应流程的熟悉程度等。

2. 考问

考问对象为部门负责人、管理人员、一线员工，抽选上述人员时应做到覆盖安全生产的重点岗位，主要评估其对本岗位应急工作职责、应急基本常识、关键的逃生路线、自保自救手段和措施、相关预案以及国家相关法律法规等的了解程度。

3. 考试

考试对象为管理人员、一线员工，抽选上述人员时应做到覆盖安全生产的重点岗位，主要评估其对应急管理应知应会内容的掌握程度。

4. 模拟演练

模拟演练主要针对应急领导机构负责人、部门负责人、一线员工，分别按相应职责评估其对监测预警、应急启动、应急响应、指挥协调、事件处置、舆论引导和信息发布、现场处置措施等应急响应及处置工作流程、技能的掌握程度。

（三）标准分设置

1. 静态分值

静态评估总分1 000分，其中一级评估指标中预防与应急准备标准分500分（占50%），监测与预警标准分100分（占10%），应急处置与救援标准分300分（占30%），事后恢复与重建标准分100分（占10%）。

2. 动态分值

本标准动态评估总分200分，其中访谈部分10分（占5%），考问部分40分（占20%），考试部分50分（占25%），模拟演练100分（占50%）。

（四）评估得分

（1）综合得分=（实得分 ÷ 应得分）×100。实得分为静态评估实得分和动态评估实得分之和。应得分为静态评估应得分和动态评估应得分之和。

（2）评估时应依据评分标准进行打分，然后逐级汇总，并形成实得分，换算成综合得分。同一企业不同部门或单位（项目部）出现同一问题不重复扣分，单项分扣完为止；访谈、考问、考试人数多于1人时，应取平均分。

（五）评估等级

根据评估综合得分分数，评估等级分为优良、合格、不合格。优良：综合得分不低于90分。合格：综合得分不低于70分且小于90分。不合格：综合得分小于70分。

线上测试

项目二 安全生产管理

拓展知识

特高压电网是目前世界上最先进的输电技术，也是我国引领世界、具有完全自主知识产权的重大创新成果。加快发展特高压电网，是转变能源发展方式、保障能源安全、优化能源配置、建设生态文明、服务经济社会发展的必由之路。发展特高压电网能够积极推进全球能源互联网，极大增强“中国创造”在全球的影响力和竞争力。

特高压技术传递“中国创造”引领世界的信心

模块一　目标管理

通过加强安全生产监督管理，防止和减少生产安全事故，实现基本的三大目标，即保障人民生命安全、保护国家财产安全、促进社会经济发展。由此确立了安全生产所具有的保护生命安全的意义、保障财产安全的价值和促进经济发展的生产力功能。安全生产管理的基本对象是企业的员工，涉及企业中的所有人员、设备设施、物料、环境、财务、信息等各个方面，内容包括安全生产管理机构和安全生产管理人员、安全生产责任制、安全生产管理规章制度、安全生产策划、安全培训教育、安全生产档案等。

一、概述

目标管理是以目标为导向，以人为中心，以成果为标准，使组织和个人取得最佳业绩的现代管理方法。

安全目标管理是目标管理在安全管理方面的应用，是指企业内部各个部门以至每个职工，从上到下围绕企业安全生产的总目标，层层展开各自的目标，确定行动方针，安排安全工作进度，制定、实施有效组织措施，并在工作中实行“自我控制”，对安全成果严格考核的一种管理制度。安全目标管理是参与管理的一种形式，是根据企业安全工作目标来控制企业安全生产的一种民主的、科学有效的管理方法，是我国施工企业实行安全管理的一项重要内容。

安全生产管理的目标是，减少和控制危害，减少和控制事故，尽量避免生产过程中由于事故造成的人身伤害、财产损失、环境污染及其他损失。

二、目标的制定

安全生产管理的目标是实现企业安全化的行动指南。安全目标管理是以各类事故及其资料为依据的一项长远管理方法，是以现代化管理为基础理论的一门综合管理技术。安全目标管理必须围绕施工企业生产经营目标和上级对安全生产的要求，结合施工生产的经营特点，做科学的分析。

（一）安全目标制定的基本原则

（1）安全目标的重点性。分清主次，不能平均分配、面面俱到。一般应突出重大事故、负伤频率、事件频次、施工环境标准合格率、社会影响事件等方面指标。在保证重点目标的基础上，同时注意次要目标对重点目标的有效配合。

（2）安全目标的先进性。安全目标的先进性即目标的适用性和挑战性。制定的目标应一般略高于实施者的能力和水平，使之经过努力可以完成，应是“跳一跳，够得到”，但不能高不可攀，令人遥不可及，也不能低而不费力，太容易达到。

（3）安全目标的可比性。应使目标的预期结果做到具体化、定量化、数据化。如负伤率比去年降低百分之几，以利于进行同期比较，易于检查和评价。

（4）安全目标的综合性。目标要有实现的可能性。制定的企业安全管理目标，既要保证上级下达指标的完成，又要考虑企业各部门、各项目部及每个职工的承担目标能力，目标的高低要有针对性和实现的可能性，以利于各部门、各项目部及每个职工都能接受并努力去完成。

（5）安全目标与保证目标实现措施的统一性。为使目标管理具有科学性、针对性和有效性，在制定目标时必须有保证目标实现的措施，使措施为目标服务，以利于目标的实现。

（二）安全目标体系的建立

安全目标管理涉及企业管理的各层组织机构及全体员工，关系安全生产的全局。具有包容性、适用性和科学性的安全目标管理体系的建立，是实现目标管理的前提。安全目标管理体系通常包括安全目标体系和措施体系两部分。

安全目标体系就是将安全目标网络化、层次化，是安全目标管理的核心部分。它由总目标、分目标、子目标构成，形成自上而下的完整目标体系。总目标是企业所需要达到的目标，分目标是各分公司、部门、项目部根据安全生产实际情况，为完成企业总目标而分解制定的本层次安全目标，班组（队）根据分目标要求，细化分解制定不低于总目标、分目标标准的子目标。

措施体系是安全目标落实的保证，是安全措施（包括组织保证措施、技术保证措施、管理保证措施等）的具体化、系统化，是安全目标管理的关键要素。按照安全目标层层分解的原则，每一层安全目标的保证措施也要层层落实，做到目标和保证措施的统一，使各层次目标值都有具体的保证措施。保证措施应包含安全管理的各关键环节和关键要素。在制定安全目标和保证措施时，还要制定目标考核细则，细则应包括目标标准和考核办法。

三、目标的实施

安全目标管理的实施是目标实现的关键环节，就是要把安全目标规定的细则、措施、手段和进度全面落实，把保证措施落实到位，确保安全管理目标的实现。

（一）建立安全目标分级负责的安全责任制

通过同部门、二级单位、员工签订书面责任书，明确其在安全工作上的具体任务、职责和权限，使各级组织将实现目标作为一种责任并在实际中去落实保证目标实现的措施。

（二）建立安全保证体系并使其有效运转

建立完善的安全生产保证体系是落实安全生产管理原则的具体体现，其目的是使各部门、各环节的安全管理活动严密地组织在一个统一的安全管理系统内。通过体系的有效运行，促进各层次间信息的收集、处理、传递，使各部门、各环节协调配合，推动目标管理顺利而扎实地开展。

（三）建立各级目标管理组织

加强本级组织对目标管理工作的领导、协调和调整，组织本级组织对目标管理的实施，进行自我检查和自我评价等工作。

四、目标的监督与考核

在实施过程中和阶段性工作完成后，都要对各项目标完成的情况进行检查。检查是考核的前提，是实现目标的手段。检查方式有自我检查和上级检查两种。自我检查、上级检查一般是结合各种监督检查和年度工作评价等活动进行的。

目标的监督主要是对目标执行采取的措施、进度、效果等情况进行监督，其内容主要包括是否按职责、实施计划进行，采取的措施是否有力、是否达到效果，建立监督检查考核周期、频次、检查方式等。

评价内容一般包括目标执行各层次情况、存在各类问题的汇总。目标完成情况按照评价方法中规定标准进行自我评定，对完成目标所实施的方案、进度、手段、条件等情况进行评定，总结成功经验和失败教训。上级以检查结果、资料台账为依据，在沟通的基础上，对目标执行者进行指导，正确评价其结果，并作为奖惩依据，据实兑现，使安全目标管理具有严肃性。

《电力建设施工企业安全生产标准化规范及达标评级标准》对安全生产目标管理的要求见表2–1所列。

表2–1 《电力建设施工企业安全生产标准化规范及达标评级标准》对安全生产目标管理的要求

项　目	内容及要求
目标的制定	企业应根据本单位安全生产实际，制定年度安全生产目标； 项目部应有效地分解企业及工程建设项目的安全生产目标； 安全生产目标应包含人员、机械、设备、交通、火灾、环境等事故方面的控制指标； 安全生产目标应经企业（项目部）主要负责人审批，并以文件的形式发布； 企业和项目部各相关部门应根据本企业安全生产目标及工程建设项目安全生产目标，制定相应的分级目标

（续表）

项　目	内容及要求
目标的控制与实施	企业应根据年度安全生产目标及分级目标，制定安全目标保证措施，落实到部门； 企业应与所属单位（部门）签订安全生产目标责任书实施分级控制； 项目部应根据本单位安全生产目标及工程建设项目安全生产目标，制定具体、可操作的保证措施，明确责任人，并严格实施； 项目部应根据施工环境的变化结合工程实际情况，对安全目标保证措施进行动态调整
目标的监督与考核	企业（每半年）和项目部（每季度）应定期对本企业、项目部安全生产目标保证措施进行监督检查，并保存有关记录； 企业和项目部应对安全生产目标完成情况进行评价、考核，并形成记录

模块二　组织机构与职责

一、电力工程建设安全生产管理组织形式

电力工程具有点多、面广、专业性强、施工风险大等特点。工程施工现场存在交叉作业、高空坠落、高空落物、坍塌、物体打击、触电伤害、机械伤害、火灾、灼伤、烫伤及化学物质的中毒等危险因素，同时施工现场多是野外露天环境，具有作业环境多变、人员机械流动性大、特种作业多（登高作业、电气焊、电工、架子工、起重作业等）等特点。这些特点标志着电力工程建设属于高风险行业，所以在电力工程建设过程中采取有效的措施控制风险，保证工程安全、平稳地向前推进尤为重要。这就要求电力工程建设设置完善的组织机构，开展工程安全管理工作。电力工程建设实行建设项目法人、设计、监理、施工单位共同管理安全工作的原则，并各自承担相应的安全管理责任。工程现场由各参建单位分别组建项目管理机构，履行安全管理职责。

对建设周期较长、参建队伍较多的工程由项目法人牵头成立，监理、设计、施工单位共同组成工程安全生产委员会，对工程的安全管理、文明施工进行统一规划、统一管理、统一协调、统一监督，及时解决工程建设中的安全问题。安全委员会由建设单位主要负责人担任安全生产委员会主任，安全生产委员会成员由参建单位的现场负责人组成。

二、参建单位安全管理责任

根据电力工程建设特点，项目的各参建单位在工程建设过程中均承担了相应的安全管理责任。

（一）项目法人

项目法人负责项目建设全过程的安全工作，承担项目建设安全的组织、协调、管理、监督责任；建立健全项目的安全管理体系，贯彻落实国家有关安全生产的法律、法规等相关安全管理要求；组建项目安全生产委员会，指导项目安全生产委员会组织成员单位贯彻落实上级有关安全

工作的规定，决定工程项目安全管理的重大事项；协调解决工程建设过程中涉及多个参建单位的安全管理问题；定期组织召开安全生产委员会会议，保留会议记录并编发会议纪要；确定工程项目安全管理目标，按规定计列安全文明施工费，确定合理工期，按基建程序组织工程建设；在工程招标与合同签订工作中，明确项目安全工作目标要求和安全考核奖惩措施，与中标单位签订安全协议；建立健全工程项目安全风险管理体系和应急管理体系，组织或参与基建安全事故的调查和善后处理工作。

（二）建设管理单位

建设管理单位应建立基建安全管理体系，配备安全管理专职人员，组建业主项目部，负责落实本单位及工程项目的基建安全管理工作；制定年度基建安全管理工作策划方案并组织实施；受项目法人委托，具体履行工程项目安全管理职责；制定工程项目安全目标和主要保证措施并组织实施；受项目法人委托，组建项目安全生产委员会；参加招投标工作，受项目法人委托，签订合同和安全协议；负责监督施工企业按规定足额提取施工安全生产费用；提供工程项目安全文明施工的基本条件，包括完成征地、拆迁和保证四通一平（水、电、路、通信畅通及场地平整）；向施工项目部提供施工场地的工程地质和地下管网线路等资料，对资料的真实性、准确性、完整性负责；按照法律、法规规定，办理工程项目建设相关证件、批件；为施工现场周围建（构）筑物和地下管线提供保护；负责按合同约定追究未能切实执行承包合同或委托监理合同中有关安全文明施工条款的单位的责任，对造成不良后果的，终止合同执行；对工程项目安全管理工作不称职的施工项目经理、安全管理人员或安全监理人员，要求相关单位予以撤换；组织或配合有关部门开展安全、环境保护设施竣工验收；参与基建安全事故的调查处理工作。

（三）项目安全生产委员会

项目安全生产委员会应组织各成员单位贯彻落实国家有关工程建设安全工作的规定，决定工程项目安全管理的重大事项；协调解决工程建设工程中涉及多个参建单位的安全管理问题；每季度应至少召开一次会议，总结分析工程项目安全生产情况，部署安全生产工作，协调解决安全生产问题，确定施工过程中安全、文明施工的重大措施，保留会议记录并编发会议纪要；必要时聘请专职安全监督人员开展相关工作。

（四）设计单位

设计单位要按照国家法律、法规和有关设计规范、标准、工程建设标准强制性条文开展设计，并对提交资料的真实性、准确性、完整性负责；根据施工及运行安全操作和安全防护的需要，设计安全及防护设施内容，选用符合国家职业健康和环境保护要求的材料，在设计文件中注明涉及施工安全的重点部位和环节，提出防范安全事故的技术要求；对采用新技术、新工艺、新材料、新装备和特殊结构的工程项目，提出保障施工作业人员安全和预防安全事故的技术要求；落实国家、地方政府有关职业卫生和环境保护的要求，将土方平衡、土石方临时堆放场地及施工临设、材料堆放场地、避免水土流失、施工垃圾堆放及处理、“三废”（废弃物、废水、废气）及噪声等内容纳入设计文件中；设计文件应包含项目环境（海拔、地质、边坡等）、工程主要特点（高支模、深基坑等）等内容，并在设计交底时强调相关安全风险；同时任命项目设计工地代表，解决现场安全工作中遇到的设计问题，参与或配合基建安全事故的调查处理工作。

（五）监理单位

监理单位应设立安全管理机构，配备合格的安全管理专职人员，组织开展工程项目安全监理工作，履行监理合同中承诺的安全监理职责，完善安全监理工作机制；明确安全监理目标、措施、计划、文件审查、安全检查签证，旁站和巡视等安全监理的工作范围、内容、程序，相关监理人员职责，安全控制措施、要点和目标；组织项目监理人员参加安全教育培训，督促施工项目部开展安全教育培训工作；审查施工项目部报审项目管理实施规划、安全管理及风险控制方案、工程施工强制性条文执行计划等安全策划文件是否符合工程建设强制性标准及安全管控需要；审查施工项目经理、专职安全管理人员、特种作业人员的上岗资格，监督其持证上岗；负责施工机械、工器具、安全防护用品（用具）的进场审查；审查安全文明施工费使用计划，检查费用、人员和装备投入否符合安全文明施工要求及工程承包合同的约定；协调交叉作业和工序交接中的安全文明施工措施的落实情况，对工程关键部位、关键工序、特殊作业和危险作业等进行旁站监理，对重要设施和重大转序进行安全检查签证；组织或参加项目安全检查、工作例会，掌握现场安全动态，收集安全管理信息，通报施工现场安全现状及存在的问题，提出整改要求和具体措施，督促责任方落实；参与并配合项目安全事故的调查处理工作。

（六）施工单位

施工单位是项目施工安全的责任主体，负责工程项目施工安全管理工作，制订施工项目部安全管理目标，完善安全管理工作机制，建立施工安全管理机构，按规定配备专职安全生产管理人员，履行施工合同及安全协议中承诺的安全责任；编制施工安全管理及风险控制方案、工程施工强制性条文执行计划、安全文明施工费使用计划等文件，并报监理项目部审查，经业主项目部批准后，在施工过程中贯彻落实；组织开展安全教育培训，作业人员、管理人员经培训合格后方可上岗；完善安全技术交底和施工队（班组）班前站班会机制，向作业人员如实告知作业场所和工作岗位可能存在的风险因素、防范措施及事故现场应急处置措施；负责组织安全文明施工，制定避免水土流失措施、施工垃圾堆放与处理措施、“三废”（废弃物、废水、废气）处理措施、降噪措施等，使之符合国家、地方政府有关职业卫生和环境保护的规定；建立现场施工机械安全管理机构，配备施工机械管理人员，落实施工机械安全管理责任，对进入现场的施工机械和工器具的安全状况进行准入检查，并监控施工过程中起重机械的安装、拆卸、重要吊装、关键工序作业；负责施工队（班组）安全工器具的定期试验、送检工作；开展并参加各类安全检查，参加安全管理竞赛交流活动，对存在的问题进行闭环整改，对重复发生的问题制定防范措施；定期召开或参加安全工作会议，落实上级和项目安全生产委员会、业主、监理项目部的安全管理工作要求；参与编制和执行各类现场应急处置方案，配置现场应急资源，开展应急教育培训和应急演练，执行应急报告制度，参与并配合项目安全事故调查和处理工作。

三、施工企业安全管理

（一）安全管理组织机构形式

施工企业作为工程项目的责任主体，其安全管理的水平直接影响工程的安全，施工企业建立健全安全管理组织机构尤为重要。因此，施工企业应成立本单位安全生产委员会，由企业负责人任主任，主持本企业安全生产委员会工作。按照国家有关安全生产法律法规要求，施工企业应建立健全安全保证体系和监督体系，设立独立的安全管理机构，配备足够数量的、能够胜任的专职安全管理人员，从事企业内部的安全管理工作。对于企业承建的工程项目，施工企业应组建以工程项目经理为首的施工现场安全管理组织机构，开展工程项目施工安全管理工作。

1. 安全保证体系

安全保证体系是由企业各级有关安全生产的管理部门、单位组成的安全管理组织体系，是企业安全管理工作的主体，为安全工作的开展提供人员、物资、管理等方面的支持。同时，企业应落实行政正职为企业安全第一责任人，各级行政副职（如生产、技术）为本职范围内安全工作第一责任人的安全施工责任制，贯彻“管生产必须管安全”的原则，层层落实企业各级、各部门的安全责任，确保安全管理“横向到边、纵向到底、不留死角”。

2. 安全监督体系

安全监督体系是由企业各级安全监督机构人员组成的安全监督网络，负责监督企业各级、各部门、工程项目部安全工作的管理情况。安全监督人员配备应充分兼顾各专业安全管理工作的需要，专职安全监督人员必须具备一定的施工现场经历，具有较高的业务管理素质和工程系列技术职务任职资格。按照国家有关规定，施工企业应配置的专职安全生产管理人员至少满足以下条件。

（1）建筑施工总承包资质序列企业，特级资质不少于6人，一级资质不少于4人，二级和二级以下资质不少于3人。

（2）建筑施工专业承包资质序列企业，一级资质不少于3人，二级和二级以下资质不少于2人。

（3）建筑施工劳务分包资质序列企业，不少于2人。

（4）建筑施工企业的分公司、区域公司等较大的分支机构，应依据实际生产情况配备不少2人的专职安全生产管理人员。

3. 项目部安全管理体系

施工项目部作为施工企业外派机构，代表企业履行职责，同样需要设置安全管理机构。安全管理机构由项目经理、项目副经理、项目总工、技术员、安全员及各专业班组长构成。项目经理是工程安全的第一责任人；项目总工（技术员）及安全员分别承担该安全管理机构的保证和监督责任；各专业班组长则对班组人员在施工过程中的安全负直接管理责任。按照国家有关规定，工程项目专职安全生产管理人员的配置数量要求如下。

（1）建筑工程、装修工程按照建筑面积：①10 000 m^2及以下的工程至少1人；②10 000~50 000 m^2的工程至少2人；③50 000 m^2以上的工程至少3人，并应当设置安全主管，按土建、机电设备等专业设置专职安全生产管理人员。

（2）土木工程、线路管道、设备按照安装总造价：①5 000万元以下的工程至少1人；②5 000万~1亿元的工程至少2人；③1亿元以上的工程至少3人，并应当设置安全主管，按土建、机电设备等专业设置专职安全生产管理人员。

（3）工程项目采用新技术、新工艺、新流程、新装备、新材料，或致害因素多、施工作业难度大的工程项目，施工现场专职安全生产管理人员的数量应当根据施工实际情况，在规定的配置标准上增配。

（4）劳务分包企业建设工程项目施工人员为50人以下的，应当设置1名专职安全生产管理人员；50~200人的，应设2名专职安全生产管理人员；200人以上的，应根据所承担的分部分项工程施工危险实际情况增配，并不少于企业总人数的5‰。

（二）管理职责

施工企业负责人、分管生产领导、技术负责人、各级技术部门、各级安全监督部门、工程安全生产委员会等相关人员构成了企业的安全管理组织网络，各级人员均应承担相应的安全管理职责。

1. 企业负责人

企业主要负责人为企业安全第一责任人，要建立健全并落实企业安全管理体系，建立健全企业各级安全管理机构；建立企业安全生产保证体系和监督体系，确保“两个体系”的正常运行；组织贯彻落实国家、行业和公司有关基建安全管理工作的法律、法规及重要文件，协调解决在贯彻落实中出现的问题；建立健全施工分包管理体系，明确职责分工，确保分包依法合规；审定企业年度安全生产工作目标，审批年度安全技术措施计划，确保安全文明施工费足额提取和使用；组织开展企业级安全大检查，及时研究、解决安全工作中存在的问题。

2.分管生产领导

企业分管生产领导协助行政正职履行安全生产管理职责。坚持“管生产必须管安全”的原则，完善运转安全生产保证体系，落实安全生产责任制，组织编制并贯彻执行实行企业年度安全生产工作目标的具体要求和措施；组织开展安全大检查，掌握施工安全管理状况，协调解决施工安全管理工作中存在的重大问题，组织落实有关安全生产的各项要求；参加安全生产委员会会议、安全分析会、安全例会等重要安全活动，并组织落实有关安全生产的各项要求；执行国家、行业有关施工安全的法律、法规、标准，以及公司制度要求，定期组织开展执行情况的检查，组织、配合安全事件调查。

3. 技术负责人

企业技术负责人负责企业的安全技术管理工作，组织编制并审核企业年度安全技术措施计划，组织从业人员的安全技术教育培训及企业负责人、项目经理、专职安全生产管理人员和特种作业人员的取证工作；审批技术革新方案、重大施工项目及新技术、新工艺中的安全施工措施，组织施工安全设施的研制及安全设施标准化的推行工作；组织开展工程项目安全风险管理工作，参加企业安全大检查，组织对频发性事故原因的分析工作，解决施工中存在的重大安全技术问题；参加安全事件调查处理工作，落实处理意见和技术性防范措施。

4. 技术部门

各级技术部门为企业的安全施工生产提供技术保证，编制本企业安全技术管理规程、规定和标准，并组织贯彻落实；审核项目管理实施规划（施工组织设计）和施工方案，审核施工分包队伍技术能力，配合施工分包合同签订工作；参加安全生产协调例会、安全生产委员会会议、安全分析会；从技术专业角度审核修订施工项目风险识别、评估预控措施；制定本企业技术管理标准、程序文件，审核施工方案中安全技术措施，负责公司安全技术交底工作；组织制定新工艺、新技术、新材料、新设备的安全技术操作规程，并负责培训；参加安全事件的调查处理。

5. 安全监督部门

各级安全监督部门作为施工企业安全管理工作的监督部门，应按照各级安全管理部门要求制定安全监督管理程序文件，并组织贯彻执行；制定安全防护用品发放标准，编制计划并购置安全防护用品和安全工器具；负责企业施工机械（机具）、车辆交通、防火防爆等安全监督管理工作；协助各自领导定期组织安全大检查，监督检查施工现场安全文明施工状况，发现问题及时督促整改；考核各级安全管理工作开展情况；协助企业领导组织召开安全工作例会，负责组织召开安全专业会议；协助本企业技术负责人组织安全教育培训、考试及取证工作；统一掌握使用安全奖金，按规定对安全工作实施考核；参加安全事件调查处理工作，负责各类安全事件的统计、分析和上报工作。

《电力建设施工企业安全生产标准化规范及达标评级标准》对组织机构与职责的要求见表2-2所列。

表2-2《电力建设施工企业安全生产标准化规范及达标评级标准》对组织机构与职责的要求

项　目	内容及要求
安全生产委员会	企业应成立安全生产委员会。安全生产委员会主任应由企业主要负责人担任，企业领导班子成员及各相关部门（单位）负责人为成员，安全生产委员会应明确职责，建立工作制度。 企业每年应至少召开两次安全生产委员会会议，会议应由安全生产委员会主任主持，总结分析本企业及各施工现场的安全生产情况，部署安全生产工作，协调解决安全生产问题，决定企业安全生产管理的重大措施。 项目部应成立安全生产委员会或安全生产领导小组。安全生产委员会主任或安全生产领导小组组长应由项目经理担任，项目部班子成员及各相关部门（单位）负责人为成员，安全生产委员会或安全生产领导小组应明确职责，建立工作制度。项目部应每季度召开一次安全生产委员会会议（或领导小组会议），会议应由项目经理主持。 企业和项目部应根据人员变动及时调整安全生产委员会或安全生产领导小组成员
安全生产保证体系	企业应建立健全由各级主要负责人组成的安全生产保证体系，明确安全职责，各级主要负责人应具备相应的任职资格和能力。 项目部应建立健全由项目主要负责人、各部门（作业队）负责人、班组长组成的安全生产保证体系，明确安全职责，各级人员应具备相应的任职资格和能力。 各级安全生产保证体系应建立工作制度和例会制度，各级负责人应检查本单位安全和文明施工情况，协调解决施工中存在的安全生产问题，提出改进措施并闭环整改
安全生产监督体系	企业（项目部）应按国家相关规定设立安全生产监督管理机构，配备专职安全生产管理人员，建立健全安全生产监督体系，落实企业及工程建设项目的安全监督管理工作。 安全监督机构要定期检查本单位安全生产工作情况，纠正违反安全生产法规及规章制度的行为，安全监督工作记录应完整。 项目部安全管理人员对危险性较大的工作应进行现场监督。 项目部应按规定召开安全监督网络会议，并做好会议记录

（续表）

项　目	内容及要求
安全职责	企业（项目部）应制定安全生产责任制，明确各级、各部门及岗位人员的安全职责，经批准后以文件形式发布。 企业（项目部）主要负责人应全面负责安全生产工作，并履行下列主要职责： ①组织建立、健全本单位的安全生产责任制，并组织开展企业安全生产标准化建设工作； ②组织制定安全生产规章制度和操作规程，并保证其有效实施； ③保证本单位安全生产投入的有效实施； ④督促检查本单位安全生产工作，及时消除生产安全事故隐患； ⑤组织制定并实施本单位的生产安全事故应急救援预案； ⑥及时、如实报告生产安全事故； ⑦其他职责符合国家及行业有关安全生产法律、法规的规定。 各级、各岗位人员要认真履行岗位安全生产职责，严格执行安全生产规章制度

6. 工程安全委员会

工程安全委员会是指专门负责管理、监督和协调工程项目的安全工作，依据相关法律法规和标准规范的组织机构。其职责和权限：落实有关法律法规和标准规范的要求，负责组织编制工程安全管理制度、安全生产规章制度、检查监察制度和事故应急预案等文件；组织开展工程安全专项监督检查，加强对施工单位、监理单位、设计单位和建设单位的工程安全管理监督；协助建设单位、总承包单位和监理单位进行现场管理，解决施工现场工程安全问题，严格落实安全质量管理措施，确保工程安全稳定运行；对重大危险源及其周边区域进行安全评估和风险分析，并提出工程安全治理意见和建议；组织开展工程安全教育和技能培训工作，提高从业人员的安全意识和技能素质。

模块三　安全投入

安全投入是安全生产的基本保障，是企业安全活动的一切人力、财力和物力的总和，企业人员、技术、设施等的投入，安全教育及培训费用，劳动防护及保健费用，事故援救及预防费用，事故伤亡人员的救治花费等，均视为安全投入。

一、人力资源投入

人力资源合理配置是安全管理活动中的关键要素，生产经营单位应按照《安全生产法》的规定设置安全生产管理机构和配备安全生产管理人员，以保证人力资源在安全管理活动中的投入。矿山、金属冶炼、建筑施工、道路运输单位和危险物品的生产、经营、储存单位，应当设置安全生产管理机构或配备专职安全生产管理人员。其他生产经营单位，从业人员超过100人的，应当设置安全生产管理机构或配备专职安全生产管理人员；从业人员在100人以下的，应当配备专职或兼职的安全生产管理人员。

二、安全生产费用投入

近年来，国家从法律、法规层面对企业安全生产费用投入方面进行了规定，要求生产经营单位必须安排适当的资金，用于改善安全设施，更新安全技术装备、器材、仪器、仪表及其他安全生产投入，以保证生产经营单位达到法律、法规、标准规定的安全生产条件，并对由于安全生产所必需的资金投入不足导致的后果承担责任。

（一）安全生产费用

安全生产费用（简称安全费用）是指企业按照规定标准提取在成本中列支，专门用于完善和改进企业或项目安全生产条件的资金。

（二）安全生产费用的投入标准

安全生产投入资金具体由谁来保证，应视企业的性质而定。一般说来，股份制企业、合资企业等的安全生产投入资金由董事会予以保证；一般国有企业由厂长或经理予以保证；个体工商户等个体经济组织由投资人予以保证。上述保证人承担由于安全生产所必需的资金投入不足而导致事故后果的法律责任。

安全费用按照“企业提取、政府监管、确保需要、规范使用”的原则进行财务管理，根据企业性质及行业不同，安全费用的提取标准也不一样，根据《企业安全生产费用提取和使用管理办法》（财资〔2022〕136号），电力行业的企业安全生产费用计提标准主要以建筑安装工程造价为依据，其中房屋建筑工程、水利水电工程、电力工程、市政公用工程的安全生产费用计提标准为2.5%。

建设工程施工企业应当在编制工程造价时包含并单列安全费用，列入标外管理，在竞标时不得删减。在施工生产过程中，结合工程造价时计取的安全费用，根据实际工程建设前期所需、完工程度进行提取。国家对基本建设投资概算另有规定的，从其规定。建设单位应当在合同中单独约定并及时向总包单位支付安全费用。总包单位应当在合同中单独约定并及时将安全费用按比例直接支付分包单位并监督使用，分包单位不再重复提取。

2022年11月，财政部和应急部联合印发了《企业安全生产费用提取和使用管理办法》（财资〔2022〕136号，对2012年印发的《企业安全生产费用提取和使用管理办法》进行了修订），第二章第十二节明确了电力生产与供应企业安全生产费用的提取和使用办法，要求以上一年度营业收入为依据，采取超额累退方式确定本年度应计提金额，并逐月平均提取。该办法扩大了适用行业范围，新增了民用爆炸品生产、电力二类行业（企业）。民用爆炸品生产企业主要生产工业炸药、工业雷管等民用爆破器材，由于产品性质的特殊及生产过程的危险性，生产活动中易发生爆炸事故，属于高危行业，本次修订将其纳入适用范围。电力是重要基础产业，电力安全生产关系人民生命财产安全，关系国计民生和经济发展全局。目前我国有火力、水力发电等主要发电形式，有核能、风能、太阳能、潮汐能、生物质能等新型能源发电形式。与电力生产有关的工作包括发电、输变电、供电等生产性工作。近年来，全球自然灾害、极端天气发生频率和强度都呈现增加趋势，每年都有电力设备遭受严重损失。随着电力系统规模不断扩大，新设备、新技术、新领域带来的新风险，特别是首台首套设备、特高压设备在电力系统的推广应用，电化学储能的快速发展与规模化应用暴露出的新问题需要采取措施治理。同时，网络安全形势日趋复杂，构建新型电力系统面临新的安全风险挑战。保证电力安全对于保障国家安全、能源安全、社会稳定、人民福祉具有重大意义。考虑到电力行业安全的特殊性、复杂性以及对社会经济发展的重要性，有必要加大电力行业安全投入保障。

（三）安全生产费用的监督管理

按照安全费用管理原则，企业提取的安全费用应当专户核算，按规定范围安排使用，不得挤占、挪用。企业应当加强安全费用管理，编制年度安全费用提取和使用计划，纳入企业财务预算。年度结余资金结转下年度使用，当年计提安全费用不足的，超出部分按正常成本费用渠道列支。

企业应当建立健全内部安全费用管理制度，明确安全费用管理责任，完善提取和使用的程序、职责及权限，确保安全费用按规定提取和使用。由于安全费用属于企业自提自用资金，其他单位和部门不得采取收取、代管等形式对其进行集中管理和使用。

企业安全费用主管部门应编制年度安全费用提取和使用计划，纳入企业财务预算。企业年度安全费用使用和上一年安全费用的提取、使用情况按照管理权限应报同级财政部门、安全生产监督管理部门及行业主管部门备案，上述部门应结合安全检查活动，定期开展安全费用的管理和使用情况的监督检查，确保安全费用能够监督使用。

对于企业未按国家规定提取和使用安全费用的情况，安全生产监督管理部门和行业主管部门会同财政部门可以责令限期改正，并依照相关法律法规进行处理、处罚；对于建设工程施工总承包单位未向分包单位支付必要的安全费用及承包单位挪用安全费用的情况，由安全生产监督管理、行业主管部门依照相关法规、规章进行处理、处罚。

三、安全技术措施计划

生产经营单位为了保证安全费用的有效投入，应编制安全技术措施计划。安全技术措施计划的核心是编制保证安全生产的各类措施，它是企业有计划地改善劳动条件和安全卫生设施，防止工伤事故和职业病的重要措施之一，是企业生产经营、生产计划的一个组成部分，对企业加强劳动保护，改善劳动条件，保障职工的安全和健康，促进企业生产经营的发展都起着积极作用。

（一）编制安全技术措施计划的原则

1. 必要性与可行性的原则

编制安全技术措施计划时，一方面要考虑安全生产的实际需要，如针对安全生产检查中发现的安全隐患，可能引发伤亡事故和职业病的主要原因，新技术、新工艺、新设备等的应用，安全技术革新项目和员工提出的合理化建议等方面编制安全技术措施，同时要考虑技术可行性与经济承受能力。

2. 自力更生与勤俭节约的原则

要注意充分利用现有的设备和设施，挖掘潜力，既要使企业劳动条件符合国家法规和标准的要求，将确实需要改善的项目列入计划，又要结合企业生产、技术设备状况，人力、财力、物力的实际，做到花钱少且效果好，讲求实效。

3. 轻重缓急与统筹安排的原则

区别轻重缓急，突出治理重点。对危害严重、危害区域大、涉及人员多的问题，要集中人、财、物力优先解决；对因技术经济条件一时解决不了的，要制定规划分阶段治理，要做到企业劳动条件年年有改善。

（二）安全技术措施计划的项目范围

安全技术措施计划的项目范围包括改善劳动条件、防止事故、预防职业病、提高职工安全素质技术措施。

1. 安全技术措施

安全技术措施是指预防企业员工在工作过程中发生工伤事故的各项措施，包括防护装置、保险装置、信号装置和防爆炸装置等。

2. 职业卫生措施

职业卫生措施是指预防职业病和改善职业卫生环境的必要措施，如防尘、防毒、防噪声与振动、通风、降温、防寒等措施。

3. 辅助措施

辅助措施主要是指保证工业卫生方面所必需的房屋及一切卫生性保障措施，如尘毒作业人员的淋浴室、更衣室或存衣箱、消毒室、妇女卫生室等。

4. 安全宣传教育措施

安全宣传教育措施是指为了宣传普及有关安全生产法律、法规、基本知识所需要的措施，其主要内容包括安全生产宣传教育设备、仪器、教材和场所等，如劳动保护教育室、安全卫生教材、挂图、宣传画、培训室、安全卫生展览等。

（三）安全技术措施计划的编制内容

每一项安全技术措施至少应包括以下7项内容。

（1）措施应用的单位或工作场所。

（2）措施名称。

（3）措施目的和内容。

（4）经费预算及来源。

（5）实施部门和负责人。

（6）开工日期和竣工日期。

（7）措施预期效果及检查验收。

（四）安全技术措施计划的编制方法

1. 确定措施计划编制时间

年度安全技术措施计划应与同年度的生产、技术、财务、供销等计划同时编制。

2. 布置措施计划编制工作

企业领导应根据本单位具体情况向下属单位或职能部门提出编制措施计划的具体要求，并就有关工作进行布置。

3. 确定措施计划项目和内容

企业所属单位确定本单位的安全技术措施计划项目，并编制具体的计划和方案，经研究讨论后，报上级安全部门。安全部门联合技术、计划部门对上报的措施计划进行审查、汇总后，确定措施计划项目，并报有关领导审批。

4. 编制措施计划

安全技术措施计划项目经审批后，由安全管理部门和所属单位组织相关人员编制具体的措施计划和方案，经研究讨论后，送上级安全管理部门和有关部门审查。

5. 审批措施计划

上级安全、技术、计划部门对上报安全技术措施计划进行联合会审后，报有关领导审批。安全技术措施计划一般由总工程师审批。

6. 计划的下达

单位主要负责人根据总工程师的意见，召集有关部门和所属单位负责人审查、核定计划。根据审查、核定结果，与生产计划同时下达到有关部门贯彻执行。

（五）安全技术措施计划的实施验收

安全措施计划项目所需资金纳入预算管理，经批准执行。企业应统筹安排、周密计划，保证年度安全措施计划资金的落实到位。已完成的计划项目要按规定组织竣工验收。交工验收时一般应注意：所有材料、成品等必须经检验部门检验；外购设备必须有质量证明书；负责单位应向安全技术部门填报交工验收单，由安全技术部门组织有关单位验收；验收合格后，由负责单位持交工验收单向计划部门报告完工，并办理财务结算手续；使用单位应建立台账，按劳动保护设施管理制度进行维护管理。

《电力建设施工企业安全生产标准化规范及达标评级标准》对安全投入的要求见表2-3所列。

表2-3 《电力建设施工企业安全生产标准化规范及达标评级标准》对安全投入的要求

项　目	内容及要求
费用管理	企业应按国家有关规定提取安全生产专项费用，在竞标时列入工程造价，不得删减； 企业应制定安全生产费用管理制度，明确安全生产费用的提取和使用程序、使用范围、职责及权限； 企业应制定满足各施工项目需要的安全生产费用使用计划，经审批后与施工计划同时下达实施，做到专款专用；

（续表）

项　目	内容及要求
费用管理	项目部应制定安全生产费用使用计划和实施需要，经审批后严格实施； 项目部应依据安全生产费用使用计划和范围，根据工程施工的实际，如期投入满足需求，并接受工程建设单位和监理的监督； 项目部应对安全生产费用使用情况进行统计、汇总、分析，建立安全生产费用使用管理台账，台账应做到月度统计、年度汇总； 总包单位应将安全生产费用按比例直接支付分包单位并监督使用，分包单位不再重复提取； 企业应定期组织有关部门对所属单位、项目部安全生产专项费用使用情况进行检查、考核
费用使用	安全生产费用主要用于以下方面： ①完善、改造和维护安全防护设施设备支出（不含“三同时”要求初期投入的安全设施），包括施工现场临时用电系统、洞口、临边、机械设备、高处作业防护、交叉作业防护、防火、防爆、防尘、防毒、防雷、防台风、防地质灾害、地下工程有害气体监测、通风、临时安全防护等设施设备支出； ②配备、维护、保养应急救援器材、设备支出和应急演练支出； ③开展重大危险源和事故隐患评估、监控和整改支出； ④安全生产检查、评价（不包括新建、改建、扩建项目安全评价）、咨询和标准化建设支出； ⑤配备和更新现场作业人员安全防护用品支出； ⑥安全生产宣传、教育、培训支出； ⑦安全生产适用的新技术、新标准、新工艺、新装备的推广应用支出； ⑧安全设施及特种设备检测检验支出； ⑨其他与安全生产直接相关的支出

模块四　管理制度

施工企业是安全施工生产的责任主体，安全管理制度的建立是施工企业贯彻国家有关生产法律法规、国家和行业标准、国家安全生产方针政策的行动指南，是施工企业有效防范施工生产过程安全风险、保障从业人员的安全和健康、加强安全生产管理的重要措施。

施工企业一般需要建立安全生产责任制，安全教育培训制度，安全工作例会制度，安全施工措施管理及交底制度，安全施工作业票管理制度，施工机械、工器具安全管理制度，临时用电管理制度，消防保卫管理制度，安全检查制度，安全奖惩制度，生产安全事故应急救援制度，事故调查、处理、统计、报告制度等各项安全管理制度。

一、安全生产责任制

安全生产责任制就是对施工企业各级负责人、各职能部门及各类员工在管理和施工过程中，应当承担的责任做出明确的规定。具体来说，就是将安全生产责任分解到施工企业的主要负责人、项目负责人、班组长及每个岗位的作业人员身上。安全生产责任制是施工企业最基本的安全管理制度，是施工企业安全生产管理的核心和中心环节。安全生产责任制要求施工企业在从事施工生产的同时坚持“谁主管、谁负责”的原则，实行全面、全员、全方位、全过程的安全管理，建立一级抓一级、一级对一级负责的安全管理模式；要求全体员工在各自不同的工作岗位上，贯彻“安全第一，预防为主，综合治理”方针，执行有关安全生产的法律法规和上级有关规程规定，落实各项安全施工生产措施，接受安全监督部门的监督和指导。在计划、布置、检查、总结、考核施工生产工作的同时，计划、布置、检查、总结、考核安全工作。

二、安全教育培训制度

国家法律、法规中明确规定了施工企业应当建立健全安全教育培训制度，加强对企业安全生产的培训教育，这就确立了安全教育培训的重要地位。该制度的制定应该规定安全教育培训的方法、时间、形式、内容及效果检查等方面的具体要求，重点细化新进员工、特种作业人员及三类人员（施工企业主要负责人、项目负责人、专职安全生产管理人员）培训的形式和内容。制定的教育培训制度应能够达到提高员工安全业务工作技能和安全操作技能，增强员工的安全意识和自我防护能力的效果。

三、安全工作例会制度

安全工作例会是施工企业进行安全管理的一项十分重要的安全管理例行活动。安全工作例会的开展能够及时贯彻上级安全会议、文件及事故通报精神，吸取事故教训。

安全工作例会主要总结上一阶段安全工作开展情况，分析安全生产管理上存在的薄弱环节，采取预防措施；安排布置下一阶段的安全工作，并分析近期工程存在的危险因素、危险点，提出预控措施，保障员工的安全、健康。安全工作例会制度应规定施工企业内部各级、各部门例会活动开展的频次、内容及应履行的管理职责。通常情况，施工企业每年召开一次安全工作会议，研究制定公司年度安全生产目标及安全工作计划；每月召开一次安全分析会、一次安全网络例会。项目部每月至少召开一次安全分析会；车间、班组应开展每周一次的安全日活动会，同时每天施工前召开班前会，做到“三交”（交任务、交安全、交技术）、“三查”（查衣着、查“三宝”、查精神状态）。

四、安全施工措施管理及交底制度

安全施工措施管理及交底是安全施工的技术保证。安全施工措施管理制度应明确施工企业承建工程中需要编制安全施工措施的项目、措施管理的流程及企业各级部门审批权限；明确需要附安全验算结果及需要组织专家论证审查的工程项目，指导各级人员对安全施工措施进行规范的管理。

施工技术交底是施工工序中的首要环节，目的是使施工管理人员了解项目工程的概况、技术方针、质量目标、计划安排和采取的各种重大措施；使施工人员了解施工项目的工程概况、内容和特点等，明确施工流程、施工方法、强制条文执行内容、标准工艺应用项目、质量标准、质量通病防治项目、安全措施、绿色施工、环境保护、降低成本措施和工期要求等，做到心中有数。施工企业制定的交底制度应明确工程交底的作业项目、各级技术管理人员的责任、交底的级别内容及管理流程。

五、安全施工作业票管理制度

安全施工作业票是施工现场作业面的安全管理与过程控制的重要手段。作业票主要记录施工人员分工，作业内容、时间、地点，施工主要风险点，针对风险点作业过程所采取的预控措施。安全施工作业票管理制度应规定施工作业票的类型、填写内容及管理要求，还规定需要填写作业票的施工项目。

六、施工机械、工器具安全管理制度

工程建设离不开施工机械、工器具，施工机械、工器具的安全管理是工程安全管理的重要组成部分，施工机械、工器具状况的好坏直接影响施工人员及设备的安全。该制度应明确施工企业相关机械、工器具管理部门的管理职责；规定所购的施工机具必须符合国家和行业的有关法律、行政法规、规章、强制性标准及技术规程的要求；对施工机具试验、检测周期和标准做出具体的要求；重点规范施工过程机具入库、出库、进场、使用及存放等具体要求；明确保养、维修和报废的标准流程。施工机械、工器具安全管理制度用于规范和指导施工企业对施工机械、工器具的购置、验收、试验检验、使用、保管存放、保养维修，更好地组织施工生产。

七、临时用电管理制度

为了保障施工生产现场用电安全，防止电伤害事故的发生，施工企业应制定临时用电管理制度。该制度应规定施工现场临时用电所采取的接线、保护方式，明确配电箱、开关箱内漏电保护器、空气开关、接线端子配置及箱体外观等相关要求，同时对施工用电日常检查维护、专业电工资质及安全用具的使用提出具体要求。临时用电管理应符合《施工现场临时用电安全技术规范》（JGJ 46—2005）的规定。

八、消防保卫管理制度

针对施工企业办公区及施工现场制定消防保卫制度，预防和减少火灾危害，保护员工人身财产安全。该制度应明确施工企业各级、各部门消防管理职责，消防工作贯彻预防为主、防消结合的方针，按照“谁主管、谁负责”的原则，逐级落实安全责任制；规定施工企业办公、库房及施工现场的重点防火部位，明确各个防火部位消防器材和设施的配备、消防安全标志的设置及消防设施的定期检验维修等相关要求；对施工现场涉及明火的作业项目提出规范的施工方案，并对消防专项活动的开展和发生火灾后采取的应急处置方案做出具体要求。

九、安全检查制度

安全检查制度应规定施工企业组织安全检查的方式、内容及要求。一般来说，安全检查根据管理要求分为例行检查、专项检查、随机检查、安全巡查等方式，可根据季节性施工生产特点开展月、季度及春、秋季等例行安全检查活动。安全检查以查制度、查管理、查隐患为主要内容，以上级要求和季节性、阶段性预防事故的工作重点为主要内容。同时应将环境保护、职业健康、生活卫生和文明施工纳入检查范围。开展安全检查活动能够在施工生产过程中及时查找物的不安全状态和人的不安全行为，切实做到超期预控，消除安全隐患，不断提高安全管理水平。

十、安全奖惩制度

安全奖惩制度应满足规范安全监督管理工作，建立健全安全激励约束机制，落实各级人员安全责任，严格执行事故追究和考核的需要。该制度应能够明确施工企业安全奖励的具体项目及奖励条件。安全奖励的设置应根据各岗位安全责任的大小予以区别，做到奖励与责任对等。同时，制定安全处罚的具体办法，对于发生事故的，应按照上级部门的相关规定的程序进行事故调查，根据经确认的事故调查报告结论，对事故有关责任人员给予处罚。该制度的制定应能够做到赏罚分明，同时应实行精神鼓励与物质奖励相结合、思想教育与行政经济处罚相结合的原则。

十一、生产安全事故应急救援制度

生产安全事故应急救援制度是施工企业为了积极应对可能发生施工生产安全事故，提高企业对突发事件的应对、处置能力，确保在事故发生后能快速、有效地实施救援，使事故产生的影响得到控制，把事故造成的损失或损害降到最小而制定的。该制度的制定应明确施工企业生产安全事故应急救援组织机构及机构成员的职责，应急救援器材、设备的准备和平时的维护保养；明确施工作业场所发生事故时，如何组织抢救，保护事故现场的安排，其中应明确如何抢救，使用什么器材、设备；明确内部和外部联系的方法、渠道，根据事故性质，制定在限定时间内由谁如何向企业上级、政府主管部门和其他有关部门汇报；明确临近的消防、救险、医疗等单位的联系方式。同时，施工企业和工程项目部应根据实际情况定期和不定期举行应急救援的演练，检验应急准备工作的能力。

十二、事故调查、处理、统计、报告制度

事故调查、处理、统计、报告制度的制定是为了规范施工企业内部安全事故报告和调查处理，落实安全事故责任追究制度。该制度应明确施工企业相关部门及人员的管理职责，明确事故报告、调查、处理等各环节的具体规定和要求。安全事故调查应坚持实事求是、尊重科学的原则，及时、准确地查清事故经过、原因和损失，查明事故性质，认定事故责任，总结事故教训，提出整改措施，并对事故责任者提出处理意见。对于发生特别重大事故、重大事故、较大事故和一般事故的，需要严格按照国家法规、行业规定及有关程序，向相关机构报告，接受并配合调查，落实对责任单位和人员的处理意见。

《电力建设施工企业安全生产标准化规范及达标评级标准》对安全管理制度的要求见表2-4所列。

表2-4 《电力建设施工企业安全生产标准化规范及达标评级标准》对安全管理制度的要求

项　目	内容及要求
规章制度	企业应依据安全生产法律、法规、标准、规范，建立健全安全生产规章制度，并发布实施； 项目部应根据工程实际和工程建设单位要求，建立和完善安全生产规章制度或实施细则，并发布实施； 安全生产规章制度应及时传达到相关单位、部门、工作岗位

模块五　安全宣传教育培训

企业安全教育是安全管理的一项重要工作，其目的是提高职工的安全意识，使广大职工熟悉有关安全生产规章制度和安全操作规程，具备必要的安全生产知识，掌握本岗位的安全操作技能，增强预防事故、控制职业危害和应急处理的能力，最大程度减少人身伤害事故的发生。企业安全教育真正体现了“以人为本”的安全管理思想，是搞好企业安全管理的有效途径。

一、概述

近年来，国家对企业安全教育培训工作提出了更高的要求，从法律层面对生产经营单位的主要负责人、各级安全生产管理人员、特种作业等各类从业人员及采用新工艺、新材料或使用新设备时的安全教育培训工作提出了明确要求。《安全生产法》第二十八条规定：“生产经营单位应当对从业人员进行安全生产教育和培训，保证从业人员具备必要的安全生产知识，熟悉有关的安全生产规章制度和安全操作规程，掌握本岗位的安全操作技能，了解事故应急处理措施，知悉自身在安全生产方面的权利和义务。未经安全生产教育和培训合格的从业人员，不得上岗作业。生产经营单位使用被派遣劳动者的，应当将被派遣劳动者纳入本单位从业人员统一管理，对被派遣劳动者进行岗位安全操作规程和安全操作技能的教育和培训。劳务派遣单位应当对被派遣劳动者进行必要的安全生产教育和培训。生产经营单位接收中等职业学校、高等学校学生实习的，应当对实习学生进行相应的安全生产教育和培训，提供必要的劳动防护用品。学校应当协助生产经营单位对实习学生进行安全生产教育和培训。生产经营单位应当建立安全生产教育和培训档案，如实记录安全生产教育和培训的时间、内容、参加人员以及考核结果等情况。”第二十九条规定：“生产经营单位采用新工艺、新技术、新材料或者使用新设备，必须了解、掌握其安全技术特性，采取有效的安全防护措施，并对从业人员进行专门的安全生产教育和培训。”第三十条规定：“生产经营单位的特种作业人员必须按照国家有关规定经专门的安全作业培训，取得相应资格，方可上岗作业。特种作业人员的范围由国务院应急管理部门会同国务院有关部门确定。”这些条款的发布，为企业安全教育培训工作提供了法律保障的同时，也明确了具体的管理要求，是强化安全教育培训工作的重要依据。

通过广泛开展安全教育培训，提高全体员工的安全意识和安全技能，提高各级管理人员的责任感和员工的自觉性，这是全面夯实安全基础，消除事故隐患，提升安全管理水平的重要途径，也是企业保持安全健康、可持续发展的重要保障措施。企业应充分结合实际，全面落实国家有关安全教育培训的管理要求，一要进一步完善安全教育培训管理制度，明确企业开展安全教育培训的总体原则和目标，细化国家层面的管理要求，建立针对本企业实际的安全教育培训管理流程和安全教育培训的激励机制；二要针对企业实际，开展企业安全教育培训的远景规划，明确安全教育培训的远景目标，通过安全教育培训工作的持续开展，实现人才当量密度的不断提升，同时应制定年度安全教育培训计划，落实培训对象、培训时间、培训内容，阶段性落实安全教育培训工作；三要加强安全培训信息管理，建立全员的安全教育信息台账，及时梳理、动态掌握各级人员的安全教育培训情况，滚动修订培训计划，为企业的安全、健康发展奠定人才基础。

二、安全培训要求

《生产经营单位安全培训规定》规定，生产经营单位应当进行安全培训的从业人员包括主要负责人、安全生产管理人员、特种作业人员和其他从业人员。生产经营单位从业人员应当接受安全培训，熟悉有关安全生产规章制度和安全操作规程，具备必要的安全知识，掌握本岗位的安全操作技能，了解事故应急处理措施，知悉自身在安全生产方面的权利和义务。未经安全培训合格的从业人员，不得上岗作业。生产经营单位主要负责人和安全生产管理人员初次安全培训时间不得少于32学时。每年再培训时间不得少于12学时。

《建筑施工企业主要负责人、项目负责人和专职安全生产管理人员安全生产管理规定》规定，建筑施工企业主要负责人、项目负责人和专职安全生产管理人员应参加安全生产考核。安全生产考核包括生产知识考核和管理能力考核。安全生产考核合格证书有效期为3年。《住房城乡建设部关于印发建筑施工企业主要负责人、项目负责人和专职安全生产管理人员安全生产管理规定实施意见》（建质〔2015〕206号）规定，建筑施工企业主要负责人、项目负责人和专职安全生产管理人员应当在安全生产考核合格证书有效期届满前3个月内，经所在企业向原考核机关申请证书延续。符合下列条件的准予证书延续：①在证书有效期内未因生产安全事故或者安全生产违法违规行为受到行政处罚；②信用档案中无安全生产不良行为记录；③企业年度安全生产教育培训合格，且在证书有效期内参加县级以上住房城乡建设主管部门组织的安全生产教育培训时间满24学时。

《国家能源局关于加强电力安全培训工作的通知》（国能安全〔2017〕96号）规定，电力建设施工企业的主要负责人和安全生产管理人员，应按照主管的负有安全生产监督管理职责部门的要求，进行安全生产知识和管理能力考核并合格。

三、安全文化

（一）安全文化建设

1. 概述

文化是人类精神财富和物质财富的总称。安全文化和其他文化一样，是人类文明的产物，是安全理念、安全意识及其指导下的各项行为的总称，主要包括安全观念、行为安全、系统安全、工艺安全等。企业安全文化是为企业生产、生活、生存活动提供安全生产的保证。它决定着人们对安全生产的思维方式。企业安全文化的核心是要坚持以人为本，这就需要将安全责任落实到企业全员的具体工作中，通过塑造员工共同认可的安全价值观和安全行为规范，在企业内部营造自我约束、自主管理和团队管理的安全文化氛围，最终实现持续改善安全业绩、建立安全生产长效机制的目标。

2. 安全文化建设模型

《企业安全文化建设评价准则》（AQ/T 9005—2008）将安全文化建设水平划分为6个阶段。

（1）第一阶段为本能反应阶段。

（2）第二阶段为被动管理阶段。

（3）第三阶段为主动管理阶段。

（4）第四阶段为员工参与阶段。

（5）第五阶段为团队互助阶段。

（6）第六阶段为持续改进阶段。

随着安全文化建设成效的不断提升，国内外一些管理较为先进的企业，将企业安全文化建设作为企业发展战略的一部分，促进了安全文化建设的进一步发展。

3. 安全文化建设的重要意义

党的二十大报告强调，要推进国家安全体系和能力现代化，坚决维护国家安全和社会稳定。文化安全是国家安全的重要组成部分，关乎国家文化血脉、价值导向，践行总体国家安全观、持续加强文化安全能力建设至关重要。

安全文化作为企业文化建设的重要组成部分，逐渐受到越来越多的企业重视，用于推动企业管理水平的全面提高。安全生产管理作为现代企业文明生产的重要标志之一，在企业管理中的地位与作用日趋重要。安全文化作为一种价值观进一步地被树立和强化，成为安全生产中弘扬和倡导的主流。安全文化的建设无论是对于国家、企业，还是个人，都具有相当重要的意义。对于国家，安全生产事关以人为本的执政理念，事关构建社会主义和谐社会的基本方针；对于企业，安全生产事关经济效益的提高，事关企业的可持续、健康发展和管理水平的全面提升；对于员工，安全事关生命，是人的第一需求。随着社会发展和进步，人们对安全的关注越来越强烈。

安全文化建设可以在企业意识领域起到引领作用。对企业而言，安全文化建设不仅是对企业文化本身的完善，在企业生产、员工管理等方面也具有指导作用。

其一，安全文化建设有利于促进安全管理制度的完善和落实。建立和健全安全生产责任制和各项安全管理制度是做好企业安全工作的基础。实际工作中，多数企业面临的是制度在生产生活中的落实问题，也就是执行力的问题。落实制度说到底就是一种责任感，而责任感来源于观念。安全文化建设的目的就是解决观念问题。拥有强烈的责任感、事业心，制度建设也就会得到更好的完善和落实。

其二，有利于消除安全隐患，纠正习惯性违章，确保安全操作规程的落实。安全文化建设的逐步完善使得安全隐患更容易被发现并消除，可以将安全问题扼杀在隐性阶段。一个好的安全文化建设，是使安全的思维方式铭刻在脑海，安全的意识深入骨髓，人们就自然会按照安全操作规程办事。人人都是安全员，人人都会从保护自己、保护他人、保护企业财产的角度思考问题，隐患与违章必然会得到遏制。

其三，安全文化建设是安全投入有效实施的有力保证。安全投入不足必然会造成安全设施存在缺陷，埋下安全隐患。安全文化建设增强了员工的安全意识，企业上下、方方面面，都会从安全的愿望出发，审视周围的安全环境。主观上要求得到安全保障，也就容易发现和提出安全设施存在的不足和问题，关心安全设施的有效性，安全投入就能够得到保证。

其四，应该清楚地认识到，安全文化建设是促使企业实现管理资源优化整合，达到提高安全生产管理效率和增创经济效益的目的。在现代企业安全生产管理的发展过程中，要以文化为载体实现安全管理由管到防的转变，防微杜渐，防患于未然，才能有效地预防各种安全问题的发生，实现企业生产的本质安全。

（二）相关安全文化介绍

1. 美国杜邦公司的安全文化

美国杜邦公司（简称杜邦）是世界上最早制定安全条例的公司。1802年成立时，杜邦以生产黑色炸药为主，发生了许多事故，最大的事故发生在1818年，大爆炸夺去了40名工人的生命，也炸伤了杜邦家族的人，企业一度濒临破产。正是因为发生多次严重安全事故，杜邦公司得出了一个结论：安全是公司的核心利益，安全管理是公司事业的一个组成部分，安全具有压倒一切的优先权。在后来的100多年间，杜邦公司形成了完整的安全体系，取得了丰硕成果，并获得社会的认同。杜邦安全文化的本质就是通过人的行为体现对人的尊重，实行人性化管理，体现以人为本。文化主导行为，行为主导态度，态度决定结果，结果反映文明。杜邦的安全文化，就是要让员工在科学文明的安全文化主导下，创造安全的环境；通过安全理念的渗透改变员工的行为，使之成为自觉、规范的行动。杜邦的安全管理要素有职责、目标、标准、培训、检查、鼓励、事故调查等，唯独没有惩罚或罚款。杜邦认为，安全生产是管理层的承诺，是最高管理者的责任。有安全专职人员是非常重要的，但是，如果有人说安全由安全部门来负责，将被视为不安全因素。

杜邦把安全、健康和环境作为企业的核心价值之一，每名员工不仅对自己的安全负责，也要对同事的安全负责。这种个人和集体负责的概念，连同以任何事故都可预防的信念为指导原则，企业上下一致实现零伤害、零疾病、零事故的目标。其结果为杜邦在工业安全方面奠定了领先地位，其非凡的安全管理方面的记录享有全球的信誉。

杜邦的安全文化建设过程经历了4个不同的阶段。根据杜邦的经验，企业安全文化建设的不同阶段中企业和员工表现出的安全行为特征可概括如下。

（1）自然本能反应。处在该阶段的企业和员工对安全的重视仅仅是一种自然本能保护的反应。事故发生是早晚的事。该阶段表现出的安全行为特征如下。

①依靠人的本能。员工对安全的认识和反映是出于人的本能保护，没有或很少有安全的预防意识。

②服从为目标。员工对安全是一种被动的服从，没有或很少有安全的主动自我保护和参与意识。

③将职责委派给安全经理。各级管理层认为安全是安全管理部门和安全经理的责任，他们仅仅是配合的角色。

④缺少高级管理层的参与。高级管理层对安全的支持仅仅是口头或书面上的，没有或很少有在人力物力上的支持。

（2）依赖严格的监督。处在该阶段的企业已经建立了必要的安全管理系统和规章制度，各级管理层对安全责任作出承诺，但员工的安全意识和行为往往是被动的，零事故的目标很难实现。该阶段表现出的安全行为特征如下。

①管理层承诺。从高级至生产主管的各级管理层对安全责任作出承诺并表现出无处不在的有感领导。

②受雇的条件。安全是员工受雇的条件，任何违反企业安全规章制度的行为可能会导致被解雇。

③害怕/纪律。员工遵守安全规章制度仅仅是害怕被解雇或受到纪律处罚。

④规则/程序。企业建立起必要的安全规章制度，但员工的执行往往是被动的。

⑤监督、控制、强调和目标。各级生产主管监督和控制所在部门的安全，不断反复强调安全的重要性，制定具体的安全目标。

⑥重视所有人。企业把安全视为一种价值，不仅针对企业，还针对所有人。

⑦培训。这种安全培训应该是系统性和针对性设计的。受训的对象应包括企业的各级管理层、一线生产主管、技术人员等。培训的目的是培养各级管理层、一线生产主管、技术人员等具有安全管理的技巧、能力以及良好的安全行为。

（3）独立自主管理。此时，企业已具有良好的安全管理体系，各级管理层和其他员工具备良好的安全管理技巧、能力及安全意识，事故发生是极偶然的。该阶段表现出的安全行为特征为如下。

①个人知识、承诺和标准。员工具备熟识的安全知识，员工本人对安全行为作出承诺，并按规章制度和标准进行生产。

②内在化。安全意识已深入员工内心。

③个人价值。把安全作为个人价值的一部分。

④关注自我。安全不仅是为了自己，也是为了家庭和亲人。

⑤实践和习惯行为。安全无时不在，成为员工日常生活的行为习惯。

⑥个人得到承认。把安全视为个人成就。

（4）互助团队管理。该阶段企业安全文化已深得人心，安全已融入企业组织内部。安全为生产，生产讲安全，该阶段事故的发生除非是遇到不可抗拒的自然因素，如地震等。该阶段表现出来的安全行为特征如下。

①帮助别人遵守。员工不但自己自觉遵守各项规章制度和标准，而且帮助别人遵守各项规章制度和标准。

②留心他人。员工在工作中不但观察自己岗位上的不安全行为和条件，而且留心他人岗位上的不安全行为和条件。

③团队贡献。员工将自己的安全知识和经验分享给其他同事。

④关注他人。关心其他员工，关注其他员工的异常情绪变化，提醒安全操作。

⑤集体荣誉。员工将安全作为一项集体荣誉。

杜邦的安全文化是其几百年来安全文化建设实践的理论化总结，为企业安全文化建设提供了努力的方向和目标。只有当一个企业安全文化建设达到第四阶段时，才有可能实现安全零伤害、零疾病、零事故的目标。

2. 核安全文化

1986年，国际原子能机构（International Atomic Energy Agency，IAEA）国际安全咨询组（International Nuclear Safety Advisory Group，INSAG）在《切尔诺贝利核事故后评审会议总结报告》中首次引出"安全文化"一词。1988年，国际安全咨询组在《核电安全的基本原则》中把安全文化概念作为一种管理原则，要求"实现安全目标必须渗透到为核电厂所进行的一切活动中去"。1991年，国际安全咨询组出版《安全文化》一书，深入概括了安全文化的概念。

（1）基本目的。由于三哩岛和切尔诺贝利核事故的教训，人们认识到无论多么先进的系统（严格审批、纵深防御、多道实体屏障和多安全系统），一旦人犯了直接或间接错误，就会引起某些设备失效，从而引发严重的核事故。同时，人的才智在查出和消除潜在问题方面是十分有效的，这对安全有着积极的影响。安全文化的提出为解决人因问题提供了一条可行的途径。

（2）概念。核安全文化是指存在于单位和个人的种种特征和态度的综合，它建立超出一切之上的观念，即核电厂安全问题，由于它的重要性必须保证得到应有重视。

（3）基本内容。核安全文化把每个人的工作态度、思维习惯与单位的工作作风联系在一起。安全文化既是体制（与单位有关）问题，又是态度（与个人有关）问题，还涉及处理所有核安全问题时应该具有的正确理解能力和应该采取的正确行动。它作为一项基本要求，要寻找具体办法来检验每个人的工作态度和思维习惯等个人品质的具体体现。它要求必须以高度的警惕性、实时的见解、丰富的知识、准确无误的判断能力和高度的责任感来履行所有安全重要职责。

国际安全咨询组认为，核安全文化就其表现而言，具有两个主要部分，一是单位的工作体制，二是个人的态度和响应。虽然工作作风和态度这类概念总体来说是抽象的，但它们确实可以引出种种可以用来检验那些隐含的概念的具体表现。

国际安全咨询组还认为，健全的程序和良好的工作方法若仅仅被机械地执行是不够的，因此其主张安全文化要求所有对安全重要的职责必须被正确地执行，履行时具有高度的警惕性、应有的推理能力、丰富的知识、正确的判断和高度的责任心。

核安全文化的实质是建立一套科学而严密的规章制度和组织体系，培养全体员工遵章守纪的自觉性和良好的工作习惯，在整个制造厂内营造出人人自觉关注安全的氛围。

《电力建设施工企业安全生产标准化规范及达标评级标准》对安全宣传教育培训的要求见表2-5所列。

表2-5 《电力建设施工企业安全生产标准化规范及达标评级标准》对安全宣传教育培训的要求

项　目	内容及要求
教育培训管理	企业应建立安全教育培训管理制度，明确安全教育培训主管部门及责任人，定期识别安全教育培训需求，制订、发布、实施安全教育培训计划，有相应的资源保证； 企业及项目部应做好安全教育培训记录，建立安全教育培训台账，实施分级管理，并对培训效果进行验证、评估和改进
安全管理人员教育培训	企业主要负责人、项目负责人和安全生产管理人员应经相应资质的培训机构培训合格，具备安全生产知识和管理能力，取得培训合格证书
作业人员教育培训	企业（项目部）应对从业人员每年至少进行一次安全教育培训，培训内容包括安全法规、规章制度、操作规程、生产技能、应急处置知识等，并经考试验证确认其能力符合岗位要求； 工作票签发人、工作负责人、工作许可人须经安全培训、考试合格并公布； 新入厂人员在上岗前必须按规定经过三级安全教育培训，经考试合格后方可上岗，培训时间不得少于40学时；

续表

项　目	内容及要求
作业人员教育培训	作业人员重新上岗、调整工作岗位，应对其进行适应新操作方法、新岗位的安全培训； 采用新技术、新标准、新工艺、新装备的，应对作业人员进行专门的安全教育和培训； 特种作业人员应按有关规定接受专门的培训，经考核合格并取得有效资格证书后，方可上岗作业，并定期进行资格审查； 安全技术交底和每天的“站班会（班前会）”应纳入安全教育培训，并结合工作任务做好危险点分析，布置安全措施，讲解安全注意事项
其他人员教育培训	项目部应组织或监督相关方人员进行安全教育培训和考试； 项目部对参观、学习、实习等外来人员，应进行有关安全规定、可能接触到的危害及应急知识的教育或告知，并做好相关监护工作
安全文化建设	企业应建立带有本企业特点，反映共同安全志向的安全文化建设规划和安全理念，包括安全价值观、安全愿景、安全使命和安全目标等； 企业应制定必要的规章制度、程序，以实现对安全生产相关的所有活动进行有效控制； 开展多种形式的安全文化活动，采取可靠、有效的安全激励方式，引导从业人员的安全态度和安全行为，形成全体员工所认同、共同遵守的安全价值观，实现在法律和政府监管要求之上的安全自我约束，保障企业安全管理水平持续提高； 企业应建立安全生产各项要求的示范标准，包括安全设施标准、安全作业行为标准、文明施工规范等

模块六　作业安全

作业安全管理是通过现场安全管理、过程的控制和人员行为管理，对作业过程及物料、设备设施、器材、作业环境等存在的隐患，进行分析和控制，防止产生人的不安全行为、物的不安全状态，减少人为失误，消除环境不利因素，有效地遏制安全事故的发生。施工单位应当遵守有关环境保护法律、法规的规定，在施工现场采取措施，防止或减少粉尘、废气、废水、固体废物、噪声、振动、施工照明对人和环境的危害和污染。通过科学的管理制度、标准和方法对生产现场各要素，包括人、机、料、法、环及信息等进行合理有效的计划、组织、协调、控制和监测，实现优质、高效、低耗、安全、文明生产。

一、不安全行为和不安全状态的概念

作业安全中的不安全行为主要是人的不安全行为，指一切可能导致事故发生的行为，既包括可能直接导致事故发生的人类行为，也包括间接导致事故发生的人类行为，如作业人员违章和管理人员违章指挥等。作业安全中的不安全状态主要是物的不安全状态，指物的能量可能释放引起事故的状态，包括生产过程中一切发挥作用的机械、物料、生产对象等。

大量事故统计分析表明，发生事故的原因主要是人的不安全行为、物的不安全状态、环境因素的影响等，其中人的不安全行为、物的不安全状态又是造成事故发生的直接原因。作为人的管理行为中能够控制的因素，人的不安全行为、物的不安全状态应该在实际安全管理活动中得到有效控制，从而降低事故发生的风险。

（一）常见的不安全行为

人在作业活动中引起或可能引起事故的行为，均为不安全行为，也是造成人身伤害的主要因素。常见的人的不安全行为有以下表现形式。

1. 心理、生理性危险和有害因素

（1）负荷超限。体力负荷超限、听力负荷超限、视力负荷超限、其他负荷超限。

（2）健康状况异常。

（3）从事禁忌作业。

（4）心理异常。情绪异常、冒险心理、过度紧张、其他心理异常。

（5）辨识功能缺陷。感知延迟、辨识错误、其他辨识功能缺陷。

（6）其他心理、生理性危险和有害因素，如忽视安全，忽视警告标志、警告信号。

2.行为性危险和有害因素

（1）指挥错误。指挥失误、违章指挥、其他指挥错误。

（2）操作错误。误操作、违章作业、其他操作错误。

（3）监护失误。

（4）其他行为性危险和有害因素。

（二）常见的不安全状态

常见的物的不安全状态包括防护类装置缺乏或缺陷，设备、设施、工具缺陷，化学性危险和有害因素，个人防护用品用具缺少或缺陷，生产（施工）场地环境不良等几种类型，具体有以下表现形式。

1. 物理性危险和有害因素

（1）设备、设施、工具、附件缺陷。

（2）防护缺陷。

2. 化学性危险和有害因素

（1）爆炸品。

（2）压缩气体和液化气体。

（3）易燃液体。

（4）易燃固体、自燃物品和遇湿易燃物品。

（5）氧化剂和有机过氧化物。

（6）有毒品。

（7）腐蚀品。

（8）粉尘与气溶胶。

（9）其他化学性危险和有害因素。

（10）生物性危险和有害因素。

3. 个人防护用品用具缺少或缺陷

个人防护用品是指在劳动生产过程中为使劳动者免遭或减轻事故和职业危害因素的伤害而提供的个人保护用品，直接对人体起到保护作用，主要包括防护服、手套、护目镜及面罩、呼吸器官护具、听力护具、安全带、安全帽、安全鞋等。缺少个人防护用品，或防护用品有缺陷、不符合安全要求，都将直接影响作业人员人身安全，个人防护用品均应满足相应的国家标准，常见的缺陷有如下表现。

（1）个人防护用品无产品合格证。

（2）个人防护用品超周期使用。

（3）绝缘鞋（手套）胶料部分有裂痕、裂缝、发黏、发脆等缺陷。

（4）安全防护用品未按周期进行检测试验。

（5）个人保安线、安全带破损等。

4. 生产（施工）场地环境不良

（1）照明光线不良。照度不足；作业场地烟雾、尘土弥漫，视物不清；光线过强。

（2）通风不良。无通风、通风系统效率低、风流短路、停电停风时放炮作业、瓦斯排放未达到安全浓度放炮作业、瓦斯浓度超限等。

（3）作业场所狭窄。

（4）作业场地杂乱。工具、制品、材料堆放不安全；采伐时，未开“安全道”；影响安全的树木、杂物未做处理等。

（5）交通线路的配置不安全。

（6）操作工序设计或配置不安全。

（7）地面滑。地面有油或其他液体、冰雪覆盖，地面有其他易滑物。

（8）储存方法不安全。

（9）环境温度、湿度不当。

（10）致病微生物。

二、安全技术措施

（一）安全技术措施的定义及分类

安全技术措施是指以改善作业条件、防止安全生产事故、保障员工职业健康、消除或减少各类不安全因素为目的的一切技术组织措施。

安全技术措施按照危险、有害因素的类别可分为如下几类：控制物的不安全因素的技术措施；控制人的不安全行为的安全技术措施；控制环境因素和管理缺陷影响的安全技术措施，如防火防爆安全技术措施、锅炉与压力容器安全技术措施、起重与机械安全技术措施、电气安全技术措施等。

安全技术措施按照导致事故的原因可分为如下几类：防止事故发生的安全技术措施；减少事故损失的安全技术措施等。

1. 防止事故发生的安全技术措施

防止事故发生的安全技术措施是指为了防止事故发生，采取的约束、限制能量或危险物质，防止其意外释放的技术措施。常用的防止事故发生的安全技术措施有消除危险源，限制能量或危险物质，隔离措施，安全设计，增加安全系数和可靠性等。

消除系统中的危险源可以从根本上防止事故发生。但是，按照现代安全工程的观点，彻底消除所有危险源是不可能的。因此，危险性较大、在现有技术条件下可以消除的危险源作为优先考虑的对象。人们可以通过选择合适的工艺、技术、设备、设施、合理的结构形式，选择无害、无毒或不能致人伤害的物料来彻底消除某种危险源。

限制能量或危险物质可以防止事故的发生，如减少能量或危险物质的量、防止能量蓄积、安全释放能量等。

隔离措施是一种常用的控制能量或危险物质的安全技术措施。采取隔离技术既可以防止事故的发生，也可以防止事故的扩大，减少事故的损失。

在系统、设备、设施的一部分发生故障或破坏的情况下，在一定的时间内也能保证安全的技术措施称为故障安全设计。通过设计，系统、设备、设施发生故障或事故时处于低能状态，防止能量的意外释放。

通过增加安全系数和可靠性或设置安全监控系统等可以减轻物的不安全状态，减少物的故障和事故的发生。

2. 减少事故损失的安全技术措施

减少事故损失的安全技术措施是指防止意外释放的能量引起人的伤害或物的损坏，或减轻其对人的伤害或对物的破坏的技术措施。该类技术措施是在事故发生后，迅速控制局面，防止事故的扩大，避免引起二次事故的发生，从而减少事故造成的损失。常用的减少事故损失的安全技术措施有隔离、设置薄弱环节、个体防护、避难与救援等。

隔离措施是把被保护对象与意外释放的能量或危险物质等隔开。隔离措施按照被保护对象与可能致害对象的关系可分为隔开、封闭和缓冲等。

利用事先设计好的薄弱环节，使事故能量按照人们的意图释放，防止能量作用于被保护的人或物上，如锅炉上的易熔塞、电路中的熔断器等。

个体防护是把人体与意外释放能量或危险物质隔离开，是一种不得已的隔离措施，但却是保护人身安全的最后一道防线。

设置避难场所，当事故发生时，人员暂时躲避，可使人员免遭伤害，赢得救援的时间。事先选择撤退路线，当事故发生时，人员按照撤退路线迅速撤离。事故发生后，组织有效的应急救援力量，迅速地实施救护，是减少人员伤亡和财产损失的有效措施。此外，安全监控系统作为防止事故发生和减少事故损失的安全技术措施，是发现系统故障和异常的重要手段。安装安全监控系统可及早发现异常，避免事故的发生或减少事故的损失。

（二）安全技术管理基本要求

安全技术管理包括组织管理、安全风险管理、安全文明施工管理、安全技术方案管理、技术培训管理、技术档案管理、技术信息管理和变更管理等。电力建设施工企业应分级建立施工技术管理机构，配备满足工程建设需要的工程技术管理人员，建立健全技术责任体系和管理制度，实施安全风险辨识与评价，明确施工技术文件编制、审核、批准、备案程序，按规定组织图纸会检、制度专项安全技术措施，组织安全技术交底。

安全技术管理的基本内容和要求如下。

（1）所有建筑工程的施工组织设计（施工方案）都必须有安全技术措施，爆破、吊装、水下、深坑、支模、拆除等危险性较大的分部分项工程要编制安全专项施工方案，否则不得开工。

（2）施工现场道路、上下水及采暖管道、电气线路、材料堆放、临时和附属设施等的平面布置要符合安全、卫生、防水要求，并要加强管理，做到安全生产和文明生产。

（3）各种机电设备的安全装置和起重设备的限位装置要齐全有效，否则不能使用。要建立定期维修保养制度，检修机械设备要同时检修防护装置。

（4）脚手架、井字架（龙门架）和安全网，搭设完必须经工长验收合格，方能使用。使用期间要指定专人维护保养，发现有变形、倾斜、摇晃等情况，要及时加固。

（5）施工现场、坑井、沟和各种孔洞、易燃易爆场所、变压器周围都要指定专人设置围栏或盖板和安全标志，夜间要设红灯示警。各种防护设施、警告标志，未经施工负责人批准，不得移动和拆除。

（6）实行逐级安全技术交底制度。开工前，技术负责人要将工程概况、施工方法、安全技术措施等情况向全体职工进行详细交底，两个以上施工队或工种配合施工时，施工队长、工长要按工程进度定期或不定期地向有关班组长进行交叉作业的安全交底，班组每天对工人进行施工要求、作业环境的安全交底。

（7）混凝土搅拌站、木工车间、沥青加工点及喷漆作业场所等要采取措施，使粉尘、毒浓度达到国家标准。

（8）各种安全技术，工业卫生的革新和科研成果，都要经过试验、鉴定和制定相应安全技术措施才能使用。

（9）加强季节性劳动保护工作。夏季要防暑降温，冬季要防寒防冻。雨季和台风到来之前，应对临时设施和电气设备进行检修，沿河流域的工地要做好防洪抢险准备。雨雪过后要采取防滑措施。

（10）施工现场、木工加工厂（车间）和储存易燃易爆器材的仓库，要建立防火管理制度，备足防火设施和灭火器材，要经常检查，保持良好状态。

（11）凡新建、改建、扩建的工厂、车间，都应采用有利于劳动者安全和健康的先进工艺和技术。劳动安全卫生设施与主体工程同时设计、同时施工、同时投产。

（三）安全技术措施的编制与实施

施工组织设计中的安全技术方案一般由项目技术负责人组织编制，企业技术负责人组织审批，并报业主和监理单位审核；分部分项工程的安全技术措施一般由专业技术人员编制，各部门负责人审核，项目技术负责人批准，报监理审核。危险性较大的分部分项工程的安全专项施工方案由企业技术负责人组织审批，报业主和监理单位审核。分包单位负责编制的安全技术措施经其内部审批后需报施工单位审批后再报业主、监理单位审核。安全技术措施一般包括工程或作业项目概况，编制依据，施工项目或分部分项工程施工全过程的施工作业、特殊工种作业、管理人员和作业人员安全作业资格，风险分析，风险因素及其控制措施，等等。

1. 安全技术措施要在施工前编制

安全技术措施要在施工前编制好，并且经过审批后正式下达施工单位。设计和施工发生变更时，安全技术措施必须及时变更或补充。

2. 针对不同的施工方法和施工工艺制定相应的安全技术措施

不同的施工工艺可能给施工带来不同的不安全因素，应从技术上采取不同的措施保证其安全实施。

（1）土方工程、地基与基础工程、砌筑工程、钢窗工程、吊装工程及脚手架工程等必须编制单项工程的安全技术措施。

（2）编制施工组织设计或施工方案在使用新技术、新工艺、新设备、新材料的同时，必须研究应用相应的安全技术措施。

（3）编制各种机械设备、用电设备的安全技术措施。

（4）防止施工中有毒、有害、易燃、易爆等作业可能给施工人员造成危害的安全技术措施。

（5）针对施工现场及周围环境中可能给施工人员及周围居民带来危险的因素，材料、设备运输的困难和不安全因素，制定相应的安全技术措施。

（6）针对季节性施工的特点，制定相应的安全技术措施。夏季施工要制定防暑降温措施；冬季施工要制定防风、防火、防滑、防煤气中毒、防亚硝酸钠中毒措施。

（7）安全技术措施中必须有施工总平面图，图中必须对危险的油库，易燃材料库，变电设备，材料、构件的堆放位置，塔式起重机、井字架或龙门架、搅拌台的位置等按照施工需要和安全规程的要求明确定位，并提出具体要求。

（8）特殊和危险性大的工程，施工前必须编制单独的安全技术措施方案。

（四）安全技术交底

《建设工程安全生产管理条例》第二十七条规定："建设工程施工前，施工单位负责项目管理的技术人员应当对有关安全施工的技术要求向施工作业班组、作业人员作详细说明，并由双方签字确认。"从法规对安全技术交底的责任人、交底内容、记录要求提出了明确要求。

1. 安全技术交底的基本要求

（1）安全技术交底应在工程或工序施工前按工种进行；施工条件发生较大变化时应有针对性地补充交底；工程停工复工前应重新交底；应针对季节、气候特点组织季节性安全技术交底。

（2）工程项目必须实行逐级安全技术交底制度。设计单位应在工程开工前对项目各级技术负责人进行设计交底；各施工单位（项目）技术负责人应针对承揽工程范围内存在的风险及控制措施、施工组织设计的要求对全体技术人员、管理人员进行综合交底；各专业技术人员应针对作业项目存在的风险、有关安全管理要求和防范措施向作业人员进行安全技术交底。

（3）工程项目必须实行逐级安全技术交底制度。

（4）安全技术交底必须具体、明确，针对性要强。安全技术交底内容必须针对分部分项工程中的危险因素而编写。

（5）安全技术交底应优先采用新的安全技术措施。

（6）两个以上施工队或工种配合施工时，要按工程进度定期或不定期地向有关施工单位和班组进行交叉作业的安全书面交底。

（7）工长安排班组长工作前，必须进行书面的安全技术交底。班组长每天要对工人进行施工要求、作业环境等的书面安全交底。

（8）各级书面安全技术交底必须有交底时间、内容，交底人和接受交底人的签名。交底书要按单位工程归放在一起，以备查验。

2. 安全技术交底的内容

（1）工程概况、施工方法、安全技术措施等情况。

（2）本工程项目施工作业的特点。

（3）本工程项目施工作业中的危险点。

三、作业许可管理

（一）范围

以下施工项目在开工前必须办理安全施工作业票。

（1）通用危险作业项目，包括起重机满负荷起吊，两台及以上起重机抬吊作业，起吊危险品，超载、超高、超宽、超长物件和重大、精密、价格昂贵设备的装卸及运输，特殊高处脚手架、水上作业，金属容器内作业，土石方爆破。

（2）火电工程，包括高边坡及深坑基础开挖和支护，基坑开挖放炮，大体积混凝土浇筑，框架梁、柱混凝土浇筑，悬崖部分混凝土浇筑，大型构件吊装，脚手架、升降架安装拆卸及负荷试验，大型起重机械安装、移位及负荷试验。发电机、汽轮机本体安装，发电机及配电装置带电试运行，主变压器安装及检查，重要电动机检查，起重设备带电试运行，气体灭火系统调试，锅炉水冷壁、过热器、再热器组合安装，锅炉水压试验，给煤机、磨煤机、送引风机等重要辅机的试运行，汽机转子找正、扣盖，机组的启动及试运行，油区进油后明火作业。

（3）水电站工程，包括高边坡及深坑基础开挖和支护，基坑开挖放炮，大方量爆破装药，压力灌浆，坝体混凝土浇筑，硐室开挖遇断层处理，岩壁梁施工，厂房行车的安装调试及负荷试验，充排水检查，闸门、启闭机安装及调试，水轮机组尾水管安装及混凝土浇筑，水轮机蜗壳安装及调整，发电机定子、转子组装及调整试验，各种带电试验，重要辅助设备的安装及调试，机组的启动及试运行，机组的各种性能试验，脚手架、卷扬提升系统、大型起重机械组装或拆除作业，油区进油后明火作业，水下作业，危石、塌方处理。

（4）送电线路施工，包括特殊地质地貌条件下施工，人工挖孔桩及基坑深度超过5 m的基础开挖，运行电力线路下方的线路基础开挖，深度超过5 m的、坑口尺寸超过8 m的以及高立柱的平台搭设、模板制作，跨越10 kV及以上带电运行电力线路的跨越架搭设，跨越铁路的跨越架搭设，跨越二级及以上的公路跨越架搭设，过轮临锚施工，牵张场地锚线施工，紧线、挂线施工，高塔组立，导引绳展放施工作业，导线、地线、光缆架设施工，临近带电体施工，特殊施工方式（飞艇、动力伞等）。

（5）变电站（换流站）施工，包括深基坑施工，人工挖孔桩作业，大量的土方工程多种施工机械交叉作业，特殊结构厂房施工，施工用电接火，高大护坡支护及挡墙施工，临近带电体作业，脚手架搭设及拆除，主体结构的模板安装（支模）及混凝土浇筑施工，梁、板、柱及屋面钢筋绑扎，室内装饰涉及高处作业项目，高处焊接施工，屋面防水施工，构架组立，构架横梁及架顶避雷针就位安装，独立避雷针起吊就位安装，变压器运输及安装，换流阀安装，换流变压器运输及安装，高抗附件安装，挂线（母线、联络线），高处压接导线，隧道焊接，高压试验，大型起重机及垂直运输机械的就位、安装、拆除。

（6）风电项目，基坑爆破开挖，塔筒及风机在山区道路运输，塔筒及风机吊装。

（7）国家、行业和地方规定的其他重要及危险作业。

（二）管理要求

1. 作业许可填报

作业单位填写安全施工作业票前，必须进行作业风险分析，作业风险分析必须认真仔细，列出一切可能发生的风险，作业风险分析结果要填写在安全施工作业票上。

施工作业票必须认真填写，不得空缺，安全施工作业票上未列出的事项必须在补充栏内详细填写，签名处必须由本人签名。

2. 审批

安全作业票应经授权人审批。一般情况下审批人应勘查现场，对安全措施的针对性、可操作性进行核实后方可签字批准。

3. 作业

安全施工作业票经批准后，作业负责人应对安全技术措施交底和各项措施落实情况进行检查，确认各项措施落实后，方可组织作业，安全施工作业票未经批准，一律不得作业。

（三）作业许可形式

作业许可必须是书面形式。申请单位必须明确作业负责人、安全监护人和审批人，明确安全技术措施，并对作业人员进行交底。作业人员作业时应携带安全施工作业票。

四、安全设施管理

安全设施是指企业（单位）在生产经营活动中，将危险、有害因素控制在安全范围内，以及减少、预防和消除危害所配备的装置（设备）和采取的措施。

安全设施管理包括安全设施策划、设置、验收、使用与维护。安全设施布置合理、可靠是防止作业安全事故发生的重要措施。

（一）安全设施的分类

1. 预防事故设施

（1）检测、报警设施：压力、温度、液位、流量等报警设施，可燃气体、有毒有害气体、氧气等检测和报警设施，用于安全检查和安全数据分析等检验检测设备、仪器。

（2）设备安全防护设施：防护罩，防护屏，负荷限制器，行程限制器，制动、限速、防雷、防潮、防晒、防冻、防腐、防渗漏等设施，传动设备安全锁闭设施，电器过载保护设施，静电接地设施。

（3）防爆设施：各种电气、仪表的防爆设施，抑制助燃物品混入（如氮封）、易燃易爆气体和粉尘形成等设施，阻隔防爆器材，防爆工器具。

（4）作业场所防护设施：作业场所的防辐射、防静电、防噪声、通风（除尘、排毒）、基坑支护、脚手架、防滑、防灼烫等设施。

（5）安全警示标志：包括各种指示、警示作业安全、逃生避难、风向等警示标志。

2. 控制事故设施

（1）泄压和止逆设施：用于泄压的阀门、爆破片、放空管等设施，用于止逆的阀门等设施，真空系统的密封设施。

（2）紧急处理设施：紧急备用电源，紧急切断、分流、排放（火炬）、吸收、中和、冷却等设施，通入或加入惰性气体、反应抑制剂等设施，紧急停车、仪表连锁等设施。

3. 减少与消除事故影响设施

（1）防止火灾蔓延设施：阻火器、安全水封、回火防止器、防油（火）堤、防爆墙、防爆门，防火墙、防火门、水幕、防火材料涂层。

（2）灭火设施：消火栓、高压水枪（炮）、消防车、消防水管网、消防站等。

（3）紧急个体处置设施：洗眼器、喷淋器、逃生器、逃生索、应急照明等设施。

（4）应急救援设施：堵漏、工程抢险装备和现场受伤人员医疗抢救装备。

（5）逃生避难设施：逃生和避难的安全通道（梯）、安全避难所（带空气呼吸系统）、避难信号等。

4. 劳动防护用品和装备

劳动防护用品和装备主要是指防火、防毒、防灼烫、防腐蚀、防噪声、防光射、防高处坠落、防砸击、防刺伤等免受作业场所理化因素伤害的防护用品和装备。

（二）安全设施的管理要求

1. 安全防护设施设置

（1）工程开工前，项目部应对现场安全设施的设置进行全面策划；作业前，安全设施设置应齐全、完善。施工技术措施要求设置的安全设施必须设置。

（2）安全设施应实现“三同时”（安全设施与主体工程同时设计、同时施工、同时投入和使用），施工现场安全防护设施应与工程进度同步。严禁在安全设施不能满足施工要求的情况下施工。

（3）现场临边、沟、坑、孔、洞、井道的围栏或盖板等安全设施应齐全，并加设明显警示标志。做到“三必有”，即有边必有栏，有孔（洞）必有盖，有施工项目必有措施。

（4）现场建（构）筑物、施工电梯出入口及物料提升机地面进料口，防护棚设置应稳固畅通。

（5）施工电梯、物料提升机各层间防护围栏及出入口门应符合规定要求。

（6）机械、传动装置等转动部位保护、防护设施应完善。

（7）危险作业场所应设置安全隔离、屏蔽设施和醒目的警告标志；安全通道应坚实、稳固、畅通，符合相关规定。

（8）高处作业应根据作业类型、环境选用手扶安全绳、速差自控器、攀登自锁器、安全网（带）、工具防坠绳、工具袋等设施。

（9）施工现场的脚手架的搭设、拆除及所用构件必须符合相关规定。

2. 安全防护设施验收

安全防护设施验收主要包括以下内容。

（1）所有临边、洞口等各类技术措施设置状况。

（2）技术措施所用配件、材料、工具的规格和材质。

（3）技术措施节点构造及其与建筑物固定情况。

（4）扣件和连接件紧固程序。

（5）安全防护设施用品及设备性能与质量是否合格验证。

3. 安全防护设施管理

（1）现场设置的各种安全设施严禁挪动或移作他用。

（2）安全设施色标应符合国家安全色的相关规定，严禁随意涂刷、更改。

（3）在暴雨、台风、暴风雪等极端天气前后组织有关人员对安全设施进行检查或重新验收。

（4）施工项目部应按表2-6建立管理台账。

表2-6 安全设施管理台账

单位名称：　　　　　　　　　　　　　　编制人：

序号	主要安全设施						安全设施管理				
	名称	类型	规格型号	设置位置	数量	投运时间	使用责任人	维护责任人	最近检护时间	下次检护时间	备注

注："类型"栏中Y表示预防事故设施，K表示控制事故设施，J表示减少与消除事故影响设施。

五、安全标志、标识

施工现场应当根据工程特点及施工的不同阶段，有针对性地设置、悬挂安全标志。安全标志标识分为禁止类、指令类、警告类、提示类等类型。

（一）安全标志的设置与悬挂

根据国家有关规定，施工现场入口处、施工起重机械、临时用电设施、脚手架、出入通道口、楼梯口、电梯井口、孔洞口、桥梁口、隧道口、基坑边沿、爆破物及有害危险气体和液体存放处等属于危险部位，应当设置明显的安全警示标志。安全警示标志的类型、数量应当根据危险部位的性质来设置，如在爆破物及有害危险气体和液体存放处设置禁止烟火、禁止吸烟等禁止标志，在施工机具旁设置当心触电、当心伤手等警告标志，在施工现场入口处设置必须戴安全帽等指令标志，在通道口处设置安全通道等指示标志，在施工现场的沟、坎、深基坑等处，夜间要设红灯示警。

安全标志设置后应当进行统计记录，并填写施工现场安全标志登记表。

（二）安全标志设置要求

（1）根据工程特点及施工不同阶段有针对性地设置安全标志，必须使用国家或省市统一的安全标志，符合《安全标志及其使用导则》（GB 2894—2008）和《安全色》（GB 2893—2008）的规定。

（2）各施工阶段的安全标志应是根据工程施工的具体情况进行增补或删减，其变动情况可在安全标志登记表中注明。

（3）绘制安全标志设置位置的平面图。

（4）填写施工现场安全色标登记表（表2-7）。

表2-7　施工现场安全色标登记表

工程名称：　　　　　　　　　　　　　　年　　月　　日

类别		数量	位置	起止时间	备注
禁止类（红色）	禁止吸烟		材料库房、成品库、油料堆放处、易燃易爆场所、材料场地、木工棚、施工现场、打字复印室		
	禁止通行		外架库房、坑、沟、洞、槽、吊钩下方、危险部位		
	禁止攀登		外用电梯出口、通道口、马道出入口		
	禁止跨越		首层外架四面、栏杆、未验收的外架		
指令类（蓝色）	必须佩戴安全帽		外用电梯出入口、现场大门口、吊钩下方、危险部位、马道出口处、通道口、上下交叉作业场所		
	必须系安全带		现场大门口、马道出口处、外用电梯出入口、高处作业场所、特种作业场所		
	必须穿防护服		通道出入口、马道出口处、外用电梯出入口、电焊作业场所、油漆防水施工场所		
指令类（蓝色）	必须佩戴防护眼镜		马道出口处、外用电梯出入口、通道出入口、车工操作间、焊工操作场所、抹灰工操作场所、机械喷漆场所、修理间、电镀车间、钢筋加工场所		

（续表）

类别		数量	位置	起止时间	备注
警告类（黄色）	当心弧光		焊工操作场所		
	当心塌方		坑下作业场所、土方开挖		
	机具伤人		机械操作场所、电锯、电钻、电刨、钢筋加工现场、机械修理场所		
提示类（绿色）	安全状态通行		安全通道、行人车辆通道、外架施工层防护、人行通道、防护棚		

六、文明施工管理

文明施工是安全生产的重要组成部分，是施工企业一项基础性的管理工作。加强电力建设工程文明施工管理，保证施工井然有序，对提高工程施工管理水平，实现安全生产，保证工程质量具有重要意义。

（一）施工现场的平面布置与划分

施工现场的平面布置图是施工组织设计的重要组成部分，科学合理地布置施工现场是文明施工的重要保证。平面布置包括道路、排水、临时设施、物料堆放场的设置和机械设备布置等。

1. 施工总平面图编制的依据

（1）工程所在地区的原始资料，建设、勘察、设计单位提供的资料。

（2）原有和拟建工程的位置和尺寸。

（3）施工方案、施工进度和资源需求计划。

（4）施工设施建造规划。

（5）建设单位可提供房屋和其他设施。

（6）其他必要资料。

2. 施工平面布置的原则

（1）满足施工要求，场内道路畅通，运输方便，各种材料能按计划分期分批进场，充分利用场地。

（2）材料尽量靠近使用地点，减少二次搬运。

（3）现场布置紧凑，减少施工用地。

（4）在保证施工顺利进行的条件下，尽可能减少临时设施搭设，尽可能利用施工现场附近的原有建筑作为施工临时设施。

（5）临时设施的布置应便于工人生产和生活，办公用房靠近施工现场，福利设施应在生活区范围之内。

（6）平面图布置应符合安全、消防、环境保护的要求。

3. 施工总平面图的内容

（1）拟建建（构）筑物及设备、设施的位置，平面轮廓。

（2）施工机械设备的位置。

（3）塔式起重机轨道、行走路线及回转半径。

（4）施工运输道路、临时供水、排水管线、消防设施。

（5）临时供电线路及变配电设施位置。

（6）生活区、办公区、仓储区、加工区与绿化区域位置。

（7）围墙与出入口位置。

（8）其他施工临时设施位置。

4. 施工现场功能区域划分要求

施工现场按照功能可划分为施工作业区、辅助作业区、材料堆放区和办公生活区。施工现场的办公生活区应当与作业区分开设置，并保持安全距离。办公生活区应当设置于在建建筑物坠落半径之外。作业区之间应设置防护措施，进行明显的划分隔离，以免人员误入危险区域。办公生活区如果设置在在建建筑物坠落半径之内，必须采取可靠的防砸措施。功能区的规划设置还应考虑交通、水电、消防、卫生、环保等因素。

（二）文明施工对场地的要求

施工现场的场地应当平整，无障碍物，不积水，应适当绿化。施工现场应具有良好的排水系统，设置排水沟及沉淀池，现场废水不得直接排入市政污水管网和河流。施工现场存放的油料、化学溶剂等应设有专门的库房，地面应进行防渗漏处理，地面应该经常洒水，对粉尘源进行覆盖遮挡。

（三）文明施工对道路的要求

施工现场的道路应畅通，应当有循环干道，满足运输、消防要求。主干道应当平整、坚实，具有排水措施，硬化材料可以采用混凝土、预制块，或用石屑、焦渣、砂头等压实整平，保证不沉陷、不扬尘，防止泥土带入市政道路。道路应当中间拱起，两侧设排水设施，单车道宽度不得小于3.5 m，双车道宽度不得小于6 m，载重汽车转弯半径不小于15 m，如因条件限制，应当采取措施。道路的布置要与现场的材料、构件、仓库等料场、吊车位置相协调、配合。施工现场主要道路应尽可能利用永久性道路，或先建好永久性道路的路基，在土建工程结束之前再铺路面。

（四）封闭管理

施工现场的作业条件差，不安全因素多，在作业过程中既容易伤害作业人员，也容易伤害现场以外的人员。因此，施工现场必须实施封闭式管理，用围挡、大门将施工现场与外界隔离。

1. 围挡

施工现场围挡应沿工地四周连续设置，不得留有缺口，并根据地质、气候、围挡材料进行设计与计算，确保围挡的稳定性、安全性。围挡的用材应坚固、稳定、整洁、美观，宜选用砌体、金属材板等硬质材料，不宜使用彩布条、竹笆或安全网等。施工现场的围挡一般应高于1.8 m。

禁止在围挡内侧堆放泥土、砂石等散状材料及架管、模板等，严禁将围挡当作挡土墙使用。雨后、大风后及春融季节应当检查围挡的稳定性，发现问题应及时处理。

2. 大门

施工现场应当有固定出入口，出入口处应设置大门。施工现场的大门应牢固美观，大门上应标有企业名称或企业标识。出入口处应当设置专职门卫保卫人员，制定门卫管理制度及交接班记录制度。施工现场的施工人员应当佩戴工作卡。

（五）临时设施

施工现场的临时设施较多，临时设施必须合理选址、正确用材，确保使用功能和安全、卫生、环保、消防要求。

1. 临时设施的种类

（1）办公设施，包括办公室、会议室、保卫传达室。

（2）生活设施，包括宿舍、食堂、厕所、淋浴室、阅览娱乐室、卫生保健室。

（3）生产设施，包括材料仓库、防护棚、加工棚（站、厂，如混凝土搅拌站、砂浆搅拌站、木材加工厂、钢筋加工厂、金属加工厂和机械维修厂）、操作棚。

（4）辅助设施，包括道路、现场排水设施、围墙、大门、供水处、吸烟处。

2. 临时设施的设计

施工现场搭建的生活设施、办公设施、两层以上大跨度及其他临时房屋建筑物应当进行结构计算，绘制简单施工图纸，并经企业技术负责人审批方可搭建。临时建筑物设计应符合《建筑结构可靠性设计统一标准》（GB 50068—2018）、《建筑结构荷载规范》（GB 50009—2012）的规定。临时建筑物使用年限定为5年。临时办公室用房、宿舍、食堂、厕所等建筑物结构重要性系数γ_o=1.0。工地非危险品仓库等建筑物结构重要性系数γ_o=0.9，工地危险品仓库按相关规定设计。临时建筑及设施设计可不考虑地震作用。

3. 临时设施的选址

办公生活临时设施的选址首先应考虑与作业区相隔离，保持安全距离。其次，周边环境必须具有安全性，例如不得设置在高压线下，也不得设置在沟边、崖边、河流边、强风口处、高墙下及滑坡、泥石流等灾害地质带上和山洪可能冲击到的区域。

安全距离是指在施工坠落半径和高压线防护距离之外。建筑物高度为2 ~5 m，坠落半径为2 m；高度为30 m，坠落半径为5 m（如因条件限制，办公和生活区设置在坠落半径区域内，必须有防护措施）。1 kV以下裸露输电线，安全距离为4 m；330~550 kV裸露输电线，安全距离为15 m（最外线的投影距离）。

4. 临时设施的布置原则

（1）合理布局，协调紧凑，充分利用地形，节约用地。

（2）尽量利用建设单位在施工现场或附近能提供的现有房屋和设施。

（3）临时房屋应本着厉行节约、减少浪费的精神，充分利用当地材料，尽量采用活动式或容易拆装的房屋。

（4）临时房屋布置应方便生产和生活。

（5）临时房屋的布置应符合安全、消防和环境卫生的要求。

5. 临时设施的布置方式

（1）生活性临时房屋布置在工地现场以外，生产性临时设施按照生产需要在工地选取适当的位置，行政管理的办公室等应靠近工地或工地现场入口。

（2）生活性临时房屋设在工地现场以内时，一般布置在现场出入口。

（3）生产性临时房屋，如混凝土搅拌站、钢筋加工厂、木材加工厂等，应全面分析、比较，从而确定位置。

6. 临时房屋的结构类型

（1）活动式临时房屋，如钢骨架活动房屋、彩钢板房。

（2）固定式临时房屋，主要为砖木结构、砖石结构和砖混结构。

临时房屋应优先选用钢骨架彩板房，生活办公设施不宜选用菱苦土板房。

（六）材料的堆放

1. 一般要求

（1）建筑材料的堆放应当根据用量大小、使用时间长短、供应与运输情况确定，用量大、使用时间长、供应运输方便的，应当分期分批进场，以减少料场和仓库面积。

（2）施工现场各种工具、构件、材料的堆放必须按照总平面图规定的位置放置。

（3）位置应选择适当，便于运输和装卸，应减少二次搬运。

（4）地势较高、坚实、平坦的回填土应分层夯实，要有排水措施，符合安全、防火的要求。

（5）应当按照品种、规格堆放，并设明显标牌，标明名称、规格和产地等。

（6）各种材料物品必须堆放整齐。

2. 主要材料半成品的堆放

（1）大型工具应当一头见齐。

（2）钢筋应当堆放整齐，用方木垫起，不宜放在潮湿处和暴露在外受雨水冲淋。

（3）砖应丁码成方垛，不准超高并距沟槽坑边不小于0.5 m，防止坍塌。

（4）砂应堆成方，石子应当按不同粒径规格分别堆放成方。

（5）各种模板应当按规格分类堆放整齐，地面应平整坚实，叠放高度一般不宜超高1.6 m；大模板应放在经专门设计的存架上，应当采用两块大模板面对面存放，当存放在施工楼层上时，应当满足自稳角度并有可靠的防倾倒措施。

（6）混凝土构件堆放场地应坚实、平整，按规格、型号堆放，垫木位置要正确，多层构件的垫木要上下对齐，垛位不准超高。混凝土墙板宜设插放架，插放架要焊接或绑扎牢固，防止倒塌。

3. 场地清理

（1）作业区及建筑物楼层内要做到工完场地清，拆模时应当随拆随清理，不能马上运走的应码放整齐。

（2）各楼层清理的垃圾不得长期堆放在楼层内，应当及时运走，施工现场垃圾也应分类集中堆放。

(七)环境保护

文明施工应做好环境保护。国家关于保护和改善环境、防治污染的法律法规主要有《中华人民共和国环境保护法》(简称《环境保护法》)、《中华人民共和国大气污染防治法》(简称《大气污染防治法》)、《中华人民共和国固体废弃物污染环境防治法》(简称《固体废弃物污染环境防治法》)、《中华人民共和国环境噪声污染防治法》(简称《环境噪声污染防治法》)等。

1. 防治大气污染

(1)施工现场宜采取措施硬化,其中主要道路、料场、生活办公区域必须进行硬化处理,土方应集中堆放。裸露的场地和集中堆放的土方应采取覆盖、固化或绿化等措施。

(2)使用密目式安全网对建筑物、构筑物进行封闭,防止施工过程扬尘。

(3)从事土方、渣土和施工垃圾运输应采用密闭式运输车辆或采取覆盖措施。

(4)拆除旧有建筑物时,应采用隔离、洒水等措施防止扬尘,并应在规定期限内将废弃物清理完毕。

(5)不得在施工现场熔融沥青,严禁在施工现场焚烧含有毒、有害化学成分的装饰废料、油毡、油漆、垃圾等各类废弃物。

(6)施工现场出入口处应采取保证车辆清洁的措施。

(7)水泥和其他易飞扬的细颗粒建筑材料应密闭存放,砂石等散料采取覆盖措施。

(8)建筑物内施工垃圾的清运应采用专用封闭式容器吊运或传送,严禁凌空抛撒。

(9)施工现场应设置密闭式垃圾站,施工垃圾、生活垃圾应分类存放,并及时清运出场。

(10)城区、旅游景点、疗养区、重点文件保护地及人口密集区的施工现场应使用清洁能源。

(11)施工现场的机械设备、车辆的尾气排放应符合国家环保排放标准要求。

2. 防治水污染

(1)施工现场应设置排水沟及沉淀池,现场废水不得直接排入市政污水管网和河流。

(2)现场存放的油料、化学溶剂等应设有专门的库房,地面应进行防渗漏处理。

(3)食堂应设置隔油池,并应及时清理。

(4)厕所的化粪池应进行抗渗处理。

(5)食堂、盥洗池、淋浴间的下水管线应设置隔离网,并应与市政污水管线连接,保证排水畅通。

3. 防治施工噪声污染

(1)施工现场应按照现行国家标准《建筑施工场界环境噪声排放标准》(GB 12523—2011)制定降噪措施,并应对施工现场的噪声值进行监测和记录。

(2)施工现场的强噪声设备应设置在远离居民区的一侧。

(3)对因生产工艺要求或其他特殊需要,确实需要在22时至次日6时期间进行强噪声施工的,施工前建设单位和施工单位应到有关部门提出申请,经批准后方可进行夜间施工,并公告附近居民。

(4)夜间运输材料的车辆进入施工现场严禁鸣笛,装卸材料应做到轻拿轻放。

（5）对产生噪声和振动的施工机械、机具的使用，应当采取消声、吸声、隔声等有效控制和降低噪声。

4. 防治施工照明污染

夜间施工严格按照建设行政主管部门和有关部门的规定执行，对施工照明器具的种类、灯光亮度应以严格控制，特别是在城市市区居民居住区内，减少施工照明对城市居民的危害。

5. 防治施工固体废弃物污染

施工车辆运输砂石、土方、渣土和建筑垃圾应采取密封、覆盖措施，避免泄露、遗撒，并按指定地点倾卸，防止固体废物污染环境。

模块七 工程总承包和分包安全管理

一、工程总承包的概念、特征

（一）工程总承包的概念

工程总承包是指从事工程总承包的企业（简称工程总承包企业）按照与建设单位签订的合同，对工程项目的勘察、设计、采购、施工等实行全过程的承包，并对工程的质量、安全、工期和造价等全面负责的承包方式。

工程总承包一般采用设计—采购—施工总承包或设计—施工总承包模式。建设单位也可以根据项目特点和实际需要，按照风险合理分担原则和承包工作内容采用其他工程总承包模式。

工程总承包企业应当具备与发包工程规模相适应的工程设计资质（工程设计专项资质和事务所资质除外）或施工总承包资质，且具有相应的组织机构、项目管理体系、项目管理专业人员和工程业绩。

工程总承包单位应当同时具有与工程规模相适应的工程设计资质和施工资质，或者由具有相应资质的设计单位和施工单位组成联合体。工程总承包单位应当具有相应的项目管理体系、项目管理能力、财务和风险承担能力，以及与发包工程相类似的设计、施工或工程总承包业绩。

设计单位和施工单位组成联合体的，应当根据项目的特点和复杂程度，合理确定牵头单位，并在联合体协议中明确联合体成员单位的责任和权利。联合体各方应当共同与建设单位签订工程总承包合同，就工程总承包项目承担连带责任。

工程总承包单位应当建立与工程总承包相适应的组织机构和管理制度，形成项目设计、采购、施工、试运行管理，质量、安全、工期、造价、节约能源和生态环境保护管理等工程总承包综合管理能力。

工程总承包单位应当对其承包的全部建设工程质量负责，分包单位对其分包工程的质量负责，分包不免除工程总承包单位对其承包的全部建设工程所负的质量责任。

工程总承包单位、工程总承包项目经理依法承担质量终身责任。

工程总承包单位对承包范围内工程的安全生产负总责。分包单位应当服从工程总承包单位的安全生产管理，分包单位不服从管理导致生产安全事故的，由分包单位承担主要责任，分包不免除工程总承包单位的安全责任。

工程总承包单位应当依据合同对工期全面负责，对项目总进度和各阶段的进度进行控制管理，确保工程按期竣工。

(二)建筑工程分包的概念、特征

1. 建筑工程分包的概念

建筑工程分包是指建筑施工企业之间的专业工程施工或劳务作业的承、发包关系。分包活动中，作为发包一方的建筑施工企业是发包人，作为承包一方的建筑施工企业是承包人。

建筑工程分包市场即通常所说的建筑工程二级市场，是指为完成某项工程建设，建筑业企业之间在工程承、发包活动中形成的平等的财产关系的总和。

建筑业企业（也称承包商）与建设单位（也称业主或开发商）在工程承、发包活动中形成的平等的财产关系构成建筑工程一级市场。在一级市场上，建筑业企业直接面对建设单位。但是，在二级市场上，其承包人面对的是一级市场上的工程承包人。所以，建筑工程二级市场是相对建筑工程一级市场而言的，它应当包括专业工程承发包市场和建筑劳务市场两块，并且这两块相互交叉和相互作用，共同构成统一的二级市场。同时，二级市场也将和一级市场相互作用，共同构成统一的建筑市场。

2. 建筑工程分包活动的特征

首先，主体是特定的。一般的分发包人是直接从建设单位承接工程任务的建筑业企业，分承包人是从分发包人那里承接工程任务的专业承包企业或劳务分包企业，两者在市场中的地位是平等的。建设单位不是分包市场的主体。建设行政主管部门或工商行政管理机关等部门也不是分包市场的主体，它们是建筑市场管理的主体，它们与市场主体之间的关系是建筑市场管理活动的纵向的行政关系。

其次，客体是特定的。分包交易的客体是承、发包双方的权利、义务共同指向的对象，包括承、发包范围内的专业性建筑产品或建筑劳务。交易客体必须是建筑工程中由法律、法规或规章规定允许分包的部分，或者理解为交易客体不得是法律、法规或规章禁止分包的部分。

最后，主体之间的关系是横向的平等的财产关系，其根源是承发包双方之间的地位平等。

(三)分包类型

工程分包按照分包的方式可分为一般分包和指定分包，按照施工内容可以分为专业分包和劳务分包，按照是否合法可分为合法分包和违法分包，不同分包方式产生不同的法律后果。

1. 一般分包

建筑工程总承包单位可以将承包工程中的部分工程发包给具有相应资质条件的分包单位。但是，除总承包合同中已约定的分包外，必须经建设单位认可。施工总承包的，建筑工程主体结构的施工必须由总承包单位自行完成。

建筑工程总承包单位按照总承包合同的约定对建设单位负责，分包单位按照分包合同的约定对总承包单位负责。总承包单位和分包单位就分包工程对建设单位承担连带责任。

2. 指定分包

土木工程施工合同中，指定分包是一项重要的发包方式，在国际上被广泛采用。在国内房地产工程中也很常见，但国家建筑法体系内仍然主张业主指定分包商是不被允许的。

产生指定分包的原因，一般是业主在招标阶段划分合同包时，考虑到某部分施工的工作内容有较强的专业技术要求，一般承包单位不具备相应的能力，但如果以一个单独的合同对待又限于现场的施工条件或合同管理的复杂性，工程师无法合理地进行协调管理，为避免各独立合同之间的干扰，则将这部分工作发包给指定分包商实施的合同。

指定分包商是指由业主（或工程师）指定、选定，完成某项特定工作内容并与承包商签订分包合同的特殊分包商。合同条款规定，业主有权将部分工程项目的施工任务或涉及提供材料、设备、服务等工作内容发包给指定分包商实施。

由于指定分包商是与承包商签订分包合同，因而在合同关系和管理关系方面与一般分包商处于同等地位，对其施工过程中的监督、协调工作纳入承包商的管理之中。指定分包工作内容可能包括部分工程的施工，供应工程所需的货物、材料、设备，设计，提供技术服务等。

3. 专业分包

专业分包是指总承包人根据合同约定或征得总发包人同意后，将专业工程交由具备法定资质的专业承包企业完成的活动。专业分包合同的有效条件如下。

（1）总承包合同中有约定或征得总发包人许可。

（2）分包工程属于非主体结构工程。

（3）分承包企业具有相应资质条件，在其资质等级许可的范围内承揽业务。根据专业承包企业资质等级标准，专业承包企业分为60个资质类别，按照其注册资本、收入状况、专业技术人员、技术装备和已完成的建筑工程业绩等条件分为不同等级，专业承包企业在资质类别和等级范围内承揽工程。

4. 劳务分包

劳务分包是指总承包人或专业工程承包人（劳务分包发包人）将其施工任务中的劳务作业交由法定资质的劳务企业（劳务作业承包人）完成的活动。根据建筑业劳务分包企业资质标准，劳务分包企业分为13个资质类别。每种劳务作业的分承包人均有相应的资质等级及作业范围，其中木工作业、砌筑作业、钢筋作业、脚手架搭设作业、模板作业和焊接作业6类企业分为两个等级，其他7类企业因作业过于简单不分等级。

5. 合法分包

合法分包是指按照国家法律法规和强制性规定依法分包的行为。

6. 违法分包

违法分包是指违反法律强制性规定的分包行为。我国现行的法律法规将违法实施分包活动的具体形态概括为违法分包、转包、挂靠、指定分包等。

（四）建设工程非法转包、违法分包的法律界定及处理原则

根据《建筑法》的有关规定，承包人非法转包、违法分包建设工程或者没有资质的实际施工

人借用有资质的建筑施工企业名义与他人签订建设工程施工合同的行为无效。对承包人非法转包、违法分包建设工程取得的利益，出借法定资质的建设施工企业因出借行为取得的利益，没有资质的建设施工企业因借用资质签订建设工程施工合同取得的利益应予以收缴。

1. 转包、分包行为的认定及相互区别

根据《建筑法》及相关法律的规定，建设工程分包是指经发包人同意或认可，建设工程的总承包人将承包的部分工程发包给具有相应资质条件的单位。分包是在总承包合同之外，以承包人（分包合同的发包方）与分包人（分包合同的承包方）为合同当事人的独立的工程承包合同。分包人按照分包合同的约定对总承包人负责，并与总承包人就分包工程对发包人承担连带责任。

建设工程转包是指承包人在承包建设工程后，又将其承包的建设工程全部或部分转让给第三人（转承包人）。转让后，转让人退出承包关系，受让人即转承包人成为承包合同的另一方当事人，转让人对受让人的履行行为不承担责任。

建设工程分包和转包可以从三个方面进行区分：①承包合同的主体不同。分包合同的主体双方是承包人与分包人，分包人在总承包合同关系中仅处于第三人的位置。转包是指将原承包合同的主体双方变更为发包与受让方，原承包合同的承包方则退出承包合同，使得受让人取代承包方成为原承包合同的一方当事人。②权利、义务内容不同。分包合同是指总承包人与分包人之间形成的独立承包合同，其权利、义务由双方当事人约定。转包在转让后原承包合同的内容保持不变，仅主体发生了变更，受让人直接享有原承包合同的权利和义务。③法律后果不同。我国法律允许建设工程总承包方经发包方认可或总承包合同中明确约定可以将承包工程中的部分工程发包给具有相应资质条件的分包人。依法成立的分包合同具有法律效力。对于转包行为，法律明确规定予以禁止。《建筑法》第二十八条规定："禁止承包单位将其承包的全部建筑工程转包给他人，禁止承包单位将其承包的全部建筑工程肢解以后以分包的名义分别转包给他人。"因此，违反法律强制性规定的转包合同是无效的。

2. 非法转包、违法分包行为的法律界定

《建设工程质量管理条例》第七十八条列举了违法分包行为的几种情形：①总承包单位将建设工程分包给不具备相应资质条件的单位的；②建设工程总承包合同中未有约定，又未经建设单位认可，承包单位将其承包的部分建设工程交由其他单位完成的；③施工总承包单位将建设工程主体结构的施工分包给其他单位的；④分包单位将其承包的建设工程再分包的。

非法转包行为主要包括3种：①承包单位承包建设工程后，不履行合同约定的责任和义务，将其承包的全部建设工程转让给他人的；②承包单位承包建设工程后，不履行合同约定的责任和义务，将其承包的全部建设工程肢解后以分包的名义分别转给其他单位的；③法律、法规、规章规定的其他转包建设工程行为。

承包单位对其承包的建设工程未派出项目管理班子或其技术管理人员数量明显低于正常水平的，以转包行为论处。

实践中，对于非法转包行为可以结合3个方面综合认定：①核查承包的主体是否变更或实际上已变更，与申报质量监督、施工许可时的主体是否一致；②核实现场管理人员的实际到位情况及与承包人是否真正存在隶属关系；③发包方与承包方签订、执行的合同均只反映了转包的特征与某一特定现象，欲准确认定何为转包必须把握承包人不履行合同约定的主要义务这一根本属性，即转包是指承包人承包建设工程后，不履行承包合同约定的主要义务，并与他人约定由他人履行不少于承包合同约定的主要义务的行为。

3. 违法的二次分包与合法的劳务作业分包的区别

根据《民法典》和《建筑法》的有关规定，建设工程的发包方可以将建筑工程的勘察、设计、施工、设备采购一并发包给一个工程总承包方，也可以将建筑工程勘察、设计、施工、设备采购的一项或多项发包给一个工程总承包方。总承包人或勘察、设计、施工承包人经发包人同意，可以将自己承包的部分工作交由第三人完成。第三人就其完成的工作成果与总承包人或勘察、设计、施工承包人向发包人承担连带责任。但分包方将其承包的工程再分包为法律所禁止。实践中，总承包人或分包人往往将承包的工程劳务作业部分分包给其他单位来完成。违法的二次分包和合法的劳务作业分包可以从以下几个方面来加以区别。

（1）发包的主体不同。专业分包的发包方是建设工程发包人或工程总承包人，分包人不能再次作为发包方进行二次分包。而劳务作业的发包方既可以是总承包人，也可以是分包人。

（2）是否须经工程发包人认可不同。《建筑法》第二十九条明确规定，建筑工程总承包单位可以将承包工程中的部分工程发包给具有相应资质条件的分包单位，但是除总承包合同中约定的分包外，必须经建设单位认可。也就是说分包必须经发包方认可，或者在合同中有明确约定。而对劳务作业分包法律法规并没有规定须经发包方认可。

4. 非法转包、违法分包的处理原则

《建筑法》《民法典》明确禁止承包单位将建设工程非法转包或违法分包。《最高人民法院关于审理建设工程施工合同纠纷案件适用法律问题的解释（一）》第四条明确规定，承包人非法转包、违法分包建设工程的行为无效。

二、我国有关分包及分包安全管理的规定

随着我国法律法规的不断完善，国家、行业主管部门和地方政府都对工程分包管理作出了明确规定。如《建筑法》《民法典》《中华人民共和国招标投标法》（简称《招标投标法》）、《建设工程安全生产管理条例》《建设工程质量管理条例》《建筑业企业资质管理规定》《建筑业劳务分包企业资质标准》等。

（一）有关分包管理的规定

1. 法律法规层面

《建筑法》《民法典》《招标投标法》《中华人民共和国招标投标法实施条例》（简称《招标投标法实施条例》）、《建设工程质量管理条例》等都对分包管理作出了规定。

《建筑法》第二十八条规定："禁止承包单位将其承包的全部建筑工程转包给他人，禁止承包单位将其承包的全部建筑工程肢解以后以分包的名义分别转包给他人。"第二十九条规定："建筑工程总承包单位可以将承包工程中的部分工程发包给具有相应资质条件的分包单位；但是，除总承包合同中约定的分包外，必须经建设单位认可。施工总承包的，建筑工程主体结构的施工必须由总承包单位自行完成。建筑工程总承包单位按照总承包合同的约定对建设单位负责，

分包单位按照分包合同的约定对总承包单位负责。总承包单位和分包单位就分包工程对建设单位承担连带责任。禁止总承包单位将工程分包给不具备相应资质条件的单位。禁止分包单位将其承包的工程再分包。”第五十五条规定：“建筑工程实行总承包的，工程质量由工程总承包单位负责，总承包单位将建筑工程分包给其他单位的，应当对分包工程的质量与分包单位承担连带责任。分包单位应当接受总承包单位的质量管理。”

《民法典》第七百九十一条规定：“发包人可以与总承包人订立建设工程合同，也可以分别与勘察人、设计人、施工人订立勘察、设计、施工承包合同。发包人不得将应当由一个承包人完成的建设工程肢解成若干部分发包给几个承包人。总承包人或勘察、设计、施工承包人经发包人同意，可以将自己承包的部分工作交由第三人完成。第三人就其完成的工作成果与总承包人或勘察、设计、施工承包人向发包人承担连带责任。承包人不得将其承包的全部建设工程转包给第三人或者将其承包的全部建设工程肢解以后以分包的名义分别转包给第三人。禁止承包人将工程分包给不具备相应资质条件的单位。禁止分包单位将其承包的工程再分包。建设工程主体结构的施工必须由承包人自行完成。”

《招标投标法》第三十条规定：“投标人根据招标文件载明的项目实际情况，拟在中标后将中标项目的部分非主体、非关键性工作进行分包的，应当在投标文件中载明。”第四十八条规定：“中标人应当按照合同约定履行义务，完成中标项目。中标人不得向他人转让中标项目，也不得将中标项目肢解后分别向他人转让。中标人按照合同约定或者经招标人同意，可以将中标项目的部分非主体、非关键性工作分包给他人完成。接受分包的人应当具备相应的资格条件，并不得再次分包。中标人应当就分包项目向招标人负责，接受分包的人就分包项目承担连带责任。”第五十八条规定：“中标人将中标项目转让给他人的，将中标项目肢解后分别转让给他人的，违反本法规定将中标项目的部分主体、关键性工作分包给他人的，或者分包人再次分包的，转让、分包无效，处转让、分包项目金额千分之五以上千分之十以下的罚款；有违法所得的，并处没收违法所得；可以责令停业整顿；情节严重的，由工商行政管理机关吊销营业执照。”

《招标投标法实施条例》第五十九条规定：“中标人应当按照合同约定履行义务，完成中标项目。中标人不得向他人转让中标项目，也不得将中标项目肢解后分别向他人转让。中标人按照合同约定或者经招标人同意，可以将中标项目的部分非主体、非关键性工作分包给他人完成。接受分包的人应当具备相应的资格条件，并不得再次分包。中标人应当就分包项目向招标人负责，接受分包的人就分包项目承担连带责任。”第七十六条规定：“中标人将中标项目转让给他人的，将中标项目肢解后分别转让给他人的，违反招标投标法和本条例规定将中标项目的部分主体、关键性工作分包给他人的，或者分包人再次分包的，转让、分包无效，处转让、分包项目金额5‰以上10‰以下的罚款；有违法所得的，并处没收违法所得；可以责令停业整顿；情节严重的，由工商行政管理机关吊销营业执照。”

《建设工程质量管理条例》第十八条规定：“从事建设工程勘察、设计的单位应当依法取得相应等级的资质证书，并在其资质等级许可的范围内承揽工程。禁止勘察、设计单位超越其资质等级许可的范围或者以其他勘察、设计单位的名义承揽工程。禁止勘察、设计单位允许其他单位或者个人以本单位的名义承揽工程。勘察、设计单位不得转包或者违法分包所承揽的工程。”第二十五条规定：“施工单位应当依法取得相应等级的资质证书，并在其资质等级许可的范围内承揽工程。禁止施工单位超越本单位资质等级许可的业务范围或者以其他施工单位的名义承揽工程。禁止施工单位允许其他单位或者个人以本单位的名义承揽工程。施工单位不得转包或者违法分包工程。”第二十七条规定：“总承包单位依法将建设工程分包给其他单位的，分包单位应当按照分包合同的约定对其分包工程的质量向总承包单位负责，总承包单位与分包单位对分包工程的质量承担连带责任。”第六十二条规定：“违反本条例规定，承包单位将承包的工程转包或者违法分包的，责令改正，没收违法所得，对勘察、设计单位处合同约定的勘察费、设计费25%以上50%以下的罚款；对施工单位处工程合同价款0.5%以上1%以下的罚款；可以责令停业整顿，降低资质等级；情节严重的，吊销资质证书。工程监理单位转让工程监理业务的，责令改正，没收违法所得，处合同约定的监理酬金25%以上50%以下的罚款；可以责令停业整顿，降低资质等级；情节严重的，吊销资质证书。”

2. 部门规章层面

《建筑业企业资质管理规定》《建筑业企业资质等级标准》等对分包管理作出了规定。

《建筑业企业资质管理规定》第五条规定：“建筑业企业资质分为施工总承包资质、专业承包资质、施工劳务资质三个序列。施工总承包资质、专业承包资质按照工程性质和技术特点分别划分为若干资质类别，各资质类别按照规定的条件划分为若干资质等级。施工劳务资质不分类别与等级。”第六条规定：“建筑业企业资质标准和取得相应资质的企业可以承担工程的具体范围，由国务院住房城乡建设主管部门会同国务院有关部门制定。”

按照建筑业企业资质标准规定，我国建筑业企业资质标准包括施工总承包序列资质标准、专业承包序列资质标准、施工劳务序列资质标准。

（二）有关分包安全管理的规定

《建筑法》《建设工程安全生产管理条例》《电力建设工程施工安全监督管理办法》等都对分包管理作出了规定。

《建筑法》第四十五条规定：“施工现场安全由建筑施工企业负责。实行施工总承包的，由总承包单位负责。分包单位向总承包单位负责，服从总承包单位对施工现场的安全生产管理。”第六十七条规定：“承包单位将承包的工程转包的，或者违反本法规定进行分包的，责令改正，没收违法所得，并处罚款，可以责令停业整顿，降低资质等级；情节严重的，吊销资质证书。承包单位有前款规定的违法行为的，对因转包工程或者违法分包的工程不符合规定的质量标准造成的损失，与接受转包或者分包的单位承担连带赔偿责任。”

《建设工程安全生产管理条例》第二十四条规定：“建设工程实行施工总承包的，由总承包单位对施工现场的安全生产负总责。总承包单位应当自行完成建设工程主体结构的施工。总承包单位依法将建设工程分包给其他单位的，分包合同中应当明确各自的安全生产方面的权利、义务。总承包单位和分包单位对分包工程的安全生产承担连带责任。分包单位应当服从总承包单位的安全生产管理，分包单位不服从管理导致生产安全事故的，由分包单位承担主要责任。”第三十五条规定：“施工单位在使用施工起重机械和整体提升脚手架、模板等自升式架设设施前，应当组织有关单位进行验收，也可以委托具有相应资质的检验检测机构进行验收；使用承租的机械设备和施工机具及配件的，由施工总承包单位、分包单位、出租单位和安装单位共同进行验收。验收合格的方可使用。《特种设备安全监察条例》规定的施工起重机械，在验收前应当经有相应资质的检验检测机构监督检验合格。施工单位应当自施工起重机械和整体提升脚手架、模板等自升式架设设施验收合格之日起30日内，向建设行政主管部门或者其他有关部门登记。登记标志应当置于或者附着于该设备的显著位置。”第四十九条规定：“施工单位应当根据建设工程施工的特点、范围，对施工现场易发生重大事故的部位、环节进行监控，制定施工现场生产安全事故应急救援预案。实行施工总承包的，由总承包单位统一组织编制建设工程生产安全事故应急救援预案，工程总承包单位和分包单位按照应急救援预案，各自建立应急救援组织或者配备应急救援人员，配备救援器材、设备，并定期组织演练。”

《电力建设工程施工安全监督管理办法》第二十三条规定：“电力建设工程实行施工总承包的，由施工总承包单位对施工现场的安全生产负总责，具体包括：(一)施工单位或者施工总承包单位应当自行完成主体工程的施工，除可依法对劳务作业进行劳务分包外，不得对主体工程进行其他形式的施工分包；禁止任何形式的转包和违法分包；(二)施工单位或者施工总承包单位依法将主体工程以外项目进行专业分包的，分包单位必须具有相应资质和安全生产许可证，合同中应当明确双方在安全生产方面的权利和义务。施工单位或者施工总承包单位履行电力建设工程安全生产监督管理职责，承担工程安全生产连带管理责任，分包单位对其承包的施工现场安全生产负责；(三)施工单位或者施工总承包单位和专业承包单位实行劳务分包的，应当分包给具有相应资质的单位，并对施工现场的安全生产承担主体责任。第二十四条规定：“施工单位应当履行劳务分包安全管理责任，将劳务派遣人员、临时用工人员纳入其安全管理体系，落实安全措施，加强作业现场管理和控制。”第三十二条规定：“施工单位应当根据电力建设工程施工特点、范围，制定应急救援预案、现场处置方案，对施工现场易发生事故的部位、环节进行监控。实行施工总承包的，由施工总承包单位组织分包单位开展应急管理工作。”

三、电力建设分包安全管理实践

在我国，电力建设和其他工程建设一样，其工程建设分包作为一种施工组织管理形式被施工企业广泛应用，分包商在各施工企业发展中起到了至关重要的作用，但随着建筑分包工程的不断增加，分包工程安全管理问题日益突出。分包工程安全管理成为企业安全管理重点和薄弱环节，如何做好分包工程安全管理工作成为建设施工企业亟待解决的问题。

(一)管理制度

电力建设企业、施工企业、项目公司和施工项目部均应结合单位实际，依据国家、行业有关规定，建立和完善与分包(供)单位等相关方的管理制度。内容应包括资格预审、分包单位选择、服务前准备、分包作业过程控制、供应商提供的产品、技术服务要求、分包业绩评估、续用及退出机制、有关安全生产的制度等。

电力建设企业、项目公司、施工企业、施工项目部均应根据企业的管理制度，编制相关方的现场管理实施细则。例如，《国家电网公司建设工程施工分包安全管理规定》明确了管理职责、专业分包、劳务分包、分包方准入及合同管理、动态管理、监督管理、考核评价及责任追究等方面的具体内容。

（二）资质审查

企业应确认分包（供）单位资质条件，确保符合国家建筑业企业资质管理和电力行业有关工程分包安全管理的相关规定。应按管理权限对工程投标的分包（供）单位进行投标资质审查，资质审查内容至少包括企业法人营业执照、法人代表证书或法人委托授权书、被委托人身份证、建筑业企业资质证书、组织机构代码证书、安全生产许可证、税务登记证、前三年安全生产业绩证明等，确认资质符合国家建筑业企业资质管理和行业有关工程分包安全管理的相关规定。项目部分包商的资质、业绩等文件应报监理单位备案。

在审查工作中，应审查分包（供）单位资质原件，防止其使用无效资质。

（三）分包协议

分包工程发包人应与分包方签订安全协议，明确双方安全责任。分包协议分为工程专业分包安全生产协议和工程劳务分包安全生产协议，内容一般包括承包工程项目、协议内容、附则三大部分。承包工程项目一般包括工程项目名称、工程地址、承包范围、承包形式、工程合同编号、工程项目期限等。协议内容一般包括安全文明施工目标，工程执行的主要法律法规标准及制度，甲方的安全文明施工权利和义务，乙方的安全文明施工权利和义务，安全技术措施，安全文明施工费用，安全文明施工考核标准，需要补充协议内容等。附则主要是规定协议生效、安全文明施工措施费依据、安全保证金及未尽事宜等。

（四）分包管理

企业进行工程分包必须在施工承包合同允许范围内，否则必须经工程项目建设单位同意后才可进行施工分包。企业应按合同要求向建设单位、监理单位申报拟分包的工程计划以及分包商资质、业绩等文件。分包方禁止将所承包的工程进行转包或违规分包。项目部应动态核查进场分包方的人员资格、机具配备和技术管理的能力。分包商必须按规定设置安全生产管理机构或配备满足需要的专（兼）职安全生产管理人员。分包商必须按规定对入场人员进行身体检查，合格后方可录用。项目部应对分包商入场人员体检状况进行核查；应按规定对分包商人员进行安全教育培训，考核合格后方可上岗。对两个及以上相关方在同一作业区域内进行施工、可能危及对方生产安全的作业活动，应组织相关单位制定安全措施，并监督落实。项目部应建立分包商档案。

（五）监督检查

施工企业应建立相关方管理监督检查机制，对分包商全过程的施工安全进行监督检查。项目部应根据相关方的作业活动，定期识别作业风险，督促相关方采取预控措施。项目部定期对分包商的履责能力进行检查、考核、评估，适时更新分包商管理台账。项目部应按合同中明确的安全管理模式、内容、要求、具体指标和奖惩机制将分包方纳入项目管理，应定期进行安全检查、考核。项目部应监督分包商施工人员劳动防护用品、用具的配备和使用。施工企业应采集项目部对相关方的考核评估信息并进行分析，更新合格分包商名册。

模块八　施工设备管理

在电力工程项目建设过程中，施工设备按照用途可以分为起重设备、通用设备、土石方设备、运输设备、混凝土设备、基础处理设备、加工设备、检测设备等。施工设备包含一般机械设备、特种机械设备两类。

施工设备使用阶段的管理是施工设备管理的重要环节，是一个过程管理，一般分为三个阶段：基础管理、使用管理、报废管理。

一、施工设备基础管理

（一）管理活动的重点要求

（1）要设置施工设备管理机构，配备专业管理人员，形成管理网络，明确岗位职责。

（2）要制定施工设备的采购、验收、检验、安拆、使用（租赁）、维护保养、监督检查、进出场、报废等管理制度。

（3）一般施工设备与特种设备验收与检验要区分管理。

（4）施工设备实行定机、定人、定岗位制，杜绝无证上岗。

（5）一般机械设备与特种设备要分开建立档案。

（6）在危险作业控制管理方面，电力施工企业应根据工程项目所在地的施工环境及所投入的机械设备、人员配置等，组织机械设备作业安全风险分析，识别施工机械设备安装、使用、维修、拆除的危险源（点），确定风险等级，并制定相应措施，作业中严格执行。

（二）施工设备档案管理

电力建设施工企业、项目部应加强施工设备安全技术台账监督检查管理，保证其完整、齐全和准确，至少应有以下几项。

（1）施工设备安全管理记录资料（包括不限于）。

①施工设备购置合同、设计文件、产品质量合格证明、安装及使用维护保养说明、监督检验证明等技术资料和文件。

②施工设备定期检验和定期自行检查记录。

③施工设备日常使用状况记录。

④施工设备及其附属仪器仪表的维护保养记录。

⑤起重机械的运行故障和事故记录。

⑥施工设备的租赁合同及安全协议。

⑦施工设备登记台账。

⑧施工设备作业人员登记台账。

⑨施工设备作业人员培训、考试、交底签字、考核和奖惩记录。

⑩起重机械安全技术档案。

（2）原始资料。

①购置合同、制造许可证、产品合格证、制造监督检验合格证。

②新型（新产品）和超大型起重机械型式试验合格证。

③使用说明书、有关图纸等设计文件。

④使用登记证明。

（3）动态资料。

①安装告知书、安拆作业指导书、检验报告书。

②过程检验记录、安装后企业自检报告书、技术交底签字记录。

③负荷试验记录、特殊检验报告（有关焊缝探伤、应力测试、校核计算等）。

④大修鉴定和修竣验收记录、技术改造记录、报废鉴定和手续。

⑤基础或轨道验收记录、特殊工况作业记录（超负荷作业、双机抬吊等）。

⑥主要零部件更换记录、维修记录。

⑦故障记录、事故及未遂事故记录。

二、施工设备使用管理

（一）前期管理

（1）要踏勘现场，辨识施工设备安装、使用、维修、拆除等作业安全风险，确定风险等级，制定相应措施。同时要满足《住房城乡建设部办公厅关于实施〈危险性较大的分部分项工程安全管理规定〉有关问题的通知》的要求。

（2）选择与施工任务相匹配、满足施工现场作业环境要求的施工设备。

（3）操作人员必须经过专业培训并考试合格，持证在有效期内。

（4）使用前要求功能性检验合格，并经过必要保养。

（5）参与施工前必须以安全措施方案为保证，并对参与施工人员进行安全技术交底，经签字确认。

（二）使用过程中管理

（1）机械设备操作人员必须按操作规范进行操作，严格执行“十不吊原则”。

①超负荷或被吊物重量不清不吊。

②指挥信号不明确不吊。

③捆绑、吊挂不牢或不平衡，可能引起滑动时不吊。

④光线阴暗视线不清不吊。

⑤歪拉、斜吊重物时不吊。

⑥吊物上站人或有活动物体不吊。

⑦安全装置失灵不吊。

⑧被吊物棱角处与捆绑钢绳无防护措施不吊。

⑨遇到拉力不清的埋置物件时不吊。

⑩6级以上强风不吊。

（2）机械设备施工过程中，监护人员必须到位，在机械设备作业区内有其他施工人员可能对机械设备作业安全产生影响或机械设备作业对其他施工人员安全造成影响的，监护人要及时告知作业区内其他施工人员进行避让。

（3）在日常使用过程中，施工企业要加强维护保养，班前要进行常规性检查，及时消除故障，特别是涉及安全使用的必须确认故障消除后方可投入当日施工作业。

（4）机械设备管理部门、安全监督管理部门及机械设备检修维护部门或人员，要加强施工机械设备日常施工安全作业状态巡视检查，及时制止带病机械设备参与作业，确保施工机械设备的安全性、可靠性。

（5）施工机械设备岗位责任人要做好日常施工记录，日常维护记录，及时向机械设备管理部门、检修维护部门通告机械设备使用、维护、保养情况。相应部门应建档留存。

（6）压力管道不得超负荷使用，发生泄漏时，先要关闭源头，再根据输送介质性质做相应处理，特别注意输送易燃易爆介质的管道必须进行惰性气体置换，方可进行处理。

（三）维修管理

按目前施工生产的特点，设备维修工作可分为故障前的预防性维修和故障后的排障性维修。故障前的预防性维修是一种为防止机械发生故障而进行的定期检修业务，定期检查和维修保养，以查明和消除隐患。故障后的排障维修是在设备出现故障后进行的有针对性的修理。

（1）必须克服“重生产、轻维修保养”的错误观念，坚持预防性维修在机械维修工作中的主导地位。

（2）为提高设备维修保养水平，应使维护工作做到“三化”，即规范化、工艺化、制度化。规范化就是使维护内容统一，必须严格按照设备的维修保养规范进行。工艺化就是根据不同设备制订各项维护工艺规程，按规程进行维护。制度化就是根据不同设备、不同工作条件规定不同维护周期和维护时间，并严格执行。

（3）对设备的定期维护保养工作要制定工作定额和物资消耗定额，并按定额进行考核。

（4）要实行设备的三级保养制，即日常维护保养、一级保养和二级保养。三级保养制是以操作者为主对设备进行以保为主、保修并重的强制性维修制度。

（5）设备的区域维护是根据项目施工中设备分布的具体情况而采用的维修管理办法，维修人员承担一定施工区域内的设备维修保养工作。

（6）为保证机械维修的顺利进行，企业必须有合理的备件储备。

《电力建设施工企业安全生产标准化规范及达标评级标准》对施工设备使用管理的要求见表2-8所列。

表2-8 《电力建设施工企业安全生产标准化规范及达标评级标准》对施工设备使用管理的要求

项 目	内容及要求
设备性能及作业环境	施工设备的金属结构、运行机构、电气控制系统无缺陷，安全保护装置齐全、可靠、灵敏； 施工设备的防护罩、盖板、梯子、护栏等安全防护设施应完备可靠； 塔式起重机、履带式起重机等起重设备的灯光、音响、信号应齐全可靠，指示仪表应准确、灵敏，风力监测装置装设位置符合要求； 施工设备应干净整洁，悬挂标识牌、检验合格证，明示安全操作规程； 设备基础应进行验收，质量符合相关技术要求，并定期检查； 施工机械设备运行范围内无障碍物，满足安全运行要求； 施工现场两台及以上机械设备在使用过程中可能发生碰撞时，应制定相应的防碰撞措施； 牵张设备的电气接地装置符合规程要求； 过载保护装置可靠、灵敏； 施工项目部应针对工程地处的地理位置、自然环境、地质和气候状况，制定施工设备在极端天气作业环境的防护措施
操作维护保养	企业应制定施工设备安全操作维护保养办法； 企业应定期对施工设备维修保养情况进行检查验证和考核； 操作人员应按安全操作规程进行操作； 项目部应对施工设备进行日常维护保养，作业时悬挂明显的警示标识； 施工设备维修结束后施工项目部应按规定组织验收，合格后方可投入使用； 项目部应对施工设备日常维护保养情况定期进行检查，并做好记录； 牵张设备应定人定机，操作人员必须熟悉牵张设备的结构、工作原理、操作规程及维护保养知识
安全监督检查	企业应制定施工设备安全监督检查计划，编制各类施工设备的日常、专项和定期检查表，并组织检查； 项目部应根据施工特点、季节变化、特定安全风险、时间周期等对施工设备组织安全监督检查； 项目部每月（包含停用一个月以上的起重机械在重新使用前）对主要施工设备安全状况进行一次全面检查
相关施工设备管理	企业应明确要求相关方提供的施工设备必须符合国家相关的技术标准和安全使用条件； 企业与相关方应签订合同，明确双方的施工设备管理安全责任和具体的安全管理奖罚办法，明确相关方提供的施工设备纳入施工项目部施工设备统一管理； 项目部应对施工设备（含相关方提供的）技术性能及安全状况进行检查，合格后方可使用； 特种设备应经有资质的检验机构进行检验，合格后方可投入使用，项目部应保存相关资料

（四）安装与拆除管理

施工设备安装与拆除管理，主要是指电力工程建筑安装施工大型起重设备、提升设备的安装与拆除，其作业危险性较大，必须严格执行《建筑起重机械安全监督管理规定》《建筑起重机械备案登记办法》《特种设备安全监察条例》《起重设备安装工程施工及验收规范》等有关条款要求。

（1）安装与拆除必须编制专项施工方案，达到《危险性较大的分部分项工程安全管理规定》规定的“超过一定规模的危险性较大的分部分项工程范围”标准的，施工企业应组织专家进行论证。其施工技术、安全技术交底必须到人。

（2）建设单位厂用起重设备与施工企业自有施工起重设备同等对待。

（3）参与施工人员必须持证上岗，安装或拆除必须严格按方案措施进行，不得随意变更。

（4）安装或拆除施工辅助设施必须安全可靠，高空作业时安全保护设施要根据现场安全实际需要完善，个人安全防护用品必须正确使用。

（5）安装或拆除施工辅助机械现场布置要提前策划，并确保其安全性、可靠性。

（6）安装拆除现场危险区域要进行有效隔离，警示标志清晰可见，施工过程中禁止交叉作业；现场指挥及监护人必须到位，各司其职。

（7）建筑起重机械的地基基础质量应由监理单位进行监理，并由使用单位组织验收确认。

《电力建设施工企业安全生产标准化规范及达标评级标准》对施工设备安装与拆除管理的要求见表2-9所列。

表2-9 《电力建设施工企业安全生产标准化规范及达标评级标准》对施工设备安装与拆除管理的要求

项　目	内容及要求
安装、拆除管理	特种设备安装前应向项目所在地特种设备安全监督管理部门办理告知手续； 特种设备安装拆除单应具有相应资质； 作业人员应具备相应的能力和资格； 施工设备安装、拆除企业对外委托安装、拆除施工设备，应签订施工合同和安全协议，明确双方责任； 施工设备安装、拆除必须编制专项施工方案，内容及审批程序应符合要求，作业前应组织安全技术交底； 特种设备安装前，应对各运行机构的技术状况及安全防护装置进行检修（检测）； 施工设备安装、拆除单位技术负责人，应对安装、拆除的关键工序进行现场指导； 安全管理人员应对施工设备安装、拆除关键工序进行旁站监督； 施工设备安装、拆除单位要做好安装记录和过程检验记录； 施工设备安装后，应按照安全技术规范及说明书的有关要求，进行相关试验，试验项目应保持与本机说明书的要求一致； 特种设备应由有关检测机构检测，合格后方可投入使用

三、施工设备报废管理

施工设备报废参照有关法律法规执行，不得变相变卖、降级使用或改变使用功能以为他用，要按律办理报废手续。

根据《特种设备安全法》第四十八条规定："特种设备存在严重事故隐患，无改造、修理价值，或者达到安全技术规范规定的其他报废条件的，特种设备使用单位应当依法履行报废义务，采取必要措施消除该特种设备的使用功能，并向原登记的负责特种设备安全监督管理的部门办理使用登记注销手续。前款规定报废条件以外的特种设备，达到设计使用年限可以继续使用的，应当按照安全技术规范的要求通过检验或安全评估，并办理使用登记证书变更，方可继续使用。允许继续使用的，应当采取加强检验、检测和维护保养等措施，确保使用安全。"

四、特种设备管理

《特种设备安全监察条例》《建筑起重机械安全监督管理规定》《特种设备作业人员监督管理办法》《特种设备安全法》《建筑起重机械备案登记办法》《起重设备安装工程施工及验收规范》等法律法规，以及国家电网公司《电力建设起重机械安全监督管理办法》《电力建设起重机械安全管理重点措施（试行）》等企业制度都对特种设备管理进行了详细规定。国家对各类特种设备，从生产、使用、检验检测三个环节实行全过程的监管。

（1）使用单位应当按照国家有关规定要求，对特种设备进行定期检验。

特种设备检验周期表见表2-10所列。

表2-10　特种设备检验周期表

序　号	设备种类	检验周期	
1	锅炉	外部检验	一般1年1次
		内部检验	一般每2年1次
		水压试验	一般6年1次
2	压力容器	年度检验	每年至少1次
		全面检验	首检周期不超过3年； 安全状况等级为1、2级的，每6年至少1次； 安全状况等级为3级的，每3年至少1次
		水压试验	每2次全面检验期间至少1次
3	压力管道	在线检验	至少每年1次
		全面检验	首检周期不超过3年； 安全状况等级为1、2级的检验周期一般不超过6年； 安全状况等级为3级的，检验周期一般不超过3年； 安全状况为4级的，应判为报废
4	电梯	定期检验周期为1年	
5	起重机械	轻小型起重设备、桥式起重机、门式起重机、门座起重机、缆索起重机、桅杆式起重机、铁路起重机、旋臂起重机等每2年1次； 塔式起重机、升降机、流动式起重机每年1次	
6	厂内机动车辆	定期检验周期为1年	
7	主要安全附件及安全保护装置	安全阀	每年至少检验1次，特殊情况按相应的技术规定执行
		压力表	每年至少1次，装设在锅炉上的压力表应每半年至少检验1次
		爆破片	根据厂家设计确定（一般2至3年内更换），在苛刻条件下使用的应每年更换
		限速器	每2年应进行限速器动作速度校验1次
		防坠安全器	每2年进行安全器动作校验1次

（2）分包、租赁特种设备管理。特种设备在出租期间的使用管理和维护保养由特种设备出租单位负责。在管理方面，必须做到以下几点。

①施工企业应当建立分包、租赁设备管理制度，与设备租赁、分包单位签订特种设备安全生产管理协议书，明确双方的职责、权利和义务。

②必须将分包、租赁特种设备管理纳入本单位设备管理工作。

③分包合同中应明确要求分包方配备满足设备正常安全运行、符合国家规定上岗资格的作业人员。

④项目部组织对分包队伍特种设备进行安全检查，不符合安全条件的设备不准进入施工现场。

⑤项目部应督促分包、租赁单位按法规办理特种设备使用许可证、人员的上岗证，并报项目备案。

⑥项目部应经常性组织分包（协作）队伍特种设备安全检查。

⑦施工企业将分包、租赁设备纳入定期设备安全大检查范围。

模块九　安全风险分级管控

《安全生产法》第四条规定："生产经营单位必须遵守本法和其他有关安全生产的法律、法规，加强安全生产管理，建立健全全员安全生产责任制和安全生产规章制度，加大对安全生产资金、物资、技术、人员的投入保障力度，改善安全生产条件，加强安全生产标准化、信息化建设，构建安全风险分级管控和隐患排查治理双重预防机制，健全风险防范化解机制，提高安全生产水平，确保安全生产……"生产经营单位必须构建安全风险分级管控和隐患排查治理双重预防机制，健全风险防范化解机制。

一、安全风险相关术语及概念

（一）安全风险

依据《企业安全生产标准化基本规范》（GB/T 33000-2016）和《职业健康安全管理体系要求及使用指南》（GB/T 45001—2020），安全风险是指在生产经营活动中发生危险事件或有害暴露的可能性，与随之引发的人身伤害、健康或财产损失的严重性的组合。

（二）危险源/危险和有害因素

依据《职业健康安全管理体系要求及使用指南》（GB/T 45001—2020）、《施工企业安全生产管理规范》（GB 50656—2011）》，危险源/危险和有害因素是指可能导致人身伤害、健康损害或财产损失的来源，可理解为引起或增加风险事故发生的机会或扩大损失的原因和条件。

需注意的是，危险源/危险和有害因素区别于《危险化学品重大危险源辨识》（GB 18218—2018）所指危险化学品重大危险源。

（三）风险点（评估单元）

风险点（评估单元）是指风险伴随的设施、部位、场所和区域，以及在设施、部位、场所和区域实施的伴随风险的作业活动，或以上两者的组合。

（四）风险辨识

依据《风险管理术语》（GB/T 23694—2013），风险辨识是指发现、确认和描述风险的过程。风险识别包括对风险源、事件及其原因和潜在后果的识别，风险识别可能涉及历史数据、理论分析。

（五）风险分级管控

风险分级管控是指按照风险等级、所需管控资源、管控能力、管控措施复杂及难易程度等因素而确定不同管控层级的风险管控方式。

（六）风险等级

风险等级从高到低划分为重大风险（一级风险）、较大风险（二级风险）、一般风险（三级风险）和低风险（四级风险），分别用红、橙、黄、蓝4种颜色表示。

二、安全风险管控基本流程

风险点确定→危险源/危险和有害因素辨识→风险评价→管控层与控制措施确定→分级管控清单建立→风险告知→控制措施实施与监督→调整与纠偏。

三、安全分级风险要求

针对不同风险等级，应分级、分类、分专业进行管理，明确管控层级，落实责任部门、责任人和具体管控措施，强化对较大风险（二级风险）及以上风险的重点管控。

（1）企业应建立健全安全风险辨识管理制度，组织全员对本单位安全风险进行全面、系统的辨识。

（2）安全风险辨识范围应覆盖本单位的所有活动及区域，并考虑正常、异常和紧急3种状态及过去、现在和将来3种时态。安全风险辨识应采用适宜的方法和程序，且与现场实际相符。

（3）企业应对安全风险辨识资料进行统计、分析、整理和归档。

（4）企业应建立安全风险评估管理制度，明确安全风险评估的目的、范围、频次、准则和工作程序等。

（5）企业应选择合适的安全风险评估方法，定期对所辨识出的存在安全风险的作业活动、设备设施、物料等进行评估。在进行安全风险评估时，至少应从影响人、财产和环境3个方面的可能性和严重程度进行分析。

（6）矿山、金属冶炼和危险物品生产、储存企业，每3年应委托具备规定资质条件的专业技术服务机构对本企业的安全生产状况进行安全评价。

（7）企业应选择工程技术措施、管理控制措施、个体防护措施等，对安全风险进行控制。

（8）企业应根据安全风险评估结果及生产经营状况等，确定相应的安全风险等级，对其分级分类管理，实施安全风险差异化动态管理，制定并落实相应的安全风险控制措施。

（9）企业应将安全风险评估结果及所采取的控制措施告知相关从业人员，使其熟悉工作岗位和作业环境中存在的安全风险，掌握、落实应采取的控制措施。

（10）企业应制定变更管理制度。变更前应对变更过程及变更后可能产生的安全风险进行分析，制定控制措施，履行审批及验收程序，并告知和培训相关从业人员。

（11）施工项目部负责对项目范围内各级各类安全风险进行具体管控，组织制定针对性控制措施并严格落实，还应落实上级监管单位针对较大风险（二级风险）及以上风险提出的相关管理要求。（上一级负责管控的风险，下一级必须同时负责具体管控并逐级落实控制措施）

四、符合下列条件之一的，应列为重大风险（一级风险）

（1）风险评价结果为重大风险（一级风险）的。

（2）涉及《危险化学品重大危险源辨识》（GB 18218—2018）所指危险化学品重大危险源的。

（3）涉及《住房城乡建设部办公厅关于实施<危险性较大的分部分项工程安全管理规定>有关问题的通知》（建办质〔2018〕31号）、《水利水电工程施工安全管理导则》（SL 721—2015）、《公路工程施工安全技术规范》（JTG F90—2015）等行业管理要求规定的“超过一定规模危险性较大分部分项工程”的。

（4）存在能量意外释放（剧毒、爆炸、火灾、坍塌、地质灾害等）危险的场所或区域，且作业人员或区域内人员在10人及以上的。

（5）其他符合行业及地方关于重大（一级）风险评价认定标准的。

五、风险管控和隐患排查治理双重预防机制

双重预防机制是指构筑防范生产安全事故的两道防火墙。第一道是管风险，以安全风险辨识和管控为基础，从源头上辨识风险、分级管控风险，把各类风险控制在可接受范围内，杜绝和减少事故隐患。第二道是治隐患，以隐患排查和治理为手段，认真排查风险管控过程中出现的缺失、漏洞和风险控制失效环节，把隐患消灭在事故发生之前。

可以说，安全风险管控到位就不会形成事故隐患，隐患一经发现及时治理就不可能酿成事故，要通过双重预防的工作机制切实把每一类风险都控制在可接受范围内，把每一个隐患都治理在形成之初，把每一起事故都消灭在萌芽时期。

模块十　安全检查与隐患治理

安全检查、隐患治理是安全管理工作的重要组成部分，是实现安全管控的有效手段。通过安全检查与隐患治理，能够及时发现安全隐患，解决存在问题，不断改善劳动保护条件，有效防护安全事故发生。《安全生产法》第四十六条规定：“生产经营单位的安全生产管理人员应当根据本单位的生产经营特点，对安全生产状况进行经常性检查；对检查中发现的安全问题，应当立即处理；不能处理的，应当及时报告本单位有关负责人，有关负责人应当及时处理。检查及处理情况应当如实记录在案……”

一、安全检查

（一）安全检查的类型

（1）定期安全检查。通过有计划、有组织、有目的的形式来实现，检查周期根据各单位实际情况确定，如年、季度、月等。

（2）经常性安全检查。采取动态巡查方式来实现。在施工生产过程中进行经常性的预防检查，能及时发现问题，消除隐患，保证施工生产正常进行，如班前、班后岗位安全检查等。

（3）专项安全检查。对某个专业问题或在施工生产中存在的普遍性安全问题进行检查，如脚手架、作业平台、起重机械、压力容器、消防管理检查等。

（4）季节性、节假日安全检查。针对潜在风险开展季节性检查，如汛期检查等。

（二）安全检查的内容

（1）查思想。在生产中，人们常受到心理因素和生理因素等影响，尤其是从事单调、重复的作业，一段时间后便会麻痹、疏忽、侥幸的情况。安全检查就是要通过检查、监督、调查及早发现人的不安全行为，并通过提醒、批评、约谈、警告、考核、罚款处分等手段，消除不安全行为，提高安全工作可靠度。

（2）查管理。管理出现漏洞，制度落实不到位，是酿成事故的主要因素。要检查各级管理人员安全培训制度落实的情况，安全规程和制度是否健全完善，是否有违章指挥、违章操作的现象。安全检查就是要发现各项管理过程中的缺陷，当然也包括自身安全管理中的缺陷，并及时纠正、弥补。

（3）查现场。检查安全防护设施、施工机械、工器具是否规范、到位，是保证现场安全的关键设施之一。防护设施的工艺设计是否符合安全生产要求，防护装置是否健全可靠，施工机械、工器具是否定期检验、完好无缺等。保证现场的工作环境整洁、安全通道畅通、安全标识清晰。

（4）查隐患。检查劳动条件、生产设备、安全卫生设施是否符合要求及各级人员在工作中是否存在不安全行为和安全隐患。有些事故有潜伏性，但事故的发生也是有规律可循的。按照事故发生的逻辑，观察、研究、制定出防范措施和应急对策。

（5）查整改。对已经发现的安全隐患及生产存在的问题进行检查落实：是否已采取防护、改进措施，对发生事故是否及时报告、认真处理，有没有采取有效措施防止类似事故重复发生。曾经发生过事故的部位是每次安全检查工作的重点。

（三）安全检查的要求

（1）检查核心。一要抓住工程项目各参建单位的关键人。查看业主单位、监理单位、施工单位、施工项目部责任主体，对易发生人身伤害事故风险作业的过程管控机制进行检查。二要抓住工程现场作业程序的关键点。明确施工现场关键点作业风险提示、作业必备条件、作业过程安全管控措施，清楚关键作业施工安全管理的底线、红线和现场安全检查的核心内容，目标明确，尤其要关注关键点控制。

（2）对大面积或数量多的项目可采取系统的观感和一定数量的测点相结合的检查方法。检查时尽量采用检测工具，用数据说话。

（3）讲究检查方法，突出效率，根据检查重点和要求，确定本次检查采取的主要方法，进一步熟悉并掌握检查方向所涉及的法律法规和制度标准，制定出便于现场检查、针对性较强和目的明确的检查表，检查表的内容、标准、要求都应力求简洁明了，以便识别判断和检查评价，检查结论必须要符合现场现状。

（4）通过检查发现各种问题，善于从表面发现深层次的问题，分析出问题的根源，对安全施工可能产生伤害的程度，并告知现场主要管理人员。

（5）问题的处置方法，要"一针见血"和"一探究竟"。必须抛弃只查问题、不顾相关，只说隐患、不问处置等片面的做法。

（6）要贯彻执行边查边改的原则，在安全检查中发现的隐患要及时进行整改，不能拖延不改，安全检查中有些问题可能限于物资条件等情况一时还不能解决的，要制订出计划，分期、分批有计划地按期解决。

（7）整改责任部门定责任人、定整改措施、定完成期限。对一些较大和整改有难度的隐患要及时列入计划整改项目，明确责任单位、责任人和整改时间进度，并及时上报有关责任部门，以便指导、帮助、协调解决，确保设备设施和人员安全。

二、事故隐患治理

安全生产隐患是指生产经营单位违反安全生产法律、法规、规章、标准、规程和安全生产管理制度的规定，或者其他因素在生产经营活动中存在可能导致事故发生的物的危险状态、人的不安全行为和管理上的缺陷。

（一）事故隐患排查的基本要求

《安全生产事故隐患排查治理暂行规定》要求生产经营单位主要负责人对本单位事故隐患排查治理工作全面负责，并对生产经营单位如何开展事故隐患排查、治理和防控提出了基本要求，规范了事故隐患排查，为企业开展事故隐患治理工作提供了依据。

（二）事故隐患的分类

事故隐患按隐患危害程度可分为一般事故隐患和重大事故隐患。一般事故隐患是指危害和整改难度较小，发现后能够立即整改排除的隐患。重大事故隐患是指危害和整改难度较大，应当全部或局部停产停业，并经过一定时间整改治理方能排除的隐患，或者因外部因素影响致使生产经营单位自身难以排除的隐患。

（三）事故隐患产生的原因

事故隐患产生的原因主要有设备故障（或缺陷）、人员失误和管理缺陷3个方面，并且三者之间是相互影响的。

（四）事故隐患排查的内容

（1）安全生产法律法规、规章制度、规程标准的贯彻执行情况。

（2）安全生产责任制建立及落实情况。

（3）安全生产费用提取使用、安全生产风险抵押金交纳等经济政策的执行情况。

（4）企业安全生产重要设施、装备和关键设备、装置的完好状况及日常管理维护、保养情况，劳动防护用品的配备和使用情况。

（5）危险性较大的特种设备和危险物品的存储容器、运输工具的完好状况及检测检验情况。

（6）对存在较大危险因素的生产经营场所及重点环节、部位重大危险源普查建档、风险辨识、监控预警制度的建设及措施落实情况。

（7）事故报告、处理及对有关责任人的责任追究情况。

（8）安全基础工作及教育培训情况，特别是企业主要负责人、安全管理人员和特种作业人员的持证上岗情况，员工的教育培训情况，劳动组织、用工情况等。

（9）应急预案制定、演练情况，应急救援物资、设备配备及维护情况。

（10）新建、改建、扩建工程项目的安全“三同时”（安全设施与主体工程同时设计、同时施工、同时投产和使用）执行情况。

（五）治理事故隐患的对策措施

（1）企业安全管理和技术进步相结合，强化安全标准化建设和现场管理，加大安全投入，推进安全技术改造，夯实安全管理基础。

（2）深入开展重点行业（企业）安全生产专项整治，狠抓薄弱环节，发现隐患及时整改。

（3）与日常安全监管监察执法结合起来，严格安全生产许可，加大打“三非”（非法建设、非法生产、非法经营）、反“三违”（违章指挥、违章作业、违反劳动纪律）、治“三超”（生产企业超能力、超强度、超定员，运输企业超载、超限、超负荷）工作力度，消除隐患滋生根源。

（4）鼓励企业结合实际推行HSE管理体系、职业健康安全管理体系等现代安全生产管理方法，提升企业的基础管理水平。

（5）建立企业重大事故隐患排查整改网络信息监管系统。

（6）坚持与加强应急管理结合起来，建立健全应急管理制度，完善事故应急救援预案体系，落实隐患治理责任与监控措施，严防整治期间发生事故。

模块十一　危险性较大的分部分项工程安全管理

电力建设工程包含一定数量的危险性较大的分部分项工程，其特点为分布较广、类别较多、专业性较强、施工难度及作业危险性较大，是电力施工企业安全管控的重点之一。施工作业前必须编制安全专项施工方案，对于超过一定规模的危险性较大的分部分项工程，施工单位应当组织专家对专项方案进行论证。

一、危险性较大的分部分项工程的范围

住房和城乡建设部2018年3月8日发布的《危险性较大的分部分项工程安全管理规定》（住房和城乡建设部令第37号）、住房和城乡建设部办公厅2018年5月17日发布的《住房城乡建设部办公厅关于实施〈危险性较大的分部分项工程安全管理规定〉有关问题的通知》（建质办

[2018]31号）等有关条款中规定的电力工程危险性较大的分部分项工程清单见表2-11所列。

表2-11　电力工程危险性较大的分部分项工程清单

类　别	项　目
1. 危险性较大的分部分项工程	基坑工程： ①开挖深度超过3 m（含3 m）的基坑（槽）的土方开挖、支护、降水工程； ②开挖深度虽未超过3 m，但地质条件、周围环境和地下管线复杂，或影响毗邻建筑物、构筑物安全的基坑（槽）的土方开挖、支护、降水工程
	模板工程及支撑系统： ①各类工具式模板工程，包括滑模、爬模、飞模、隧道模等工程； ②混凝土模板支撑工程，搭设高度5 m及以上，或搭设跨度10 m及以上，或施工总荷载（荷载效应基本组合的设计值，简称设计值）10 kN/m^2及以上，或集中线荷载（设计值）15 kN/m^2及以上，或高度大于支撑水平投影宽度且相对独立无联系构件的混凝土模板支撑工程； ③承重支撑体系，用于钢结构安装等满堂支撑体系
	起重吊装及起重机械安装拆卸工程： ①采用非常规起重设备、方法，且单件起吊重量在10 kN及以上的起重吊装工程； ②采用起重机械进行安装的工程； ③起重机械安装和拆卸工程
	脚手架工程： ①搭设高度24 m及以上的落地式钢管脚手架工程（包括采光井、电梯井脚手架）； ②附着式升降脚手架工程； ③悬挑式脚手架工程； ④高处作业吊篮； ⑤卸料平台、操作平台工程； ⑥异型脚手架工程
	拆除工程： ①码头、桥梁、高架、烟囱、水塔或拆除中容易引起有毒有害气（液）体或粉尘扩散、易燃易爆事故发生的特殊建筑物、构筑物的拆除工程； ②文物保护建筑、优秀历史建筑或历史文化风貌区影响范围内的拆除工程
	暗挖工程： 采用矿山法、盾构法、顶管法施工的隧道、洞室工程
	其他： ①建筑幕墙安装工程； ②钢结构、网架和索膜结构安装工程； ③人工挖孔桩工程； ④水下作业工程； ⑤装配式建筑混凝土预制构件安装工程； ⑥采用新技术、新工艺、新材料、新设备可能影响工程施工安全，尚无国家、行业及地方技术标准的分部分项工程

（续表）

类 别	项 目
2. 超过一定规模的危险性较大的分部分项工程	深基坑工程： 开挖深度超过5 m（含5 m）的基坑（槽）的土方开挖、支护、降水工程
	模板工程及支撑系统： ①各类工具式模板工程，包括滑模、爬模、飞模、隧道模等工程； ②混凝土模板支撑工程，搭设高度8 m及以上，或搭设跨度18 m及以上，或施工总荷载（设计值）15 kN/m^{2}及以上，或集中线荷载（设计值）20 kN/m^{2}及以上； ③承重支撑体系，用于钢结构安装等满堂支撑体系，承受单点集中荷载7 kN及以上
	起重吊装及起重机械安装、拆卸工程： ①采用非常规起重设备、方法，且单件起吊重量在100 kN及以上的起重吊装工程； ②起重量300 kN及以上，或搭设总高度200 m及以上，或搭设基础标高在200 m及以上的起重机械安装和拆卸工程
	脚手架工程： ①搭设高度50 m及以上的落地式钢管脚手架工程； ②提升高度在150 m及以上的附着式升降脚手架工程或附着式升降操作平台工程； ③分段架体搭设高度20 m及以上的悬挑式脚手架工程
	拆除工程： ①码头、桥梁、高架、烟囱、水塔或拆除中容易引起有毒有害气（液）体或粉尘扩散、易燃易爆事故发生的特殊建筑物、构筑物的拆除工程； ②文物保护建筑、优秀历史建筑或历史文化风貌区影响范围内的拆除工程
	暗挖工程： 采用矿山法、盾构法、顶管法施工的隧道、洞室工程
	其他： ①施工高度50 m及以上的建筑幕墙安装工程； ②跨度36 m及以上的钢结构安装工程，或跨度60 m及以上的网架和索膜结构安装工程； ③开挖深度16 m及以上的人工挖孔桩工程； ④水下作业工程； ⑤重量1 000 kN及以上的大型结构整体顶升、平移、转体等施工工艺； ⑥采用新技术、新工艺、新材料、新设备可能影响工程施工安全，尚无国家、行业及地方技术标准的分部分项工程

二、危险性较大的分部分项工程的管理

（一）前期管理

《危险性较大的分部分项工程安全管理规定》（住房和城乡建设部令第37号）规定，条款中涉及的“危险性较大的分部分项工程”简称“危大工程”。

（1）建设单位应当依法提供真实、准确、完整的工程地质、水文地质和工程周边环境等资料。

（2）勘察单位应当根据工程实际及工程周边环境资料，在勘察文件中说明地质条件可能造

成的工程风险。

（3）设计单位应当在设计文件中注明涉及危大工程的重点部位和环节，提出保障工程周边环境安全和工程施工安全的意见，必要时进行专项设计。

（4）建设单位应当组织勘察、设计等单位在施工招标文件中列出危大工程清单，要求施工单位在投标时补充完善危大工程清单并明确相应的安全管理措施。

（5）建设单位应当按照施工合同约定及时支付危大工程施工技术措施费及相应的安全防护文明施工措施费，保障危大工程施工安全。

（6）建设单位在申请办理安全监督手续时，应当提交危大工程清单及其安全管理措施。

（7）施工单位应当在危大工程施工前组织工程技术人员编制专项施工方案。施工单位未按照本规定编制并审核危大工程专项施工方案的，依照《建设工程安全生产管理条例》对单位进行处罚，并暂扣安全生产许可证30日。

（二）危大工程专项施工方案的主要内容

（1）工程概况：危大工程概况和特点、施工平面布置、施工要求和技术保证条件。

（2）编制依据：相关法律、法规、规范性文件、标准、规范、施工图设计文件、施工组织设计等。

（3）施工计划：施工进度计划、材料与设备计划。

（4）施工工艺技术：技术参数、工艺流程、施工方法、操作要求、检查要求等。

（5）施工安全保证措施：组织保障措施、技术措施、监测监控措施等。

（6）施工管理及作业人员配备和分工：施工管理人员、专职安全生产管理人员、特种作业人员、其他作业人员等。

（7）验收要求：验收标准、验收程序、验收内容、验收人员等。

（8）应急处置措施。

（9）计算书及相关施工图纸。

（三）专项施工方案的编制、审核、审批

（1）施工单位应当在危大工程施工前组织工程技术人员编制专项施工方案。

实行施工总承包的，专项施工方案应当由施工总承包单位组织编制。危大工程实行分包的，专项施工方案可以由相关专业分包单位组织编制。

（2）专项施工方案应当由施工单位技术负责人审核签字、加盖单位公章，并由总监理工程师审查签字、加盖执业印章后方可实施。

危大工程实行分包并由分包单位编制专项施工方案的，专项施工方案应当由总承包单位技术负责人及分包单位技术负责人共同审核签字并加盖单位公章。

（3）对于超过一定规模的危大工程，施工单位应当组织召开专家论证会对专项施工方案进行论证。实行施工总承包的，由施工总承包单位组织召开专家论证会。专家论证前专项施工方案应当通过施工单位审核和总监理工程师审查。

专家应当从地方人民政府住房城乡建设主管部门建立的专家库中选取，符合专业要求且人数不得少于5名。与论证工程有利害关系的人员不得以专家身份参加专家论证会。

（4）专家论证会后，应当形成论证报告，对专项施工方案提出通过、修改后通过或不通过的一致意见。专家对论证报告负责并签字确认。

专项施工方案经论证需修改后通过的，施工单位应当根据论证报告修改完善后，重新履行签字、盖章的程序。

专项施工方案经论证不通过的，施工单位修改后应当按本规定的要求重新组织专家论证。

（四）现场管理

（1）施工单位应当在施工现场显著位置公告危大工程名称、施工时间和具体责任人员，并在危险区域设置安全警示标志。

（2）专项施工方案实施前，编制人员或项目技术负责人应当向施工现场管理人员进行方案交底。

施工现场管理人员应当向作业人员进行安全技术交底，并由双方和项目专职安全生产管理人员共同签字确认。

（3）施工单位应当严格按照专项施工方案组织施工，不得擅自修改专项施工方案。因规划调整、设计变更等原因确需调整的，修改后的专项施工方案应当按照本规定重新审核和论证。涉及资金或工期调整的，建设单位应当按照约定予以调整。

（4）施工单位应当对危大工程施工作业人员进行登记，项目负责人应当在施工现场履职。

项目专职安全生产管理人员应当对专项施工方案实施情况进行现场监督，对未按照专项施工方案施工的，应当要求立即整改，并及时报告项目负责人，项目负责人应当及时组织限期整改。

施工单位应当按照规定对危大工程进行施工监测和安全巡视，发现危及人身安全的紧急情况，应当立即组织作业人员撤离危险区域。

（5）监理单位应当结合危大工程专项施工方案编制监理实施细则，并对危大工程施工实施专项巡视检查。

（6）监理单位发现施工单位未按照专项施工方案施工的，应当要求其进行整改；情节严重的，应当要求其暂停施工，并及时报告建设单位。施工单位拒不整改或不停止施工的，监理单位应当及时报告建设单位和工程所在地住房城乡建设主管部门。

（7）对于按照规定需要进行第三方监测的危大工程，建设单位应当委托具有相应勘察资质的单位进行监测。

监测单位应当编制监测方案。监测方案由监测单位技术负责人审核签字并加盖单位公章，报送监理单位后方可实施。

监测单位应当按照监测方案开展监测，及时向建设单位报送监测成果，并对监测成果负责；发现异常时，及时向建设、设计、施工、监理单位报告，建设单位应当立即组织相关单位采取处置措施。

（8）对于按照规定需要验收的危大工程，施工单位、监理单位应当组织相关人员进行验收。验收合格的，经施工单位项目技术负责人及总监理工程师签字确认后，方可进入下一道工序。

危大工程验收合格后，施工单位应当在施工现场明显位置设置验收标识牌，公示验收时间及责任人员。

（9）危大工程发生险情或事故时，施工单位应当立即采取应急处置措施，并报告工程所在地住房城乡建设主管部门。建设、勘察、设计、监理等单位应当配合施工单位开展应急抢险工作。

（10）危大工程应急抢险结束后，建设单位应当组织勘察、设计、施工、监理等单位制定工程恢复方案，并对应急抢险工作进行后评估。

（11）施工、监理单位应当建立危大工程安全管理档案。

施工单位应当将专项施工方案及审核、专家论证、交底、现场检查、验收及整改等相关资料纳入档案管理。

监理单位应当将监理实施细则、专项施工方案审查、专项巡视检查、验收及整改等相关资料纳入档案管理。

模块十二　消防安全管理

加强消防安全管理的目的是为了预防火灾和减少火灾灾害，加强应急救援工作，保护人身、财产安全，维护公共安全。要贯彻执行“预防为主、防消结合”的消防工作方针，按照政府统一领导、部门依法监督、单位全面负责、公民积极参与的原则，做好单位的消防安全工作。法人单位的法定代表人或非法人单位的主要负责人是本单位的消防安全责任人，对本单位的消防安全工作全面负责。单位应成立安全生产委员会，履行消防安全职责。消防安全管理人对单位的消防安全责任人负责。

一、火灾类别及危险等级

（一）火灾类别

灭火器配置场所的火灾种类应根据该场所内的物质及其燃烧特性进行分类，划分为下列类型。

（1）A类火灾：固体物质火灾。

（2）B类火灾：液体火灾或可熔化固体物质火灾。

（3）C类火灾：气体火灾。

（4）D类火灾：金属火灾。

（5）E类火灾：物体带电燃烧的火灾。

（二）火灾危险等级

工业场所的灭火器配置危险等级应根据其生产、使用、储存物品的火灾危险性，可燃物数量，火灾蔓延速度，扑救难易程度等因素，划分为三级：严重危险级、中危险级、轻危险级。

二、常用消防设施

（1）泡沫灭火器：适用于扑灭油脂类、石油类产品及一般固体物质的初起火灾。

（2）酸碱灭火器：适用于扑救竹、木、棉、毛、草、纸等一般可燃物质的初起火灾，但不适用于油类、忌水、忌酸物质及电气设备的火灾。

（3）干粉灭火器：适用于扑灭石油及其产品、可燃气体和电气设备的初起火灾。

（4）二氧化碳灭火器：适用于扑救贵重设备、档案材料、仪器仪表、600 V以下的电器及油脂等火灾。

三、常用灭火器配置和设置

（一）灭火器配置

（1）灭火器的选择应考虑配置场所的火灾种类和危险等级、灭火器的灭火效能和通用性、灭火剂对保护物品的污损程度、设置点的环境条件等因素。有场地条件的严重危险级场所，宜设推车式灭火器。

（2）手提式和推车式灭火器的定义、分类、技术要求、性能要求、试验方法、检验规则及标志等要求应符合现行国家标准《推车式灭火器》等的有关规定。

（3）在同一灭火器配置场所，宜选用相同类型和操作方法的灭火器，当选用两种或两种以上类型灭火器时，应采用灭火剂相容的灭火器。当同一场所存在不同种类火灾时，应选用通用型灭火器。

（4）灭火器需定位，设置点的位置应根据灭火器的最大保护距离确定，并应保证最不利点至少在1具灭火器的保护范围内。灭火器的最大保护距离应符合《建筑灭火器配置设计规范》（GB 50140—2005）的规定。

（5）实配灭火器的灭火级别不得小于最低配置基准，灭火器的最低配置基准按火灾危险等级确定，应符合《建筑灭火器配置设计规范》（GB 50140—2005）规定。当同一场所存在不同火灾危险等级时，应按较危险等级确定灭火器的最低配置基准。

（二）灭火器设置

（1）灭火器应设置在位置明显和便于取用的地点，且不得影响安全疏散。

（2）灭火器不得设置在超出其使用温度范围的地点，不宜设置在潮湿或强腐蚀性的地点，当必须设置时应有相应的保护措施。露天设置的灭火器应有遮阳挡水和保温隔热措施，北方寒冷地区应设置在消防小室内。

（3）对有视线障碍的灭火器设置点，应设置指示其位置的发光标志。

（4）手提式灭火器宜设置在灭火器箱内或挂钩、托架上，其顶部离地面高度不应大于1.5 m，底部离地面高度不宜小于0.08 m。

（5）灭火器的摆放应稳固，其铭牌应朝外。

四、消防安全管理

（一）消防安全重点单位和重点部位

（1）发电单位和电网经营单位是消防安全重点单位，应严格管理。

（2）消防安全重点部位应包括下列部位。

①油罐区（包括燃油库、绝缘油库、透平油库），制氢站、供氢站、发电机、变压器等注油设

备，电缆间及电缆通道、调度室、控制室、集控室、计算机房、通信机房、风力发电机组舱及塔筒。

②换流站阀厅、电子设备间、铅酸蓄电池室、天然气调压室、储氢站、液化气站、乙炔站、档案室、油处理室、秸秆仓库或堆场、易燃易爆物存放场所。

③发生火灾可能严重危及人身、电力设备和电网安全及对消防安全有重大影响的部位。

（二）防火检查

（1）应进行每日防火巡查，并确定巡查人员、内容、部门和频次。

（2）应至少每月进行一次防火检查。

（3）应定期进行消防安全监督检查。

五、动火安全管理

（一）动火级别

根据火灾危险性、发生火灾损失及影响等因素，动火级别可分为一级动火、二级动火两个级别。

（1）火灾危险性很大，发生火灾造成后果很严重的部位、场所或设备应为一级动火区。

（2）一级动火区以外的防火重点部位、场所或设备及禁火区域应为二级动火区。

（二）禁止动火条件

（1）油船、油车停靠区域。

（2）压力容器或管道未泄压前。

（3）存放易燃易爆危险物品的容器未清理干净，或未进行有效置换前。

（4）作业现场附近堆有易燃易爆物品，未彻底清理或未采取有效安全措施前。

（5）风力达五级以上的露天动火作业。

（6）附近有与明火作业相抵触的工种在作业。

（7）遇有火险异常情况未查明原因和消除前。

（8）带电设备未停电前。

（9）按国家和政府部门有关规定必须禁止动用明火的。

（三）动火安全组织措施

（1）动火作业应落实动火安全组织措施，动火安全组织措施应包括动火工作票、工作许可、监护、间断和终结等措施。

（2）在一级动火区进行动火作业必须使用一级动火工作票，在二级动火区进行动火作业必须使用二级动火工作票。

（3）动火工作票应由动火工作人负责填写。动火工作票签发人不准兼任该项工作的负责人。动火工作的审批人、消防监护人不准签发动火工作票。一级动火工作票一般应提前8 h办理。

（4）动火工作票至少一式三份。一级动火工作票一份由工作负责人收执，一份由动火执行人收执，一份由发电单位保存在安监部门、电网经营单位保存在动火部门（车间）。二级动火工作票一份由工作负责人收执，一份由动火执行人收执，一份保存在动火部门（车间）。若动火工作与运行有关时，还应增加一份交运行人员收执。

（四）动火安全措施

（1）动火作业应落实动火安全技术措施，动火安全技术措施应包括对管道、设备、容器等进行隔离、封堵、拆除、阀门上锁、挂牌、清洗、置换、通风、停电等操作及对可燃性、易爆气体含量或粉尘浓度等进行检测预警。

（2）凡对存有或存放过易燃易爆物品的容器、设备、管道或场所进行动火作业，在动火前应将其与生产系统可靠隔离、封堵或拆除，与生产系统直接相连的阀门应上锁挂牌，并进行清洗、置换，经检测可燃性、易爆气体含量或粉尘浓度合格后，方可动火作业。

（3）动火点与易燃易爆物品的容器、设备、管道等相连的应与其可靠隔离、封堵或拆除，在动火点直接相连的阀门应上锁挂牌，检测动火点可燃气体含量应合格。

（4）在易燃易爆物品的周围进行动火作业，应保持足够的安全距离，确保通排风良好，使可能泄漏的气体能顺畅排走。如有必要，检测动火场所可燃气体含量，合格时方能进行动火作业。

（5）在可能转动或来电的设备上进行动火作业，应事先做好停电、隔离等确保安全的措施。

（6）处于运行状态的生产区域或危险区域，凡能拆移的动火部件应拆移到安全地点动火。

（7）动火前可燃性、易爆气体含量或粉尘浓度检测的时间距动火作业开始时间不应超过2 h。可将检测可燃性、易爆气体含量或粉尘浓度含量的设备放置在动火作业现场进行实时监测。

（8）一级动火作业过程中，应每间隔2~4 h检测动火现场可燃性、易爆气体含量或粉尘浓度是否合格，当发现不合格或异常升高时应立即停止动火，在未查明原因或排除险情前不得重新动火。

（9）用于检测气体或粉尘浓度的检测仪应在校验有效期内，并在每次使用前与其他同类型检测仪进行比对检查，以确定其处于完好状态。

（10）气体或粉尘浓度检测的部位和所采集的样品应具有代表性，必要时分析的样品应留存到动火结束。

（五）一般动火安全措施

（1）动火作业前应清除动火现场、周围及上下方的易燃易爆物品。

（2）高处动火应采取防止火花溅落措施，并应在火花溅落的部位安排监护人。

（3）动火作业现场应配备足够、适用、有效的灭火设施、器材。

（4）必要时应辨别危害因素，进行风险评估，编制安全工作方案及火灾现场处置预案。

（5）各级人员发现动火现场消防安全措施不完善、不正确，或在动火工作过程中发现有危险或有违反规定现象时，应立即阻止动火工作，并报告消防管理或安监部门。

模块十三 职业健康

一、职业健康管理

职业健康管理是指以促进并维持各行业职工的生理、心理及社交处在最好状态为目的，防止职工的健康受工作环境影响，保护职工不受危害因素危害，并将职工安排在适合他们的生理和心理的工作环境中的管理。

防止职业危害的技术措施有以下几个方面。

（一）防暑降温措施

（1）对高温作业工人应进行体格检查，不宜从事高温作业的人员不得从事高温作业。

（2）在作业场所设置供水点，补偿因大量出汗而损失的水分。

（3）炎热季节，医务人员要到现场巡回，发现中暑，要立即抢救。

（4）现场配备夏季防暑用品。

（二）防尘技术措施

（1）宣传教育。

（2）技术革新。

（3）湿法防尘。

（4）密闭尘源。

（5）通风除尘。

（6）个人防护。

（7）维护管理。

（8）监督检查。

（三）防毒技术措施

（1）在职业中毒的预防上，管理和生产部门采用的措施。

①加强管理，做好防毒工作。

②严格执行劳动保护法规卫生标准。

③对新建、改建、扩建的工程，一定要做到主体工程和防毒设施同时设计、同时施工及同时投产。

④依靠科学技术，提高预防中毒的技术水平，包括改革工艺，禁止使用危害严重的化工产品，加强设备的密闭化，加强通风等。

（2）对生产工人采取的预防职业中毒的措施。

①认真执行操作规程，熟练操作方法，严防错误操作。

②穿戴好个人防护用品。

（四）弧光辐射、红外线、紫外线的防护措施

（1）使用镶有特制防护眼镜的面罩，或选择吸水式滤光片、反射式防护镜片，以保护眼睛。

（2）穿戴好工作服、手套和鞋子等，防止灼伤皮肤。

（五）防止噪声危害的技术措施

（1）控制和减弱噪声源。

（2）控制噪声的传播。

（3）做好个人防护，如及时戴耳塞、耳罩、头盔等防噪声用品。

（4）定期进行预防性体检。

（六）防止振动危害的技术措施

（1）隔振，就是在振源与需要防振的设备之间安装具有弹性性能的隔振装置，使振源产生的大部分振动被隔振装置所吸收，效果均较好。

（2）改革生产工艺是防止振动危害的治本措施。

（3）在一些手持振动工具的手柄上包扎泡沫塑料隔振垫。工人操作时戴好专用的防振手套也可减少振动的危害。

二、劳动防护用品的使用和管理

（一）劳动防护用品分类

《特种劳动防护用品安全标志实施细则》的特种劳动防护用品目录中，将特种劳动防护用品分为以下6大类。

（1）头部护具类。

（2）呼吸护具类。

（3）眼（面）护具类。

（4）防护服类。

（5）防护鞋类。

（6）防坠落护具类。

（二）劳动防护用品配备

正确选用优质的防护用品是保证劳动者安全与健康的前提，选用的基础原则如下。

（1）根据国家标准、行业标准或地方标准选用。

（2）根据生产作业环境、劳动强度及生产岗位接触有害因素的存在形式、性质、浓度（或强度）和防护用品的防护性能进行选用。

（3）穿戴要舒适方便，不影响工作。

（三）劳动防护用品的采购和发放要求

用人单位发放劳动防护用品的具体要求如下。

（1）用人单位应根据工作场所中的职业危害因素及其危害程度，按照法律、法规、标准的规定，为从业人员免费提供符合国家规定的护品。

（2）用人单位应到定点经营单位或生产企业购买特种劳动防护用品。特种劳动防护用品必须具有“三证”和“一标志”，即生产许可证、产品合格证、安全鉴定证和安全标志。

（3）用人单位应教育从业人员按照护品的使用规则和防护要求正确使用护品，并定期进行监督检查。

（4）用人单位应按照产品说明书的要求及时更换、报废过期和失效的护品。

（5）用人单位应建立健全护品的购买、验收、保管、发放、使用、更换、报废等管理制度和使用档案，并进行必要的监督检查。

（四）劳动防护用品的使用要求

（1）使用前应做一次外观检查，确认防护用品对有害因素的防护效能。

（2）必须在其性能范围内使用，不得超极限使用；不得使用未经国家指定、未经监测部门认可和检测不达标的产品；不得使用无安全标志的产品；不得随便代替，更不能以次充好。

（3）严格按照使用说明书正确使用。

三、职业危害告知和警示

（一）职业危害告知

1. 岗前告知

（1）用人单位人事管理部门与新老员工签订合同（含聘用合同）时，应将工作过程中可能产生的职业病危害及其后果、职业病危害防护措施和待遇等如实告知，并在劳动合同中写明。

（2）未与在岗员工签订职业病危害劳动告知合同的，应按国家职业病危害防治法律、法规的相关规定与员工进行补签。

（3）在已订立劳动合同期间，因工作岗位或工作内容变更，从事与所订立劳动合同中未告知的存在职业病危害的作业时，用人单位人事管理、职业卫生管理等部门应向员工如实告知现所从事的工作岗位存在的职业病危害因素，并签订职业病危害因素告知补充合同。

2. 现场告知

（1）在作业区域醒目位置设置公告栏，职业卫生管理机构负责公布有关职业病危害防治的规章制度、操作规程、职业病危害事故应急救援措施及作业场所职业病危害因素检测和评价的结果。

（2）在产生职业病危害的作业岗位的醒目位置设置警示标识和中文警示说明。警示说明应当载明产生职业病危害的种类、后果、预防和应急处置措施等内容。

3. 检查结果告知

如实告知员工职业卫生检查结果，发现疑似职业病危害的及时告知本人。员工离开本用人单位时，如索取本人职业卫生监护档案复印件，用人单位应如实、无偿提供，并在所提供的复印件上签字盖章。

（二）职业危害警示

存在职业病危害的工作场应设置相应的警示标识、警戒线、警示信号、自动报警和通信报警等装置。

四、职业危害申报

（一）作业场所职业危害

作业场所职业危害是指从业人员在从事职业活动中，由于接触粉尘、毒物等有害因素而对身体健康所造成的各种损害。

（二）职业危害申报工作

职业危害申报工作实行属地分级管理。

（1）生产经营单位应当按照规定对本单位作业场所职业危害因素进行检测、评价，并按照职责分工向其所在地县级以上安全生产监督管理部门申报。

（2）中央企业及所属单位的职业危害申报，按照职责分工向其所在地设区的市级以上安全生产监督管理部门申报。

（3）作业场所职业危害每年申报一次。

（4）生产经营单位终止生产经营活动的，应当在生产经营活动终止之日起15日内向原申报机关报告并办理相关手续。

线上测试

拓展知识

我国已在电力装备领域攻克了一批关键技术，特别是在超特高压方面，国内形成了完整的装备研发制造体系，有力支撑了我国建成并运行世界上规模最大的特高压智能电网。其中，中国电气装备集团有限公司通过实施卓越质量工程，目前已达到世界一流的硬实力，兑现了“央企出品、必是精品”的承诺，成为世界特高压装备的典范。

以质量安全引领电力装备行业升级发展

模块一　安全技术管理

《电力建设施工企业安全生产标准化规范及达标评级标准》对安全技术管理提出了明确要求。

一、技术管理机构、制度、人员、职责要求

企业应分级建立施工技术管理机构，制定施工技术管理办法，配备满足工程建设需要的施工技术管理人员，明确职责，逐级负责、定期考核。

二、施工技术文件编制、审核、批准、备案要求

（1）企业应明确施工技术文件编制、审核、批准、备案程序。

（2）施工组织设计应包含安全技术措施章节。

（3）项目部应参加建设单位组织的设计交底，保存交底纪要。

（4）分部分项工程开工前，均应按规定进行施工图会检。

三、危险性较大的分部分项工程管理要求

（1）对达到一定规模的危险性较大的分部分项工程应编制专项施工方案。

（2）对超过一定规模的危险性较大的分部分项工程专项施工方案，应组织专家进行论证、审查。

（3）危险性较大的专项施工方案编制、审核、批准、备案应规范，作业前应对参与施工作业的员工进行交底，并设专人现场监督。

四、重要临时设施、重要施工工序、特殊作业、危险作业项目的内容

（一）重要临时设施

重要临时设施包括施工供用电、用水、氧气、乙炔、压缩空气及其管线，交通运输道路，作业棚，加工间，资料档案库，砂石料生产系统，混凝土生产系统，混凝土预制件生产厂，起重运输机械，位于地质灾害易发区项目的营地、渣场，油库，雷管、炸药、剧毒品库及其他危险品库，放射源存放库和锅炉房等。

（二）重要施工工序

重要工序包括大型起重机械安装、拆除、移位及负荷试验，特殊杆塔及大型构件吊装，高塔组立，预应力混凝土张拉，汽机扣大盖，发电机穿转子，水轮机、发电机大型部件吊装，大板梁吊装，大型变压器运输、吊罩、抽芯检查、干燥及耐压试验，大型电机干燥及耐压试验，燃油区进油，锅炉大件吊装及高压管道水压试验，高压线路及厂用设备带电，主要电气设备耐压试验，临时供电设备安装与检修，汽水管道冲洗及过渡，重要转动机械试运，主汽管吹洗，锅炉升压，安全门整定，油循环，汽轮发电机试运及投氢，发电机首次并网，高边坡开挖，深基坑开挖，爆破作业，高排架、承重排架安装和拆除，大体积混凝土浇筑，洞室开挖中遇断层、破碎带的处理，大坎、悬崖部分混凝土浇筑等。

（三）特殊作业

特殊作业包括大型起吊运输（超载、超高、超宽、超长运输），高空爆破、爆压，水上及在金属容器内作业，高压带电线路交叉作业，临近超高压线路施工，跨越铁路、高速公路、通航河道作业，进入高压带电区、电厂运行区、电缆沟、氢气站、乙炔站及带电线路作业，接触易燃易爆、剧毒、腐蚀剂、有害气体或液体及粉尘、射线作业等，季节性施工，多工程立体交叉作业及与运行交叉的作业。

（四）危险作业项目

危险作业项目包括起重机满负荷起吊，两台及以上起重机抬吊作业，移动式起重机在高压线下方及其附近作业，起吊危险品，超载、超高、超宽、超长物件和重大、精密、价格昂贵设备的装卸及运输，油区进油后明火作业，在发电、变电运行区作业，高压带电作业及临近高压带电体作业，特殊高处脚手架、金属升降架、大型起重机械拆卸、组装作业，水上作业，沉井、沉箱、金属容器内作业，土石方爆破，国家和地方规定的其他危险作业。

五、其他管理要求

（1）项目施工必须有施工方案或作业指导书，并严格实施。

（2）国家、行业和地方规定的危险作业项目施工前，需要办理安全施工作业票，安全施工作业票填写、审查、签发应规范。

（3）项目施工前应进行安全技术交底。全体作业人员必须参加，并在交底书上签字确认。

模块二　通用安全生产技术

本模块主要介绍土石方工程、施工用电、起重作业、高处作业、立体交叉作业、焊接作业、动火作业、爆破作业、受限空间作业、脚手架与跨越架和季节性施工的通用安全生产技术。

一、土石方工程

土石方工程具有作业量大、施工条件复杂、使用大型施工机具设备、施工方式多样等特点。建筑施工土石方工程安全技术主要执行《建筑施工土石方工程安全技术规范》（JGJ 180—2009）。

（一）施工前的安全控制

土石方工程施工应由具有相应资质及安全生产许可证的企业承担，开挖前应了解水文地质和地下设施情况，并根据工程地质勘查报告资料制定施工方案及安全技术措施。对于开挖深度超过5 m（或开挖深度未超过5 m但环境复杂）的基坑，应编制安全专项施工方案并经专家论证后实施。施工前还应针对安全风险进行安全教育及安全技术交底。特种作业人员必须持证上岗，机械操作人员应经过专业技术培训。

（二）施工过程中的安全控制

土石方开挖前必须做好降水工作，施工中要防止地面水流入坑内，以免边坡塌方。坑内必须设置人员上下坡道或爬梯。夜间进行土石方施工时，施工区域应有充足的照明。开挖深度超过2 m时，必须在边沿处设立两道护身栏杆，危险处夜间应设红色标志灯。土石方开挖应自上而下进行，严禁使用挖空底脚的方法。雨季施工土石方工程应制定专项安全技术措施，做好防护，在作业前进行交底，并在过程中进行落实控制。

（三）桩基工程

1. 通用安全技术要求

桩基工程施工前应根据工程特点编制施工组织设计。打桩操作人员经培训考试取得操作合格证后方可上岗作业。施工前还应针对安全风险进行安全教育及安全技术交底。同时应注意用电安全，打桩机电气绝缘应良好，应有接地（或接零）保护。

2. 混凝土预制桩施工安全技术要求

施工现场应平整压实，场地坡度不应大于1%，地基承载力不应小于85 kN/m²。用打桩机吊桩时，钢丝绳应按规定的吊点绑扎牢固，棱角处应采取保护措施。桩上应系好拉绳，并由专人控制。吊桩前应将桩锤提起并固定牢靠，起吊时应使桩身两端同时离开地面，严禁在起吊后的桩身下通过。桩身吊离地面后，应检查缆风绳、地锚的稳固情况。严禁吊桩、吊锤、回转或行走同时进行。桩机在吊有桩或锤的情况下，操作人员不得离开岗位。

3. 人工挖孔桩施工安全技术要求

人工挖孔桩施工时，桩井上下应有可靠的通话联络。井下有人作业时，井上配合人员不得擅离岗位。作业前应先向井底通风，还应对桩井护壁、井内气体等进行检查。作业结束时，应盖好井口或设置安全防护围栏。井下作业人员应勤轮换，一般井下连续作业时间不宜超过3 h。

井底作业时，应待井下人员上至地面后方可进行。井内照明应采用不超过12 V的安全电压，电气设备的控制开关应设在桩井口上便于操作处，由专人管理。井口应设置防止地面杂物落入及雨水流入井内的保护圈，一般应高出地面150 mm。井口四周严禁堆渣土，护圈顶上不得放置操作工具及杂物。从井口到井底应设置一条供井内作业人员应急使用的安全绳，并固定牢固。作业人员上下桩井应系好安全带，并正确使用攀登自锁器。人工挖孔桩洞口及周边应设立警示标识。

（四）钢筋工程

1. 钢筋加工的安全技术要求

钢筋加工前应对施工人员进行安全技术交底。钢筋原材料、半成品等应按规格、品种分类堆放整齐，制作场地应平整，工作台应稳固。

钢筋加工机械应做到“一机一闸一保一箱”，并可靠接地，照明灯具应加设网罩，电源箱应上锁。钢筋加工机械应保持整洁，并配备消防器材。

钢筋碰焊作业应在使用防火材料搭建的碰焊室内或碰焊棚内进行。

在工作台上制作钢筋时，对切割短于300 mm的钢筋应有固定措施，严禁直接用手把持。

2. 钢筋搬运的安全技术要求

机械搬运钢筋时应绑扎牢固。在平台、走道上堆放钢筋应分散、稳妥，钢筋总重量不得超过平台的允许荷载。搬运钢筋时应与电气设施保持安全距离，严禁钢筋与任何带电体接触。吊运钢筋应绑扎牢固并设控制绳，钢筋不得与其他物件混吊。

3. 钢筋安装的安全技术要求

主厂房框架、煤斗、汽轮机基座、水泵房等重要结构的钢筋安装，应制定专项施工方案。安装前要对作业人员进行安全技术交底。容易失稳的构件（如工字梁、花篮梁）应设临时支撑。

高处或深坑内绑扎钢筋应搭设操作架和通道。在高处无安全技术措施的情况下，严禁进行粗钢筋的校直工作及垂直交叉施工。绑扎4 m以上独立柱的钢筋时，应搭设操作架。严禁依附立筋绑扎或攀登上下，柱筋应用临时支撑或缆风绳固定。绑扎大型基础及地梁等钢筋时，应设附加钢骨架、剪刀撑或马凳。钢筋网与骨架未固定时严禁人员上下。在钢筋网上行走应铺设通道。高处绑扎钢筋时，应搭设外挂架和安全网，并系好安全带。

预制大型梁（如除氧框架梁）、板等钢筋骨架时应搭设牢固、拆除方便的马凳或架子。起吊预制钢筋骨架时，下方严禁站人。穿钢筋应有统一指挥并互相联系。

（五）混凝土工程

1. 混凝土搅拌的安全技术要求

混凝土搅拌站的布置应制定专项施工方案，设计、计算、安装图齐全，设备应有可靠的防风、防倾倒措施。搅拌站附近应布设平坦的环形道路。搅拌站四周应设排水沟、澄清池，并随时清理，保持畅通。砂石堆放场应有适当的坡度。进料口、储料斗（罐）口等坑口应设安全隔栅或盖板。

各种电源开关应挂标志牌，操作联系应采用灯光或音响信号。搅拌时严禁用铁铲伸入滚筒内扒料、清除皮带上的材料、将异物伸入传动部分。

送料斗提升过程中，严禁敲击斗身或从斗下通过。皮带运输机运行时，严禁从运行中的皮带上跨越或从其下方通过。清扫闸门及搅拌器应切断电源并挂“有人工作，禁止合闸”标志后进行。下班时应切断电源，电源箱应上锁。

2. 混凝土运输的安全技术要求

用手推车运送混凝土时，运输道路应平坦，斜道坡度不得超过10%。脚手架跳板应顺车向铺设，牢固固定，并留有回车余地。在溜槽入口处应设50 mm高的挡木。

用机动车运送混凝土时，车辆通过人员来往频繁地区及转弯时应低速行驶，场区内正常车速不得超过15 km/h。在泥泞道路及冰雪路面上应低速行驶，不得急刹车。在冰雪路面上行驶时应装防滑链。

用泵输送混凝土时，操作人员不应站在出料口的正前方或建筑物的临边。输送管的接头应紧密可靠，不漏浆，安全阀应完好，固定管道的架子应牢固。输送前应试送。检修时应卸压。

用吊罐运送混凝土时，钢丝绳、吊钩、吊扣应符合安全要求，连接应牢固。罐内的混凝土不得装载过满。吊罐转向、行走应缓慢，升降时应听从指挥信号，吊罐下方严禁人员逗留和通过。卸料时罐底离浇筑面的高度不应超过1.2 m。

3. 混凝土浇筑的安全技术要求

浇筑混凝土前应先制定浇筑施工方案，并进行安全技术交底。使用振动器的操作人员应穿绝缘鞋、戴绝缘手套，不应站在出料口正前方。振动器的电源应采用TN-S系统，装设漏电保护器，各部件绝缘良好。严禁直接将电线插入插座，做到“一机一闸一保一箱”。搬移振动器或暂停作业时应切断电源。不得将运行中的振动器放在模板、脚手架或已浇筑但尚未凝固的混凝土上。严禁冲击或振动预应力钢筋。高支模支架基础的混凝土必须达到设计强度的75%以上才能施工。

（六）模板工程

1. 施工准备工作的安全技术要求

大型模板安装、拆除应编制、执行专项施工方案，并严格按照施工方案作业，严禁随意变动。

模板及支撑应满足结构及施工荷载要求，不得使用严重锈蚀、腐朽、扭裂、劈裂的材料。施工人员应从通道上下，应在操作平台内作业。用绳索捆扎、吊运模板时，应检查绳扣牢固程度及模板刚度。木料集中堆放时，离火源不应小于10 m，且料场四周应设置消防器材。

6级及以上大风、阴雨、雾霾等天气及夜间照明不足时，不得进行模板装、拆作业。

2. 模板安装的安全技术要求

模板安装应在支撑系统验收合格后进行。采用钢管脚手架兼作模板支撑时应经过计算，每根立柱（杆）承受的荷载不应大于其承载力且应根据所选用钢管壁厚计算确定。立柱（杆）应设水平拉杆及剪刀撑，采取可靠措施确保立柱支点稳定，有防滑移的可靠措施。

当模板安装高度超过3 m时，必须搭设脚手架，设置作业平台，并装设栏杆。支设立柱模板时，应及时固定，并搭设脚手（操作）架。安装牛腿模板时，应在排架或支撑上搭设临时脚手架。独立柱或框架结构中高度较大的柱安装后应用缆风绳拉牢。支承楼上层板的模板时，应复核支承楼面的强度，支承着力点应根据计算确定。模板未验收前不得进行下一道工序。

钢筋、模板组合吊装时，应计算模板刚度并确定吊点，吊点位置在施工中不得任意改变。

3. 模板拆除的安全技术要求

模板拆除时应先拆除模板上的临时电线、蒸汽管道等。在临近生产运行部位拆模时，应征得运行单位同意。

高处模板拆除时，应办理安全施工作业票，设置警戒区，安排专人监护，严禁非操作人员进入。拆除模板应按顺序分段进行。严禁猛撬、硬砸及大面积撬落或拉倒。拆除模板时应选择稳妥可靠的立足点，高处拆模时应系好安全带。

拆除的模板严禁抛掷，应设吊带或滑槽，并设不小于5 m区域的警戒区。各类物体应由吊带或滑槽送下。

二、施工用电

建筑施工用电有临时性、用电量大、用电线路设备易变化、作业人员接触多、安全条件差等特点，容易造成人身触电伤害、财物损失。施工现场临时用电安全技术执行《施工现场临时用电安全技术规范》（JGJ 46—2005）。

（一）通用规定

（1）施工用电的布设应符合国家现行相关电气设计规范和当地供电部门的有关规定，并按已批准的施工组织设计实施。

（2）施工用电设备、材料应符合国家、行业相关产品技术标准、规定。

（3）施工用电设备、材料的存储、使用过程中应有防潮、防水、防尘等措施。

（4）施工用电设施的施工、验收和运行应严格执行国家现行相关标准。

（5）施工用电设施应经各有关单位验收，合格后方可投入使用。

（6）施工用电设施安装、验收后，电气系统图、布置图及竣工检查验收资料应齐全、完整。

（7）施工用电应明确管理部门、职责及管理范围。

（8）施工用电管理部门应组织制定用电、运行、检查、维护等相关管理制度和安全操作规程。

（9）施工用电设施应由电气专业人员进行安装、运行、维护，作业人员应持证上岗。

（10）施工用电运行、维护人员作业前应熟悉作业环境，正确佩戴、使用合格电工劳动防护用品。

（11）电气作业不得少于两人，必须设监护人。严禁监护人参与作业。

（12）建设工程项目应建立施工用电安全技术档案。

（二）临时用电的安全技术措施

施工现场临时用电应采用三相五线制标准布设。施工用电设备在5台以上或设备总容量在50 kW以上时，应编制安全用电专项施工组织设计。施工用电设备在5台以下和设备总容量在50 kW以下时，在施工组织设计中应有施工用电专篇，明确安全用电和防火措施。

现场生活、办公、施工临时用电系统应实施有效的安全用电和防火措施。

施工现场临时用电专用的电源中性点直接接地的220/380V三相四线制低压电力系统，须符合3点规定：①采用三级配电系统，②采用TN-S接零保护系统，③采用二级漏电保护系统。

二级漏电保护是指在整个施工现场临时用电工程中，总配电箱、所有开关箱必须装设漏电保护器，保护零线接地电阻值不宜大于10 Ω。

直埋电缆埋设深度和架空线路架设高度应满足安全要求，直埋电缆路径应设置方位标志，电缆通过道路时应采用套管保护，套管应有足够强度。

各级配电箱装设应端正、牢固、防雨、防尘并加锁，应设置安全警示标志；总配电箱和分配电箱附近配备消防器材；配电箱安装高度不得低于1.3 m，移动式开关箱的高度不低于0.6 m；距离设备的水平距离不得小于3 m；箱门上写上编号；配电箱安装必须牢固。

施工现场的所有配电箱、开关箱应每月进行一次检查和维修，检查维修人员必须是由专业电工进行，工作时必须按规定佩戴相关的保护用品。

总配电箱、开关箱内应配置漏电保护器。配电箱内应配有接线示意图和定期检查表，由专业电工负责定期检查、记录；电源线、重复接地线、保护零线应连接可靠，现场同时要保证“一机一闸一漏电开关”的措施；进出线必须从箱底进出，非电缆线路应加塑料护套保护线路进出位置。

（三）接地和防雷的安全技术措施

（1）施工现场，电气设备的外露可导电部分及设施均应接地。

（2）易燃易爆区域的规定。

易燃易爆区域内的金属构件应可靠接地。当区域内装有用电设备时，接地电阻值不得大于4 Ω；当区域内无用电设备时，接地电阻值不得大于10 Ω。金属房间、箱体金属门应和门框用铜质软导线进行可靠电气连接。

施工现场配置的施工用氧气、乙炔管道，应在其始端、末端、分支处及直线段每隔50 m处安装防静电接地装置，接地电阻值不得大于10 Ω。相邻平行管道之间，应每隔20 m用金属线相互连接。

输送易燃易爆介质的金属管道应可靠接地，不能保持良好电气接触的阀门、法兰等管道连接处，应有可靠的电气连接跨接线。

（3）接地装置敷设。

垂直接地体宜采用热浸镀锌ϕ20 mm光面圆钢、∠50 mm×50 mm×5 mm规格角钢、ϕ50 mm的镀锌钢管，长度宜为2.5 m。

接地体顶面埋设深度不宜小于600 mm。垂直接地体之间和水平接地体之间的埋设间距不宜小于5 m。

接地体（线）的连接应采用搭接式焊接，焊接必须牢固、无虚焊。电气设备上的接地线可采用多股绝缘铜绞线或裸铜绞线并压接铜端子过渡，铜端子应搪锡。

接地体与配电箱中的接地母排连接时，采用铜绞线的截面为16 mm^2。

（4）防雷的相关规定。

位于山区或多雷地区场所应装设防雷接地装置；高压架空线路及变压器高压侧应装设避雷

器；自室外引入有重要电气设备办公室的低压线路宜装设浪涌保护器。

施工现场和临时生活区内高度在20 m及以上的设施均应保证有防雷保护装置。

独立避雷针应设置集中接地装置，接地电阻值不应大于10 Ω。独立避雷针与相关设施出入口的距离不得小于3 m，当小于3 m时，应铺设使地面电阻率不小于50 Ω·m的50 mm厚的沥青层或150 mm厚的砾石层。

避雷接地应做到可见、可靠、可测量；应根据当地气候条件，在雷雨季节前、后分别进行接地电阻值测试。

变电所配电装置构架上避雷器的集中接地装置应与主接地网连接，由连接点至变压器接地点接地极的长度不应小于15 m。

山区、丘陵地区作业的移动式起重机处于其他防雷设施保护范围之外时，应安装独立的避雷装置。避雷线宜采用多股铜绞线。

（四）施工现场配电线路的安全技术措施

架空供电线路必须用绝缘导线，电杆拉线必须装设拉力绝缘子，拉力绝缘子距离地面不得少于2.5 m，拉线的截面积不小于3×ϕ4镀锌铁线。严禁供电线路架设在树木、脚手架上。

架设室外供电线路时，施工操作人员应严格执行安全作业规程有关要求。

引入高层建筑内的供电线路，必须使用电缆穿钢管埋地敷设，引至各施工层的供电线路应用电缆沿管井、电缆井、电梯井架设，且每层不少于一个绝缘支承点。

室外供电线路的架设高度不得小于4 m，电缆线路可放宽为3 m，但应保证施工机械及运输车辆安全通过。过通车道路架设高度不小于6 m。

室内供电线路的安装高度不得小于2.5 m，并应保证人员正常活动不能触及供电线路。锤击桩机的电源必须采用YZA系列安全型橡套电缆，其专用保护接零芯线必须为绿/黄双色线。

一切移动式用电设备的电源电缆全长不得有驳口，外绝缘层无机械损伤。凡有驳口及外绝缘层有机械损伤的电缆，必须按架空规定敷设。

旋转臂架式起重机的任何部位或被吊物边缘与10 kV以下的架空线路边缘最小水平距离不得小于2 m。

（五）手持电动工器具的安全技术措施

1. 手持电动机具的分类

手持电动机具按触电保护分为Ⅰ类工具、Ⅱ类工具和Ⅲ类工具。

（1）Ⅰ类工具（普通型电动机具）：其额定电压超过50 V。这类工具在防止触电的保护方面不仅依靠其本身的绝缘，而且必须将不带电的金属外壳与电源线路中的保护零线进行可靠连接。这类工具外壳一般都是全金属。

（2）Ⅱ类工具（绝缘结构皆为双重绝缘结构的电动机具）：其额定电压超过50 V。这类工具在防止触电的保护方面不仅依靠基本绝缘，还提供双重绝缘或加强绝缘的附加安全预防措施。这类工具外壳有金属和非金属两种，但手持部分是非金属，非金属处有“回”字符号作为标志。

（3）Ⅲ类工具（特低电压的电动机具）：其额定电压不超过50 V。这类工具在防止触电的保护方面依靠由安全特低电压供电和在工具内部不含产生比安全特低电压高的电压。这类工具外壳均为全塑料。

Ⅱ、Ⅲ类工具都能保证使用时电气安全的可靠性，不必接地或接零。

2. 安全注意事项

Ⅰ类手持电动工具应装设额定漏电动作电流不大于15 mA、额定漏电动作时间小于0.1 s的漏电保护器。

在露天、潮湿场所或金属构架上操作时，必须选用Ⅱ类手持式电动工具，并装设漏电保护器，严禁使用Ⅰ类手持电动工具。

负荷线必须采用耐用、无破损、无老化、无接头的橡皮护套铜芯软电缆；单相用三芯（其中一芯为保护零线）电缆；三相用四芯（其中一芯为保护零线）电缆。

手持电动工具应配备装有专用的电源开关和漏电保护器的开关箱，一台一开关。长期搁置或受潮的工具在使用前应由电工测量绝缘电阻值是否符合要求。

手持电动工具开关箱内应采用插座连接，其插头、插座应无损坏、无裂纹且绝缘良好。使用手持电动工具前，必须检查外壳、手柄、负荷线、插头等是否完好无损，接线是否正确（防止相线与零线错接）；发现工具外壳、手柄破裂，应立即停止使用并进行更换。

非专职人员不得擅自拆卸和修理工具。

作业人员使用手持电动工具时，应穿绝缘鞋，戴绝缘手套，操作时握其手柄，不得利用电缆提拉。

三、起重作业

起重作业是指利用起重机械或工具移动重物的操作活动，具有专业性强、风险大、程序化操作等特点。

（一）通用规定

（1）作业前应进行安全技术交底，交底人员和作业人员应全部签字。

（2）作业应统一指挥。

（3）起重机械操作人员、指挥人员（司索信号工）应经专业技术培训并取得操作资格证书。

（4）进入运行区域作业应办理作业票。

（5）起重作业前应对起重机械、工机具、钢丝绳、索具、滑轮、吊钩进行全面检查。

（6）起吊前应检查起重机械及其安全装置；吊件吊离地面约100 mm时应暂停起吊并进行全面检查，确认正常后方可正式起吊。

（7）钢丝绳应在建（构）筑物、被吊物件棱角处采取垫木方或半圆管等防止钢丝绳损坏的保护措施，且有防止木方或半圆管坠落的措施。

（8）吊挂绳索与被吊物的水平夹角不宜小于45°。

（9）吊运精密仪器、控制盘柜、电器元件、精密设备等易损设备时应使用吊装带、尼龙绳进行绑扎、吊运。

（10）严禁以运行的设备、管道、脚手架、平台等作为起吊重物的承力点。利用建（构）筑物或设备的构件作为起吊重物的承力点时，应经核算满足承力要求，并征得原设计单位同意。

（11）严禁在恶劣天气或照明不足的情况下进行起重作业。当作业地点的风力达到五级时，不得吊装受风面积大的物件；当风力达到六级及以上时，不得进行起重作业。

（12）起重机械操作人员未确定指挥司索人员取得指挥操作资格证时不得执行其操作指令。

（二）构件

（1）预制构件在吊装前强度应达到设计要求并经验收合格。

（2）吊点的选择，吊索及吊环应经计算。

（3）构件的起吊过程控制。

（4）缆风绳跨越公路时，距离地面的高度不得低于7 m，并应设警示标识。

（5）采用一钩多吊法吊装连系梁或屋面板时，索具及挂钩的安全系数不得小于10，设起重机械操作监护人。就位时严禁站在上下两吊件之间作业，应使用长柄铁钩牵引构件就位。

（三）钢结构

（1）在主要施工部位、作业点、危险区都必须设置安全警示设施。

（2）季节施工时，要落实季节施工安全防护措施。

（3）新进场的机械设备在投入使用前，必须按照机械设备技术试验规程和有关规定进行检查、鉴定和试运转，经验收合格后方可入场投入使用。

（4）施工现场封闭隔离、人员要求。吊装作业应划定危险区域，挂设明显安全标志，并将吊装作业区封闭，设专人加强安全警戒，防止其他人员进入吊装危险区。

（5）吊装过程中安全控制措施要求。施工现场必须选派有丰富吊装经验的信号指挥人员、司索人员，作业人员施工前必须检查身体。作业人员必须持证上岗，吊装挂钩人员必须做到相对固定。吊索具的配备做到齐全、规范、有效，使用前和使用过程中必须经检查合格方可使用。吊装作业时必须统一号令，明确指挥，密切配合。构件吊装时，当构件脱离地面时，暂停起吊，全面检查吊索具、卡具等，确保各方面安全可靠后方可起吊。

（6）起重作业过程中涉及高处作业、焊接作业、交叉作业等，应执行其安全施工要求。禁止在高空抛掷任何物件，传递物件要用绳拴牢。焊接操作时，施工场地周围应清除易燃易爆物品或进行覆盖、隔离，下雨时应停止焊接作业。电焊工在动用明火时必须随身带好“两证”（电焊工操作证、动火许可证）、“一器”（消防灭火器）、“一监护”（监护人职责交底书）。

（7）安全文明施工的要求。施工现场应整齐、清洁，设备材料、配件按指定地点堆放，并按指定道路行走。

（8）防火防爆安全要求等。现场使用的油料、油漆必须设置专人进行保管。

四、高处作业

高处作业是指在距坠落高度基准面2 m或2 m以上有可能坠落的高处进行的作业，具有控制措施难度大、风险程度高、易造成人身伤害等特点。高处作业时需执行《建筑施工高处作业安全技术规范》（JGJ 80—2016）。

(一)通用规定

(1)制定施工方案时，应尽量减少高处作业。

(2)高处作业应正确使用安全带，安全带严禁高挂低用。

(3)高处作业人员应持有高处作业证书。

(4)高处作业应设置牢固、可靠的安全防护设施，如构架安装和铁塔组立时应设置临时攀登用保护绳索或永久轨道，攀登人员应正确使用攀登自锁器；冰雪季节应采用防滑措施。

(5)常规通道应使用梯子、高处作业平台，推荐使用高空作业车。

(6)输电线路工程平衡挂线出线临锚、导地线不能落地压接时，应使用高处作业平台。塔上作业上下悬垂瓷瓶串、上下复合绝缘子串和安装附件时，应使用下线爬梯。高处作业区附近有带电体时，应使用绝缘梯或绝缘平台。

(7)传递物件用干燥的麻绳或尼龙绳进行绳索和专用工具袋传递，严禁抛物。

(8)高处作业过程中需与配合、指挥人员沟通时，应确定联系信号或配备通信装置，专人管理。

(二)悬空作业

在无立足点或无牢靠立足点的条件下进行的高处作业统称为悬空作业。

对悬空安全作业的两个基本要求：一是当悬空作业无立足点时，应适当地建立牢靠的临时立足点，在搭设操作平台、脚手架或吊篮后，方可进行施工；二是凡作业所用索具、脚手架、吊篮、平台、塔架等设备必须是经过技术鉴定的合格产品，确认合格后，方可投入使用。

(三)临边作业

施工现场的任何场所，当工作面的边沿处无围护措施，使人与物有各种坠落可能的高处作业，属于临边作业；围护设施低于80 cm时，近旁的作业也属于临边作业，如屋面边、楼板平台边、阳台边、基坑边等。临边作业的安全防护主要是设置防护栏杆和其他围护措施，一般分三类。

(1)设置防护栏杆。

(2)架设安全网。

(3)装设安全门。

(四)洞口作业

建筑物或构筑物在施工过程中，因施工需要出现预留洞口、通道口、上料口、楼梯口、电梯井口等，在其附近作业就称为洞口作业。凡深度在2 m及2 m以下的桩孔、人孔、沟槽与管道孔洞等边沿上的施工作业也属于洞口作业。洞口的安全防护，根据不同类型，可采取下列方式。

(1)各种孔洞口必须设置牢固的盖板、防护栏杆、安全网或其他防坠落的防护设施。

(2)各种预留洞口均应设置稳固的盖板或用防止人、物坠落的小孔眼的钢丝网框等覆盖，在盖板上方涂红白相间油漆或黄色警戒色。

(3)电梯井口必须设防护栏杆或固定栅门。

(4)没有安装踏步的楼梯口应同预留洞口一样覆盖。安装踏步后的楼梯，应设防护栏杆，或者安装永久楼梯扶手，以起到防坠的作用。

（5）各类通道口、上料口的上方，必须设置防护棚，以确保在下面通行、逗留或作业的人员不受任何落物的伤害。

（6）施工现场内大的坑槽、陡坡等处，除需设置防护设施与安全标志外，夜间还应设红灯示警。

（7）位于车辆行驶通道旁的洞口、深沟及管道的沟、槽等，除盖板需固定外，还应能承受不小于卡车后轮有效承载力两倍的荷载能力。

（五）平台作业

移动式操作平台，必须符合下列规定。

（1）操作平台应专项设计，计算书及图纸编入施工组织设计。

（2）操作平台的面积不应超过10 m^2，高度不应超过5 m。

（3）装设轮子的移动式操作平台，轮子与平台的接合处应牢固可靠，立柱底端离地面不得超过80 mm。

（4）操作平台采用 ϕ（48~51）mm×3.5 mm钢管以扣件连接，亦可采用门架式或承插式钢管脚手架部件，按产品使用要求进行组装。平台的次梁，间距不应大于40 cm；台面应满铺3 cm厚的木板。

（5）操作平台四周必须按临边作业要求设置防护栏杆，并应布置登高扶梯。

五、立体交叉作业

凡在不同层次中，处于空间贯通状态下同时进行的高处作业，叫立体交叉作业。从事立体交叉作业时，要执行下列一般规定。

（1）施工方案设计合理，减少交叉作业。

（2）避免同一方向作业，无法错开时应采取可靠的防护隔离措施。

（3）保持通道畅通，有危险的出入口应设围栏或悬挂警示牌。

（4）安全防护设施严禁任意拆除，必须拆除时应征得原搭设单位同意，采取安全施工措施并设专人监护。作业完毕后立即恢复原状并经验收合格。

（5）各类物体严禁抛掷，使用专用工具。

（6）在生产运行区域进行交叉作业时必须执行工作票制度。

（7）拆除作业时下方不得有人，应设置警戒监护。

（8）临时物料堆放边沿不应小于1 m，堆放高度不得超过1 m。

（9）第二层结构施工前，进出口应搭设安全防护棚。

六、焊接作业

焊接作业是施工现场经常要操作的一项基本作业形式，根据施工方法和采用的器具不同，通常分为电焊和气焊。

（一）通用规定

（1）从事焊接、切割与热处理的人员应经专业安全技术培训、考试合格，取得资格证书。

（2）作业人员应穿戴符合专用防护要求的劳动防护用品。

（3）作业场所应有良好照明，采取防烟尘措施。

（4）作业时应有防触电、火灾、爆炸和切割物坠落的安全防护措施。

（5）在焊接、切割的地点周围10 m范围内，应清除易燃、易爆物品；确实无法清除时，必须采取可靠的隔离或防护措施。

（6）严禁在带有压力的容器和管道、运行中的转动机械及带电设备上进行焊接、切割和热处理作业。

（7）不宜在雨、雪及大风等恶劣天气下进行露天焊接或切割作业。

（8）在高处进行焊接或切割作业时应遵守相关规定。严禁随身携带电焊导线、气焊软管登高或从高处跨越，应在切断电源和气源后用绳索提吊。

（9）在金属容器或坑井作业应遵守相关规定。严禁在金属容器内同时进行电焊、气焊或切割作业。在金属容器内作业时，应设通风装置，内部温度不得超过40 ℃；严禁用氧气作为通风的风源。

（10）作业后场所清理，工完，料净，场地清。

（二）电焊作业

电焊机的安全技术要求主要有下列几点。

（1）电焊机宜采用集装箱形式统一布置，保持通风良好，场所干燥。电焊机及其接线端子均应有相应的标牌及编号。

（2）电焊机导电体严禁外露。

（3）电焊机一次侧电源线应绝缘良好，长度一般不得超过5 m；二次侧电源线应采用防水橡皮护套铜芯软电缆，电缆的长度不应大于30 m；导线截面应与工作参数相适应。

（4）电焊机必须装设独立的电源控制装置。

（5）电焊机的外壳必须可靠、单台接地，接地电阻值不得大于4 Ω。

（6）长期停用的电焊机使用前必须测试其绝缘电阻值，电阻值不得小于0.5 MΩ。

（三）气焊和气割

1. 气瓶的标注

气瓶标注规则见表3-1所列。

表3-1　气瓶标注规则

气瓶名称	气瓶颜色	标注字样	字样颜色
氧气瓶	天蓝色	氧	黑色
乙炔气瓶	白色	乙炔	红色
丙烷气瓶	棕色	丙烷	白色
液化石油气	棕色	液化石油气	白色
氩气瓶	灰色	氩气	绿色

（续表）

气瓶名称	气瓶颜色	标注字样	字样颜色
氮气	黑色	氮	黄色

2. 气瓶的使用

（1）气瓶各部件不得漏气，发现损坏应立即更换。

（2）气瓶上必须装两道防震圈。

（3）严禁气瓶与带电物体接触或在气瓶上引弧。

（4）氧气瓶的瓶阀不得沾有油脂，发生自燃时应迅速关闭氧气瓶的阀门。

（5）严禁自行处置气瓶残液，瓶阀冻结时严禁火烤。

（6）严禁直接使用不装设减压器或减压器不合格的气瓶。乙炔气瓶必须装设专用的减压器、回火防止器。

（7）乙炔气瓶的使用压力不得超过0.147 MPa，输气流速不得大于2.0 m^3/h。

（8）气瓶内的气体不得用尽。氧气瓶必须留有0.2 MPa的剩余压力，液化石油气瓶必须留有0.1 MPa的剩余压力，乙炔气瓶内必须留有规程规定的剩余压力。

（9）气瓶（特别是乙炔气瓶）使用时应直立放置，不得卧放。

（10）液化石油气瓶使用时，应先点燃引火物，然后开启气阀。

3. 气瓶的搬运

（1）气瓶搬运前应旋紧瓶帽，应轻装轻卸。

（2）汽车装运氧气瓶及液化石油瓶时，一般将气瓶横向排放，头部朝向一侧。装车高度不得超过车厢板。

（3）汽车装运乙炔气瓶时，气瓶应直立排放，车厢高度不得小于瓶高的2/3。

（4）运输气瓶的车上严禁烟火。运输乙炔气瓶的车上应备有相应的灭火器具。

（5）易燃物、油脂和带油污的物品不得与气瓶同车运输。

（6）所装气体混合后能引起燃烧、爆炸的气瓶严禁同车运输。

（7）运输气瓶的车厢上不得载人。

4. 气瓶的存放与保管

（1）气瓶应存放在通风良好场所，夏季应防止日光曝晒。

（2）气瓶严禁与易燃物、易爆物混放。

（3）严禁与所装气体混合后能引起燃烧、爆炸的气瓶一起存放。

（4）气瓶应保持直立，并应有防倾倒的措施。

（5）严禁将气瓶靠近热源。

（6）氧气、液化石油气瓶在使用、运输和储存时，环境温度不得高于60 ℃；乙炔、丙烷气瓶在使用、运输和储存时，环境温度不得高于40 ℃。

（7）严禁将乙炔气瓶放置在有放射性射线的场所，亦不得放在橡胶等绝缘体上。

5. 气瓶库

（1）库内不得有地沟、暗道。严禁有明火或其他热源。应通风、干燥，避免阳光直射。

（2）必须在明显、方便的地点设置灭火器具，并定期检查。

（3）气瓶库必须设专人管理。工作人员应熟悉设备性能和操作维护规程，并经考试合格后上岗。

（4）容积较小的仓库（储量在50瓶以下建立安全管理制度）距其他建（构）筑物的距离应大于25 m。较大的仓库与施工生产地点的距离应不小于50 m，与住宅和办公楼的距离应不小于100 m。

（5）氧气瓶、乙炔气瓶及液化石油气瓶储存仓库周围10 m范围内，严禁烟火并严禁堆放可燃物。

6. 橡胶软管

（1）氧气胶管为蓝色，乙炔气管为红色，氩气管为黑色，丙烷管为红色/橙色，液化石油气管为橙色。

（2）乙炔气橡胶软管脱落、破裂或着火时，应先将火焰熄灭，然后停止供气。氧气软管着火时，应先将氧气的供气阀门关闭，停止供气后再处理着火胶管。

（3）不得使用有鼓包、裂纹或漏气的橡胶软管，严禁沾染油脂。氧气橡胶软管与乙炔橡胶软管严禁串通连接或互换使用。

（4）严禁把氧气软管或乙炔气软管放置在高温、高压管道附近或触及赤热物体，不得将重物压在软管上。应防止金属熔渣掉落在软管上。

（5）橡胶软管横穿平台或通道时应架高布设或采取防压保护措施。

（6）橡胶软管的接头处应用专用卡子卡紧或用软金属丝扎紧。软管的中间接头应用气管连接并扎紧。

（7）乙炔气、液化石油气软管冻结或堵塞时，严禁用氧气吹通或用火烘烤。

7. 焊炬、割炬的使用

（1）点火前应检查连接处和各气阀的严密性。

（2）点火时应先开乙炔阀，后开氧气阀；孔嘴不得对人。

（3）焊嘴因连续工作过热而发生爆鸣时，应用水冷却；因堵塞而爆鸣时，则应立即停用，待剔通后方可继续使用。

（4）严禁将点燃的焊炬、割炬挂在工件上或放在地面上，严禁做照明用，严禁用氧气吹扫衣服或纳凉。

（5）气割时应防割件倾倒、坠落。距离混凝土地面（或构件）太近或集中进行气割时，应采取隔热措施。

（6）气焊、气割工作完毕后，应关闭所有气源的供气阀门，并卸下焊（割）炬。

（7）严禁将未从供气阀门上卸下的输气胶管、焊炬和割炬放入管道、容器、罐或工具箱内。

8. 氧气瓶、乙炔气瓶仓库

（1）仓库的设计规程规范要求仓库之间的距离应大于50 m。

（2）乙炔气瓶仓库不得设在高压线路的下方、人员集中的地方或交通道路附近。

（3）墙壁应采用耐火材料，房顶应采用轻型材料，不得使用油毛毡。房内应留有排气窗。

（4）仓库应装设合格的避雷设施。

（5）仓库必须在明显、方便的地点设置灭火器具，并定期检查；用电设施应采用防爆型，仓库周围10 m范围内严禁烟火。

（6）设专人管理，建立安全管理制度。库内的主要部位应有醒目的安全标志。

七、动火作业

动火是施工现场经常要开展的作业活动，涉及消防、焊接等多个专业的管理要求，同时动火作业对现场环境、人员资质、管理流程均具有相应的专业要求。

动火作业是指在厂区内进行焊接、切割、加热、打磨及在易燃易爆场所使用电钻、砂轮等可能产生火焰、火星、火花和赤热表面的临时性作业。

易燃易爆场所主要指公司涂装及喷砂场，油库，气站，危险品仓库，材料库，油品及油漆稀料、前处理剂等化学品储存及使用场所，液化气瓶储存室，变配电室，相互禁忌作业可能引起火灾的区域。

（一）一般规定

（1）建立健全各项动火制度、防火责任制，确定防火安全责任人。

（2）动火作业实行动火工作票制度。

（3）建立动火监护人制度，监护人必须经过培训。

（4）工作执行人必须根据具体的防火要求或指令准备好防火器材，并根据现场实际情况落实作业现场的防火措施。

（二）动火级别

1. 一级动火作业

凡属下列情况之一的为一级动火作业。

（1）禁火区域内。

（2）油罐、油箱、油槽车和储存过可燃液体的容器及连接在一起的辅助设备。

（3）各种受压设备。

（4）危险性较大的登高焊、割作业。

（5）比较密封的室内、容器内、地下室等场所。

（6）堆有大量可燃和易燃物质的场所。

2. 二级动火作业

凡属下列情况之一的为二级动火作业。

（1）在具有一定危险因素的非禁火区域进行临时焊、割等作业。

（2）小型油箱等容器。

（3）登高焊、割等用火作业。

3. 三级动火作业

在非固定的、无明显危险因素的场所进行的用火作业，均属三级动火作业。

（三）管理要求

（1）建立制度，明确动火审批权限、作业许可范围、工作流程，明确相关单位职责。

（2）辨识现场防火重点部位或场所及易燃易爆区，并建立清单。

（3）确定动火作业审批的权限和流程，并告知。

（4）确定动火作业的许可范围和工作流程，并告知。

（5）防火重点部位或场所及在易燃易爆区周围动用明火，必须办理动火作业票，经审批采取措施后方可进行。

（6）作业前进行交底并采取相应的防火措施。

（7）动火范围设置消防警戒线，并专人进行现场监护。

（8）工作结束检查现场消除火源，确认安全后按时封票。

八、爆破作业

爆破作业是指电力施工现场针对不同地质、施工环境开展的作业活动，爆破作业危险性大、安全管理要求性高，对现场环境、人员资质、管理流程均具有相应的专业要求。

（一）通用规定

（1）有爆破作业单位许可证，并在相应等级和作业范围内从事爆破作业。

（2）从事爆破工作的工程技术员、爆破员、安全员、保管员和押运员应参加培训经考核并取得相应类别和作业范围、级别的安全作业证，持证上岗。

（3）新上岗爆破员应在有经验的爆破员的指导下实习3个月，方可独立进行爆破作业。

（4）爆破区内的电线、管道、器材、机械设备及精密仪器等在爆破前应拆除。无法拆除时，应用能隔绝冲击波的坚固障板保护。

（二）起爆后进入现场时的注意事项

（1）人员应在安全间隔时间后进入施工现场。安全间隔时间不得小于20 min。

（2）人员必须待有毒气体稀释至《爆破安全规程》（GB 6722—2014）允许浓度以下，方可进入施工现场。

（3）爆破现场开始工作前应至少由两人对爆破地点进行巡视，检查处理危岩、支架、盲炮、残炮。

九、受限空间作业

受限空间是指进入各种设备内部（炉、罐、仓、池、槽车、管道、烟道等）和隧道、下水道、沟、坑、井、池、涵洞、阀门间、污水处理设施等封闭、半封闭的设施及场所（地下隐蔽工程、密闭容器、长期不用的设施或通风不畅的场所等）进行的作业。

（一）受限空间需满足的物理条件和危险特征

1. 受限空间需满足的物理条件（三个同时满足）

（1）有足够的空间，让员工可以进入并进行指定的工作。

（2）进入和撤离受到限制，不能自如进出。

（3）并非设计用于给员工长时间在内工作的。

2. 受限空间需满足的危险特征（满足一个即可）

（1）存在或可能产生有毒有害气体。

（2）存在或可能产生掩埋进入者的物料。

（3）内部结构可能将进入者困在其中（如内有固定设备或四壁向内倾斜收拢）。

（4）存在已识别出的健康、安全风险。

（二）受限空间作业的主要风险

（1）中毒或窒息。

（2）火灾或爆炸事故。

（3）触电事故和各类粉尘超标引发职业病。

（三）通用规定

1. 作业前准备

（1）应对受限空间进行危险和有害因素辨识，制定安全技术措施及紧急情况下的处置方案。

（2）企业应为受限空间作业配备相应的检测和报警仪器，必要时可用测氧仪进行含氧量监测（氧气含量的正常水平为19.5%~23.5%），配备必要的安全设备设施和个体防护用品。

（3）受限空间作业应办理施工作业票，严格履行审批手续。

（4）受限空间作业前，应确保其内部无可燃或有毒、有害等有可能引起中毒、窒息的气体，符合安全要求方可进入。

（5）进入受限空间前，应公示危害因素，明示警示标志，无关人员禁止入内。

（6）应设置满足施工人员安全需要的通风换气、防止火灾、防止塌方和人员逃生等设备设施及措施。

（7）受限空间与其他系统连通的可能危及安全作业的管道应采取有效隔离措施，不得以关闭阀门代替隔离措施。

2. 作业时要求

（1）入口处应设专人监护，电源开关应放在监护人伸手可操作位置。监护人应会同作业人员检查安全技术措施，统一联系信号。

（2）在风险较大的受限空间作业，应增设监护人员，并随时保持与受限空间内作业人员的联络。监护人员不得脱离岗位，并应掌握进入受限空间作业人员的数量和身份，对人员和工器具进行清点。

（3）应有满足安全需要的通风换气、人员逃生、防止火灾和塌方等设施及措施。

（4）在产生噪声的受限空间作业时，作业人员应佩戴耳塞或耳罩等防噪声护具。

（5）难度大、劳动强度大、时间长的受限空间作业应轮换作业。

（6）氧气、乙炔等压力气瓶不得放置在受限空间内。

3. 作业结束时要求

（1）应将所有作业工器具带出。作业后应清点作业人员和作业工器具。

（2）每次作业结束后应对受限空间内部进行检查，确认无人员滞留和遗留物后方可封闭。动火作业后应消除火种。

十、脚手架与跨越架

脚手架是建筑安装施工中占有特别重要地位的临时设施。砌筑、装饰和装修、管道安装、设备安装等，都需要搭设脚手架。现场脚手架搭拆管理水平的高低，不仅影响施工作业的安全顺利进行，也关系工程质量、施工进度和企业经济效益的提高。

跨越架主要用于电力工程中，架设导线线路和道路、河流、已架设线路交叉敷设，需在道路、河流、已经架设的线路上方搭设绝缘钢管、竹或木制的防护隔离设施。

（一）脚手架的分类

脚手架按用途分有砌筑脚手架、装修脚手架、安装脚手架和支撑/承重脚手架等，按搭设位置分有内脚手架和外脚手架，按材料分有木脚手架、竹脚手架和金属脚手架，按结构形式分有立杆式脚手架、框组式脚手架、桥式脚手架、吊式脚手架、挂式脚手架、挑式脚手架及其他工具式脚手架，按立杆的搭设排数分单排脚手架、双排脚手架和满堂脚手架，随着高层建筑的不断发展，则又有高层脚手架与低层脚手架之分。

（二）脚手架搭设安全管理要求

（1）应制定脚手架搭拆、使用安全管理制度，从施工技术、构配件采购与管理、搭拆人员的资格与交底、架体检查与验收、现场安全管理等方面明确责任和工作程序，并严格实施。

（2）作业前，应编制脚手 架专项施工方案。

（3）施工前，对参与施工的全体人员交底，履行签字手续。

（4）脚手架搭拆要设专人监护，搭设完毕后组织验收。

（三）脚手架与跨越架的选材与规格

根据《施工脚手架通用规范》（GB 55023—2022）规定，当脚手架搭设高度在24 m以下时，应在架体两端、转角及中间间隔不超过15 m各设置一道剪刀撑，并应由底至顶连续设置；当搭设高度在24 m及以上时，应在全外侧立面上由底至顶连续设置。

1. 钢管

（1）宜采用ϕ48.3 mm×3.6 mm钢管（外径48.3 mm，壁厚3.6 mm）。根据其所在位置和作用不同，可分为立杆、水平杆、扫地杆等。

（2）同一脚手架不得混用材质不同、规格不同的钢管。

（3）横向水平杆最大长度2 200 mm，其他杆最大长度6 500 mm。

2. 扣件

（1）采用可锻铸铁制作的扣件，其材质应符合《钢管脚手架扣件》（GB 15831—2006）规定。

（2）采用其他材料制作的扣件，应经试验证明其质量符合《钢管脚手架扣件》（GB 15831—2006）规定后方可使用。

（3）扣件的螺杆拧紧扭力矩达到65 N · m时不得发生破坏，使用时扭力矩应为40~65 N · m。

3. 毛竹

（1）要求生长期4~6年的粗壮毛竹，3年以下和7年以上的不宜使用，青嫩、枯脆、有麻斑或虫蛀及裂缝超过一节均不准使用。

（2）跨越架毛竹立杆、大横杆、剪刀撑和支杆有效部分的小头直径不得小于75 mm，小横杆有效部分小头直径不得小于90 mm，当小头直径为60~90 mm时可双杆合并或单杆加密使用。

4. 脚手板

（1）脚手板采用竹、木、钢材料制作，每块脚手板质量不宜大于30 kg。

（2）木脚手板采用杉木或松木制作，其材质应符合《木结构设计规范》（GB 50005—2003）中Ⅱ级材质的规定。木脚手板厚度不应小于50 mm，宽度不宜小于200 mm，长度以不超过6 m为宜。

（3）竹脚手板采用毛竹或楠竹制作的竹笆板、竹串片板。竹串片板厚度不应小于50 mm，长度为2.2~2.3 m、宽度以400 mm为宜。

（4）竹脚手板用3年竹龄的毛竹或楠竹横向密编，纵片用双片、间距不应大于160 mm；横片一反一正，周边用两根竹片相对夹，用大于16号的镀锌铁丝扎牢。竹片宽度不应小于40 mm，厚度不应小于6 mm。

（5）冲压钢脚手板的材质应符号《碳素结构钢》（GB/T 700—2006）中Q235-A级钢的规定，其质量与尺寸允许偏差应符合规范要求，并应有防滑措施。

5. 绳、网

（1）承力索应用迪尼玛（超高分子量聚乙烯）。

（2）封网的尼龙网及牵网绳、吊绳绝缘性能要良好。

（3）绝缘滚筒（吊架）采用合格成品。

6. 连墙件

连墙件的材质应符合现《碳素结构钢》（GB/T 700—2006）中Q235-A级钢的规定。

7. 密目网

密目网应采用1.8 m×6.0 m尺寸规格，网目密度不低于每100平方厘米800目，密目网各边缘部位的开眼环扣必须牢固可靠，环扣孔径不小于8 mm。密目式安全立网上应附有安全鉴定证和检验合格证。

8. 剪刀撑

（1）高度在24 m以上的双排脚手架应在外侧立面整个长度和高度上设置剪刀撑。剪刀撑杆件接长时，宜用搭接方法，搭接长为0.8 m，用3个旋转扣件将搭接处拧紧。

（2）高度在24 m及以上的双排脚手架应在外侧全立面连续设置剪刀撑；高度在24 m以下的单、双排脚手架，均必须在外侧两端、转角及中间间隔不超过15 m的立面上，各设置一道剪刀撑，并应由底至顶连续设置。

（四）脚手架搭设管理

（1）脚手架搭设人员必须是经过培训考核合格的专业架子工，非专业工种人员不得搭脚手架。

（2）上岗人员应定期体检，合格者方可持证上岗。

（3）脚手架搭设作业前进行安全技术交底，并依据脚手架搭拆施工方案的搭设、拆除顺序和措施进行作业。

（4）搭设脚手架时作业人员应挂好安全带，递杆、撑杆作业人员应密切配合。

（5）施工区周围应设围栏或警告标志，并由专人监护，严禁无关人员入内。

（6）当有6级及以上强风、雾霾、雨或雪天气时应停止脚手架搭拆作业。

（五）脚手架的检查与验收

（1）脚手架搭设完毕应经验收合格并挂牌后方可交付使用。

（2）脚手架及其地基基础应在下列阶段应进行检查与验收。

①基础完工后及脚手架搭设前。

②作业层上施加荷载前。

③每搭设完6~8 m高度后。

④达到设计高度后。

⑤遇有6级及以上强风、大雨后，冻结地区解冻后。

⑥停用超过一个月。

（3）脚手架搭设后。

（六）脚手架使用安全要求

（1）所有脚手架使用必须符合有关法律法规的要求。

（2）使用前必须检查脚手架总体情况。

（3）必须使用安全爬梯（斜道）上下脚手架。

（4）脚手架横杆不可用作爬梯，除非其按照爬梯设计。

（5）严禁带病在脚手架上操作。

（6）严禁爬出脚手架以外。

（7）上下脚手架爬梯时手中严禁携带物品。

（8）所有物品必须通过绳子或运送物料通道上下脚手架。

（9）移动脚手架时严禁有人停留。

（10）严禁在恶劣天气使用脚手架。

（11）雨、雪后上架作业应有防滑措施，并应扫除积雪。

（12）严禁在脚手架上堆放物品，脚手架上的所有废物必须立即清除。

（13）在脚手架上进行电、气焊作业时，必须有防火措施和专人看守。

（14）不得在脚手架基础及其邻近处进行挖掘作业，否则应采取安全措施，并报主管部门批准。

（15）按照国标要求对脚手架进行有关记录以备检查。

（16）脚手架使用期间，以下情况下，技术负责人应检查脚手架，并根据检查结果设置警示牌。

①遇有6级（及以上）大风、大雨后，寒冷地区解冻后。

②每一班次作业开始之前。

③作业平台上施加载荷前。

④脚手架改动后或对其安全性产生怀疑。

⑤每隔7~10天。

⑥检查发现脚手架有松动、变形、损坏或脱落等现象，应立即修理完善，重新设置绿色警示牌。

（七）脚手架拆除

（1）拆除作业对人员与作业的要求同前文搭设内容。

（2）拆除脚手架应按自上而下的顺序进行，严禁上下同时作业或将脚手架整体推倒。

（3）大型、特殊形式跨越架、脚手架搭拆方案应经论证、审批。

①搭设高度50 m及以上落地式钢管脚手架工程。

②提升高度150 m及以上附着式整体和分片提升脚手架工程。

③架体高度20 m及以上悬挑式脚手架工程。

④超过一定规模的危险性较大的混凝土模板支撑等工程的脚手架搭拆专项方案，应经专家论证，相关部门及人员审批后方可施工。

（八）跨越架

1. 跨越架的分类

跨越架分为杆式单排跨越架（单排架）、杆式双排跨越架（双排架）、杆式多排跨越架（三排及以上）、网式跨越架、吊桥跨越架。

2. 跨越架搭设安全管理要求

（1）应制定跨越架搭拆、使用安全管理制度，从施工技术、构配件采购与管理、搭拆人员的资格与交底、架体检查与验收、现场安全管理等方面明确责任和工作程序，并严格实施。

（2）作业前，应编制跨越施工方案。

（3）施工前，对参与施工的全体人员交底，履行签字手续。

（4）跨越架搭拆要设专人监护，搭设完毕后组织验收。

（5）导地线展放及紧线施工时，跨越架设专人看护。

（6）跨越架搭设人员必须是经过培训考核合格的专业架子工。

（7）上岗人员应定期体检，体检合格者方可上岗。

（8）跨越架搭设作业前进行安全技术交底，并依据跨越施工方案规定的措施进行作业。

（9）搭设跨越架时高处作业人员应挂好安全带，递杆、撑杆作业人员应密切配合。

（10）施工区周围围栏或警告标志，并由专人监护，严禁无关人员入内。

十一、季节性施工

季节性施工是指工程建设中按照季节的特点进行相应的建设。考虑到自然环境所具有的不利于施工的因素存在，应该采取措施来避开或减弱其不利影响，从而保证工程质量、工程进度、工程费用、施工安全等均达到设计或规范要求。

（一）雨期施工的准备工作

认真编制好雨期施工的安全技术措施，合理组织施工，根据雨期施工特点，将不宜在雨期施工的工程提早或延后安排，对必须在雨期施工的工程制定有效的措施。做好施工现场排水，设专人负责，确保排水通畅。同时要做好运输道路、临时设施及其他施工准备工作。

（二）雨期施工的用电与防雷

各种露天使用的电气设备应选择较高的干燥场所放置，机电设备应有可靠的防雨措施，雨期前应检查照明和动力线，防止触电事故发生。

施工现场高出建筑物的塔吊、外用梯子、井子架、龙门架及金属脚手架等高架设施，如果在相邻建筑物、构筑物的防雷装置保护范围以外，满足有关规定的，应当设防雷装置，并经常进行检查。

（三）夏季施工的卫生保健

宿舍应保持通风，干燥，有防蚊措施，统一使用安全电压。要采取组织措施、技术措施、通风降温、卫生保健措施、饮水供应措施等综合性措施做好防暑降温工作。

（四）冬期施工安全措施

冬期施工安全事故多发，问题隐蔽性和滞后性强，准备工作时间长。冬期施工前两个月应进行冬期施工战略性安排，前一个月应编制好冬期施工安全技术措施，做好冬期施工材料、专业设备、能源、暂设工种等施工准备工作，做好相关人员技术培训和技术交底工作。

模块三　火力发电项目安全生产技术

火电建设工程包括土建、安装、调试等，整个建设过程涉及面广、影响因素多、技术要求高，各类较大的安全风险遍布全建设周期。安全技术涉及十几个专业的知识，包含基础工程、上部结构、汽机及附属系统、锅炉及辅机、电气、热工、输煤、脱硫、脱硝等。本模块以电源建设主要工序顺序为主线，介绍风险较大的分部分项工程，包括基础工程、结构工程、特殊脚手架和作业平台、高支模及特殊模板工程、起重运输作业、主要设备安装、脱硫脱硝系统、调试。

一、基础工程

火电建设基础工程是主要的分部分项工程之一，其主要特点如下：工程量大、施工期长；施工条件复杂多变，受环境、地址、气候等因素影响大；劳动强度大，所需劳动力众多；不安全因素多，对安全技术要求高，安全应变措施必须得当。

（一）循环水系统

循环水系统的基础开挖安全技术在火电工程、土石方工程中具有代表性，涵盖主厂房、烟囱、冷却塔等工程深基坑开挖施工的边坡支撑、排水、降水。

1. 前池

前池施工是火电工程、土石方工程施工中塌方风险最大的项目，其风险源于所选位置多濒临江河、海洋、地下水等地质情况复杂的地方，截水易发生严重事故。作为防止塌方的重要风险控制类型，基础施工需强制降水或施工止水及科学合理放坡。

（1）降、排水：采用先截水后降水。

（2）基坑边坡放坡：科学选取开挖边坡放坡比例，即坡的高度与水平投影之比。

（3）边坡防护：拉网水泥浆护壁。

（4）坡道设置：根据放坡比例设置坡道宽度、应急通道。对于超过10 m分步放坡的基坑，设置的坡道宽度应不小于4 m，安全通道不少于两处供施工人员上下及应急。

2. 江边取水井

江边取水井的风险主要源于特殊地质情况下的深井边坡支护。对于深达几十米的取水井或井式基坑，经常采取重力式挡墙、扶壁式挡墙、悬臂式支护、板肋式或格构式锚杆挡墙支护、排桩式锚杆挡墙支护和锚喷支护等。几种支护方案均须专项设计、核算，并通过安全专项方案审批程序。

3. 循环水泵坑

循环水泵坑基础施工是火电施工较为典型的深坑钢筋混凝土结构。该类深坑基础结构施工关键在于防水功能。安全技术要求如下。

（1）施工期间，做好降、排水工作，使地下水位低于施工底面500 mm以下，严防地下水及地面水流入基坑造成积水，影响混凝土正常硬化，导致防水混凝土强度及抗渗性降低。

（2）上部模板（砖模以上）采用对拉螺栓及脚手管的方式加固。如池壁模板固定必须穿过防水混凝土结构，则采取螺栓加塞形垫和焊双道止水片的措施。模板拉固及支撑要稳固，防止胀模对整个支撑结构的影响。

（3）应用防水、抗渗混凝土技术。要求混凝土连续浇筑，不留施工缝。池壁只允许留设水平施工缝，其位置不得留在剪力与弯矩最大处或底板与侧壁交接处。

（二）大体积混凝土施工

火电工程汽轮发电机基座、烟囱、磨煤机基础等均为大体积混凝土。其安全风险主要在脚手架支撑系统安全稳定性及钢筋绑扎模板安装过程与混凝土浇筑过程中的主要人员安全防护上。

主要控制的安全风险类型是坍塌、人员坠落、触电、落物伤害。其中汽轮发电机基座施工具有代表性，其安全技术要点如下。

（1）脚手架多为满膛脚手架，需按高支模的要求编制专项施工方案、报审。

（2）高处安装模板要按照高处作业要求落实措施。

（3）大体积混凝土基础施工，绑扎钢筋排架是一道危险的工序，必须做好钢筋防倾倒措施，施工作业指导书中加设支撑系统的数量及规格要通过计算来确定。

（4）钢筋骨架作业时按照钢筋作业安全管理要求落实。

（5）混凝土浇筑要按方案中规定的速度进行浇筑，不宜过快。

（6）支撑系统及模板时，严禁向下抛掷材料，要按方案依次逐步拆除，要防止高处坠物伤人。

二、结构工程

结构施工中安全风险较大的项目主要包括主厂房区域的构架、锅炉钢结构、除尘区域、燃料供应系统等构筑物，其主要风险在于高空交叉作业、高支模等。

（一）主厂房区域

主厂房区域的较大安全风险项目主要有主厂房框架（钢结构或混凝土结构）、煤斗、运转层平台、屋面结构、屋面板及外墙板工程等。其框架施工多为高支模。下面介绍主厂房框架施工的安全要求。

1. 现浇主厂房框架施工的安全要求

（1）对于高支模，需编制专项施工方案并通过审批，在施工中严格执行。

（2）脚手架必须符合标准，如做支撑排架时要经技术人员计算并绘制成图，按图纸要求搭设。

（3）施工脚手架作业通道、平台、安全通道及隔离棚要满足施工安全要求。

（4）作业现场要做好隔离警示，高空作业严禁抛物。

（5）支模板时要防止整片倾倒伤人。

（6）脚手架施工电源线要规范布置，做好保护，电源线与脚手架管要进行绝缘隔离处理。

（7）脚手架各层作业平台要配备足够的消防器材。

2. 钢结构主厂房框架施工的安全要求

（1）吊装方案要按专项方案编制审批。吊装机械站位选址要科学合理，吊臂旋转要与其他机械和已安装就位的梁柱保持安全距离。吊装次序要满足安全要求。

（2）起吊钢结构立柱前，应装好梯子及垂直攀爬安全防护装置（攀爬自锁器或速差器），采用钢爬梯的，钢爬梯必须由专职焊工施焊，并通过质量验收，钢爬梯要分段固定好。

（3）框架结构吊装时，起重指挥信号要清晰、明确。

（4）钢结构立柱吊装就位紧固后，要及时拉设缆风绳，否则不得松钩；在未与其他柱进行连接形成稳定结构前，不得松解缆风绳；缆风绳要与电焊线隔离。

（5）高处就位施工人员在接柱或梁时，站立位置要安全可靠，防止构件碰撞；使用撬棍就位时，安全带要系挂在安全可靠处，防止用力过猛造成坠落。

（6）雨后或雪后吊装作业要提前做好防滑措施。

（二）除尘区域

对于火力发电厂，除尘区域各项施工安全风险主要在起重作业、高空作业的安全防护上，防起重伤害、防人员坠落、防落物为预控重点。

1. 静电除尘器

除尘器安装较大的安全风险主要集中在阴、阳极板吊装作业上，其作业特点如下：高空作业面狭小；阳极板受风面积大，吊装过程易摆动；阴极板刺锋利易伤人；等等。

在阴阳极板安装前必须完成除尘支架、上部结构及上下钢梯的安装等工作。在阴阳极板吊装时，必须做好如下安全技术措施。

第一，阴阳极板悬挂梁上安全水平绳必须凌空拉设，方法为梁上两端及中部焊接不小于1.3 m高安全绳立杆，安全绳拉设高度不小于1.2 m（距梁高度）；临近安装的梁间孔洞需铺设安全网。第二，阴阳极板接件及安装就位人员，安全带要挂在安全绳上，安全带绳长不得大于1.5 m；阴阳极吊装时现场风力不得超过5级，接板人员将板扶稳后方可落钩，扶阴极板时注意毛刺防护，防止刮伤。整个阴阳极板吊装过程中，指挥人员、吊车司机、就位人员要密切配合。

2. 引风机室与烟道支架

引风机室的施工特点及安全施工技术与主厂房施工大同小异。

烟道支架一般采用钢支架或混凝土支架，其结构为框架结构，施工特点及施工安全与主厂房、引风机室框架施工雷同。

三、特殊脚手架和作业平台

特殊脚手架主要指烟囱支撑系统，作业平台提升或顶升、水塔作业平台支撑系统，结构施工满堂脚手架，锅炉脚手架，等等。其风险特点体现在临空作业、多工种交叉作业的高危性。

烟囱施工的脚手架、作业平台提升系统及烟囱钢内筒的顶升系统的搭设、安装、使用、拆除是火电建设工程中的重大风险源之一。

1. 钢筋混凝土烟囱施工的一般规定

（1）参加烟囱施工的人员必须持有高处作业证、特种作业人员上岗证；必须经过安全培训教育，考试合格；必须经过安全技术总交底并签字。

（2）烟囱施工危险区域要进行围闭、封闭式管理，通向烟囱内部施工通道要搭设隔离棚。卷扬机布置位置要合理，不得阻碍安全通道。

（3）设置隔离警戒区，严格禁止在烟囱施工时向下抛掷任何物体，防止物体打击事故发生。

（4）在带电作业的情况下，必须有专项安全技术方案，经审批后才可实施，作业时要有专人监护，作业人员要穿绝缘靴、戴绝缘手套。非电气专业人员，严禁动用电气设备。

（5）外筒壁施工作业平台、模板支撑系统的安装（翻模）施工过程中要以防高空落物、高空坠落为控制重点。

（6）混凝土强度必须满足设计要求后方可进入下一道工序。

（7）作业现场必须设置备用电源，即设置两套电源，以满足应急需要。烟囱作业区内要设有足够的照明，保证夜间施工现场明亮。

（8）提升系统上避雷装置连接良好，接地电阻值符合规范。

（9）作业平台切割时要做好隔离措施，作业面应配备足够的消防器材。切割作业时，设专人监护，严禁随意抛落引燃物品。

（10）电气和机械检修时，负责检修的人员应在机械电源开关箱处设挂警示牌，检修完毕，各有关人员确认无误后，方可由挂牌人亲自摘牌，电气专业、烟塔专业要建立检修记录，在各自记录上互签后，才可通知重新使用。

2. 外筒壁、钢内筒脚手架和作业平台搭设使用的安全技术

（1）外筒壁。烟道口以下采用搭设满堂脚手架、悬挂式三脚架倒模，烟道口以上用电动提升模施工。安全技术要求如下。

①筒座施工外爬梯的安装是关键工序。使用吊车时，作业人员、吊车司机及起重指挥人员要密切配合，作业人员必须系好安全带，戴好安全帽。

②烟道口施工时，对于支模排架、里外模连接处等重要部位，必须符合作业指导书中的技术要求和安全要求。

③施工到6 ~15 m可以安装塔架，吊桥、桁架安装后，必须做荷载试验，合格后才可使用。

④采用倒模工艺施工时，施工到6 m标高时，开始在筒壁的内外两侧张设安全网，内网挂在穿墙螺栓弯钩上，外网用钢丝绳捆绑在混凝土筒壁上。

⑤安装塔架、吊桥、桁架时，吊车司机和作业人员必须密切配合，服从统一指挥。人员不要站在吊物的前方和下方，吊物重量不许超过吊车的荷载，一次不要回钩太大，以防脱钩。

⑥防护栏杆和安全网由下向上拆时，作业人员必须扎好安全带，必要时应采用一人防护一人作业的办法。

（2）电动提升系统。电动提升系统为烟道口以上外筒壁施工主要设施。其外圈为提升架与操作架，里圈为施工平台。安全技术要求如下。

①烟道上部钢筋使用电动提升系统的摇头拔杆运输。吊运到外操作平台上，钢筋必须均匀堆放，随吊随用，不得集中堆放，以防平台产生偏载。

②钢筋吊运输时，每次限重（一般不超过0.5 t），先吊一圈外环钢筋和一圈内环钢筋，以便固定竖筋，竖筋施工完再绑环筋，要及时检查固定摇头扒杆的缆风绳，保持稳固，以防后倾。

③施工电梯附臂：施工电梯每6 m与筒壁附臂一次，施工期间应设专人管理，定期测量电梯的垂直度及斜度，防重大隐患。

（3）筒帽工程安全技术要求如下。

①作业人员必须扎好安全带，扣铸铁帽时，双手必须握牢，两人作业时，要互相照应和密切配合。

②作业中必须设专人指挥和协调。

③为拆除最顶层一节模板和三脚架，在施工最后一节混凝土时，需要预埋18 mm钢筋，外漏部分保证900 mm，间距1 500 mm，既可以做栏杆使用，又可以挂安全带。

④最后一层模板的拆除顺序：先拆三脚架，后拆模板下部螺栓，从一点开始向两边分拆，最后一个螺钉由作业人员坐在筒首上拆除。

（4）钢内筒及钢平台。烟囱内筒高度高、钢板厚、焊接量大。施工安全风险在于多层平台，且平台梁单根重量大、吊装困难，高空作业操作面狭小、受气候影响因素多，是火电施工安全技术难点。其安全技术要求如下。

①在支承梁安装与拆除时，设立以烟囱为中心30 m范围的警戒区，并由专人监护，防止高空坠物砸伤下面的施工人员。

②钢平台安装施工时，必须挂好安全带，对无挂点处必须挂好速差器。

③钢内筒顶升在其内部施工时，必须设置通风设施（风机），让其内部保持良好的作业环境。进气管设有止回阀，防止空气回冲。

④钢内筒内外保持良好的通信设施，时刻掌握内部施工情况。

⑤防气压泄露是其施工安全控制重点。

（5）内衬作业平台。内衬作业平台安装使用具有高危险性的特点，其安全技术要求如下。

①材料运输要随用随上，以防平台超载。

②平台提升到作业高度，要用倒链固定在筒壁上，平台边沿距砖墙不超过200 mm。

③平台施焊、组装必须由专职焊工和铆工作业，保证达到标准，并符合规范要求。

④铺设跳板要密实稳固，禁止有悬跳板，吊笼通过处，四边的空隙要大于100 mm。

⑤平台使用前必须进行荷载试验。

⑥各机械、电动部位要经常检查、维护。

⑦平台上3.5 m处设限位器。

（6）机械部分安全技术要点如下。

①卷扬机应经常检查和维修，使用时应设专人监护。

②钢丝绳的选择应符合设计要求，并应经常检查；吊人的钢丝绳应乘以安全系数的14倍。

③滑轮必须经常检查，并定期更换。

④手拉葫芦应使用新购置的，滑轮钢丝绳、绳卡等在使用前必须经过检查和验算，确认合格后方可使用。

⑤严禁将电焊导线搭在钢丝绳上。

⑥提升塔架时，所有倒链要同步。

⑦乘人吊笼上下入口处应设专人监护，非施工作业人员严禁乘坐，外来参观人员及检查人员乘坐时，必须经负责施工的行政领导批准。

⑧吊笼在运行过程中禁止上人，“上操作”“下操作”与吊笼之间要保证通信良好。

⑨严禁人和材料同在一个吊笼中上、下。

⑩“上操作”“下操作”使用的直线电话要保持良好状态。

（7）电气控制及通信联络安全技术要点如下。

①卷扬机必须设置双制动（电动、手动）。

②卷扬机房设监护人员，设控制盘，并有事故紧急断电开关。

③必须设上（下）操作盘信号指示灯和紧急事故断电开关。

④上下操作盘的信号必须统一，并设有畅通的直线电话联络。

⑤必须备有口哨和手旗，以防意外。

四、高支模及特殊模板工程

在火力发电厂土建结构施工中，高支模及特殊模板工程普遍存在，施工过程中安全风险较大。其安全风险主要为支撑系统的安全稳定性，安装、拆除过程中的不确定性。

（一）主厂房框架结构高支模安装拆除安全技术

1. 高支模支撑体系

根据《建设工程安全生产管理条例》第二十六条、《超过一定规模的危险性较大的分部分项工程范围》第二条规定，搭设高度8 m及以上；搭设跨度18 m及以上，施工总荷载15 kN/m²及以上；集中线荷载20 kN/m及以上的工程，安全专项施工方案需进行专家论证。

（1）模板支架的安全构造要求。

①每根立杆底部应设置垫块，并必须设置纵、横扫地杆，纵、横扫地杆离地面不大于200 mm。

②高支模的水平杆步距为1.5 m（部分地方第一步步距为1.7 m）。

③立杆接长必须按有关规定采用对接扣件连接。对接扣件交错布置，两根相邻立杆的接头不应设置在同步内，同步内隔一根立杆的两个相隔接头在高度方向错开的距离不宜小于500 mm；各接头中心至主节点的距离不宜大于步距的1/3。

④支架立杠应竖直设置，2 m高度的垂直允许偏差为15 mm，总高度方向的允许偏差为30 mm。

⑤在搭设立杆时，应先在楼外设立基准点，然后根据基准点分别放线，放出立杠网线，再根据放出的立杠网线位置立杆。

⑥在模板支撑顶层开始往下每隔两步设水平剪刀撑，且设纵横向剪刀撑。

⑦可以与主体进行拉顶处必须和主体进行拉顶，以增强模板支架的整体稳定。

⑧扣件的紧固程度应为40~65 N·m，对接扣件的抗拉承载力为3 kN。扣件上螺栓保持适当拧紧的程度。对接扣件安装时其开口应向内，以防雨水进入，直角扣件安装时开口不得向下，以保证安全。

（2）模板支架搭设安全技术。

①支架必须根据平面布置图进行搭设。

②支架基础的混凝土必须达到设计强度的75%以上才能施工。

③模板支架立杆垫在垫板上。

④搭设过程中划出工作标志区，禁止行人进入、统一指挥、上下呼应、动作协调，严禁在无人指挥下作业。当解开与另一个人有关的扣件时必须先告诉对方，并得到允许，以防坠落伤人。

⑤支架及时与结构拉结，以保证支架整体稳定和搭设过程安全，未完成支架在每日收工前一定要确保架子稳定。

⑥钢管有严重锈蚀、弯曲、变形的不得使用。

⑦支架使用过程中，严禁随便拆除任何杆件或零配件。

⑧施工现场带电线路，如无可靠绝缘措施，一律不准通过支架；支架严禁接触、钩压电源线。

⑨安装好后，应进行验收，合格后方可进行梁、板模的安装。

（3）模板支架使用安全技术。

①护身栏、脚手板、挡脚板、密目安全网等影响作业班组支模时，如需拆改，应先审批，采取临时安全措施后进行拆除，任何人不得任意拆改。

②不准利用支架吊运重物；作业人员上下作业面要走安全通道，不得随意攀爬脚手架；不准推车在架子上跑动；塔吊起吊物体时不能碰撞和拖动支架。

③不得将缆风绳、泵送混凝土及砂浆的输送管等固定在支架上，严禁任意悬挂起重设备。

④在架子上的作业人员不得随意拆动支架的所有拉接点、脚手板以及扣件绑扎扣等所有架子部件。

⑤吊装应统一指挥，步调一致。材料分布均匀，不要集中堆载，以免超过支撑设计荷载。

⑥支架使用时间较长，因此在使用过程中需要进行检查，发现杆件变形严重、防护不全、接拉松动等问题要及时解决。

⑦要保护架体的整体性，不得与架井、升降机一并拉结，不得截断架体。

⑧施工人员严禁凌空投掷杆件、物料、扣件及其他物品，材料、工具用滑轮和绳索运输，不得乱扔。

⑨使用的工具要放在工具袋内，防止掉落伤人。登高要穿防滑鞋，袖口及裤口要扎紧。

⑩钢管、扣件等堆放场做到整洁、摆放合理、专人保管，并建立严格的领退料手续。

⑪浇筑混凝土前必须检查支撑是否可靠，扣件是否松动。浇筑混凝土时必须由模板支设班组专人看模，随时检查支撑是否变形、松动并组织及时修复。

⑫要随时检查模板上的螺栓等配件的连接情况，发现有松动、损坏等情况及时拧紧或撤换。

⑬支模应按顺序进行，模板及支撑系统在没有固定前，禁止利用拉杆支撑攀登，不准在拆除的模板上进行操作。

⑭6级以上大风、大雾、大雨天气应停止支架作业。在台风期、雨期要经常检查跳板上是否有偏移、积水等，若有则应随时处理，并要采取防滑措施。

2. 大模板施工

大模板安装的安全技术要求如下。

（1）大模板放置时，下面不得压有电线和气焊管线。

（2）平模叠放运输时，垫木必须上下对齐，绑扎牢固，车上严禁坐人。

（3）大模板组装或拆除时，指挥、拆除和挂钩人员必须站在安全可靠的地方操作，严禁任何人员随大模板一起起吊，高处安装外模板的操作人员应系安全带。

（4）大模板必须设有操作平台、上下梯道、防护栏等附属设施。大模板安装就位后，为便于浇捣混凝土，两道墙模板平台间应搭设临时走道，严禁在外墙板上行走。

（5）大模板就位后，要采取防止触电的保护措施，应设专人将大模板串联起来，并同避雷网接通，防止漏电伤人。

（6）当风力达到5级时，仅允许吊装1~2层模板和构件。风力超过5级，应停止吊装。

（二）冷却塔模板安全技术

模板工程是冷却塔筒壁施工的安全重点。

冷却塔施工模板采用钢模，双节翻模，每节1.5 m，与升模体系模板相同。支撑体系内、外各采用两道环形钢筋围檩，竖向钢管围楞，对拉螺栓、塑料套管等。对拉螺杆属受力件，其规格需通过计算来确定，并通过拉力试验进行确认。

模板采用300 mm×1 500 mm×2.5 mm组合钢模板，模板四角方正、板面平整、无卷边、翘曲、孔洞和毛刺等。模板变形则不符合要求，应及时更换。

定制内外环形平台通道栏杆及走道板时，栏杆管直径及走道板厚度要满足安全要求。平台内外从栏杆上杆至三脚架底部设置安全兜网，起重提升装置至平台通道两侧进行围闭，通道口要设置临时安全门。

翻模过程中不得解开安全兜网，人员在兜网内作业。模板在平台与池壁缝隙间向上传递，传递过程模板要有防脱落措施。

五、起重运输作业

火力发电厂中大型设备装卸与二次运输往往投入人力、机械（起重机械）较大。因设备造价高、超宽、超重、超长等特点，导致起重运输等工作施工难度大、安全风险高，因此是安全主控项目之一。其施工作业必须组织严密、方案科学；投入的人力技术水平及机械安全可靠性高；吊卸与运输机械、器具必须满足安全作业技术要求；要有科学、完整、可操作的技术方案措施，并逐级进行安全技术交底；作业前各类安全检查要完善，起重机械及工器具检查必须到位，只有现场各类安全技术条件满足要求后方可进行下一步工作。

（一）重件码头吊卸

1. 采用浮吊作业安全技术要求

（1）编制安全专项施工方案，核算承载、受力以确定吊车、平板车的选用。

（2）选择厂家设计吊点，无设计吊点的应根据设备尺寸、重量、重心高度等确定装载位置。

（3）在车板上铺20 mm的橡皮，在平板车的相应位置铺垫枕木，以避开设备不能受力点。

（4）装车后，根据不同设备选用不同规格钢丝绳及链条葫芦等对设备进行绑扎固定。绑扎点做好设备表面的保护，准备好起运工作。然后交接设备并记录设备状况。

（5）为确保设备在吊装过程中保持受力平衡，可增加不同规格的扁担以使吊装作业更加安全。

（6）起吊过程中要考虑设备脱离船体前船体浮力，起吊速度要严格控制。起吊高度要超过船体高度，浮吊要与船体保持一定的安全距离，避免设备或浮吊与船体发生碰撞。吊卸现场要统一指挥，监护人员、起重作业人员各司其职，在现场进行有效隔离警戒。

2. 采用岸吊作业安全技术要求

岸吊作业与浮吊作业的安全技术措施基本相同，但岸吊作业必须做好以下几项工作。

（1）起重机械的选择上，在条件允许的情况下尽量选择单吊，选用双机抬吊时必须做好负荷分配。

（2）吊机占位要通过技术验算，要充分满足起重力矩（安全起吊作业半径）要求，双机抬吊时要保证吊机臂杆间回转过程中的安全距离。

（3）采用双机抬吊过程中指挥信号要清晰、统一，双机步调要同步。

（二）特殊设备二次运输

特殊设备二次运输主要是厂内二次运输。二次运输的设备主要包括发电机定子、主变压器、内置式除氧器、大板梁、燃机模块、低压转子等，有体积和重量较大、造价高、运输难度大的特点。其主要安全风险是倾翻，为防止设备倾翻毁损事故的发生，必须完善相应的运输安全技术措施。

发电机定子二次运输在大型特殊设备二次运输中较有代表性，其安全技术控制要点如下。

（1）结合发电机定子重量、高度、长度、宽度确定运输车辆。

（2）运输前要做好运输车辆性能检查和发电机定子车上固定情况检查，特别是四纵全液压组合平板车液压调整系统、轮胎气压检查，同时要检查设备重点是否处在运输车辆平板车中心线上。

（3）运输过程中要严格控制行驶速度，不得大于5 km/h。车辆行驶要平稳，转弯时要观察发电机定子的稳定情况，跟随人员要与车辆保持一定的安全距离，运输车辆上严禁站人。

（三）大型起重机械布置

火力发电厂建设施工过程中，在起重运输方面，施工单位为满足施工进度要求及提高施工效率，现场投入大量移动式或固定式大型起重机械，并且分部较广。起重垂直运输、吊装的风险源较多，因此要科学、合理地选择、布置和使用。施工机械选择与布置的安全原则如下。

（1）主厂房和锅炉安装区域主吊机械的选择应根据工程安全、进度、起吊单件重量、设备组合吊装方式、吊装范围及场地条件等因素综合考虑。

（2）大型起重机械的布置要考虑设备运输通道和地下设施的施工等因素，避免出现吊装盲区。有轨起重机械的轨道基础需要进行核算。大型移动式起重机械需经过的道路和停放的区域应进行满足相应承载能力的处理。

（3）机械配备力求上下工序配套，生产能力协调。现场布置能缩短运距，使流程合理。

（4）优先选用先进、高效的施工机械，尽量用轻便的专业机械代替大型机械。

（5）努力扩大先进的中小型机械和工器具的配备率，变手工操作为机械化作业。有条件时可按人数定额配备单人操作的常用轻便机具。

（四）特种吊装

火力发电厂的特种吊装主要包括锅炉大板梁、发电机定子、除氧器、主变压器等设备的吊装，还包括采用特殊的或专用的起重设备，吊装作业空间受限、安全施工技术准备复杂、作业安全风险重大的吊装作业。主要控制的安全风险是设备损坏、起重机械设备损坏、起重伤害、人员挤压等。下面以发电机定子吊装为例对发电厂特种吊装安全注意事项进行简要介绍。

通常情况下，主厂房内常规起吊设备如主厂房行车的起重量不足、移动式履带吊无法进行吊装时，一般采用定子特定吊装设备进行吊装就位，液压顶升系统就是常用的一种吊装系统。

施工过程通常包括轨道梁敷设、液压顶升塔布置、液压提升装置的布置、扁担梁的布置、提升、拖运、就位等几个工序。

安全要求有以下六点。

（1）编制安全专项方案，经专家评审；开展危险源分析和评价。

（2）实施吊装的执行部门须在作业指导书中明确各工具的相关要求。

（3）成立定子吊装组织机构，由施工技术负责人做技术安全交底，并做好交底记录。特种作业施工人员必须持证上岗。

（4）吊装现场必须设安全警示带或围栏，无关人员不得入内。

（5）吊装过程坚持统一指挥的原则，确保命令的准确性和唯一性。

（6）全体施工人员必须符合高处作业人员的基本要求。

六、主要设备安装

在设备安装过程中，其主要设备分布较广，因各类设备安装施工环境、安装工艺不同，安全风险也不同，下面针对有较大风险的安装工艺、工序的防起重伤害、防垮塌、防设备损坏、防坠落、防落物伤害等特定的安全要求、技术措施、组织措施进行说明。

（一）锅炉及附属设备安装安全技术

1. 钢结构安装安全技术

锅炉的钢结构安装一般是单件吊装、高空组合安装，工程量大，大部分是高空临空作业，施工难度大，作业危险性在起重作业中当属首位。钢结构安装的安全要点如下。

（1）在第一层钢结构安装完成后，要在炉的一侧设立安全通道。环形通道、平台、楼梯应及时安装，且栏杆齐全。安全通道上方一般应避免施工或切割物件，如无法避免时，应采取隔离措施，使在通道行走的人员不受危害。

（2）立柱安装施工人员沿着立柱爬梯爬升时，安全带要挂在差速防坠器或垂直安全绳自锁器挂环上。施工人员安全带要使用双背双扣（双钩）安全带。

（3）横梁进行找正及高强螺栓施工，立柱对接处的高强螺栓安装，施工人员应站在柱头平台内，安全带可挂在柱间梁上水平安全绳上，如上方无可靠安全带挂点时，安全带要挂在差速防坠器或垂直安全绳自锁器挂环上。

（4）施工中高强螺栓的梅花头拧下后，不得随意乱扔、乱放，应将其收集在铁盒或工具袋中。

（5）高处作业中施工所用工具，如扳手、手锤、千斤顶等，使用时应使用保险绳绑在牢固结构上，小型工具系上工具绳，不用时放在工具袋中，防止坠落伤人。

（6）需要梁上移动或行走时，安全带必须挂在水平安全绳上。

2. 汽包安装安全技术

锅炉汽包是临界压力以下机组所特有、该等级锅炉安装中单件重量最大的一件，从拖运到吊装到位，施工难度都很大，安全风险高。其主要控制的安全风险是吊件或人员坠落、起重伤害等。

3. 锅炉辅机安装安全技术

锅炉主要辅机包括磨煤机，一次风机，送、引风机，炉水强制循环泵，回转式空气预热器，锅炉除尘器等，其中除引风机、除尘器及回转式空气预热器外，大多集中在锅炉零米。其安全控制的重点是防人员挤压、防碰撞、防起重伤害及施工用电安全。

4. 锅炉受热面安装安全技术

锅炉受热面安装的工程量巨大。多层立体交叉作业、高处作业、吊装作业较为普遍，安装难度和危险性都比较高。施工过程中需加大安全管理投入，将防高空落物、防高处坠落、防脚手架施工平台垮塌、防火灾、防起重伤害等作为日常安全控制重点。

5. 炉顶吊安装、拆除安全技术

采用炉顶吊一般是为满足炉顶封闭施工需要，炉顶吊安装、拆除及起重作业等安全风险较大。其安全风险主要在于吊车的固定、操作人员上下通行安全、起重指挥与操作人员的配合（指挥信号方面）、危险区域隔离警戒、其他作业人员安全施工行为等。

6. 锅炉水压试验安全技术

锅炉水压试验是指在冷却状况下，检查各种承压部件的强度和严密性的一种试验，它是炉本体承压部件安装结束后的最后一道工序。其主要安全风险是炉本体受压状态下现场安全隔离与警示、检查巡视人员的安全防护等。

（二）汽轮机本体及附属设备安装安全技术

火电工程施工的中心任务之一是汽轮发电机组的安装。汽轮机是汽轮发电机组的核心，结构复杂，体积庞大，安装精度高，本体施工绝大部分工作都是在运转层平台进行，附属设备主要在零米和中间层，多种作业立体交叉，环境较复杂，安全风险较高。设备安装过程中临边防护、防落物伤人、防挤压、动火作业防火灾应是安全控制的重点。

（三）发电机及电气设备安装安全技术

发电机安装较大风险主要发生于定子拖运、吊装中，其安全技术在“特殊设备二次运输”部分已有阐述。

电气设备安装安全技术与变电站基本相同，主要不同之处在于火电工程施工环境相对复杂，交叉作业的安全隐患大。

（四）压力容器安全技术

压力容器应按规定装设安全阀、爆破片、压力表、液面计、温度计及切断阀等安全附件。在容器运行期间，应对安全附件加强维护与定期校验，保持齐全、灵敏、可靠。

七、脱硫脱硝系统

目前国内对火力发电企业污染物排放有严格的限制，脱硫、脱硝系统必须与电厂其他主体设备配套投用。其施工安全风险性与锅炉主体工程相似，实践证明，施工工艺质量对安全影响较大。

（一）脱硫系统

脱硫岛区域涉及工艺部分安装的各类管道、泵、风机等设备、材料部件的安装较多，施工工艺与电厂机务部分安装工序及要求相差甚微。本节通过介绍防腐工程中的安全风险和控制措施，对脱硫系统的部分安全技术要点进行讲解。

（1）内衬施工前，在内衬施工区域的所有焊接、打磨作业应已经完成。

（2）内衬材料属于有机化工产品，挥发性强、易燃、易爆，必须在施工现场准备10~20个干粉灭火器，设置“严禁烟火”“严禁吸烟”等标志牌。

（3）氧气瓶、乙炔瓶不能放置在内衬施工区域。搬运氧气瓶、乙炔瓶时，不能从内衬施工区域通过。

（4）内衬施工区域的上方或周围10 m内不能动火，若因特殊原因动火，必须办理“动火工作票”，并且必须在内衬施工停止后，检查挥发分的浓度很低时，方可施工。在施工过程中必须有专人监护，有足够的干粉灭火器。

（5）在烟道等场所进行施工时，必须设置防爆抽风机，保证烟道防腐施工的通风良好。防腐施工人员必须佩戴个人防护用具，以确保施工人员的人身安全。

（6）在防腐或除雾器、喷淋层施工期间，作业对象没有固化前，严禁进行吸收塔（其他防腐箱、罐）周围和烟道进出口部位的烟道、压缩空气管道、氧化空气管道、循环浆液管道、工艺水管道和浆液输送管道等连接项目的动火施工。任何人无权批准在吸收塔（其他防腐箱、罐）区域动火作业，不得违规办理“动火作业票”，同时不得带火种、手机、步话机等进入罐体，并加强对施工过程的监护。

（7）对吸收塔（其他防腐箱、罐）内使用的电源线及用电设备进行检查，不能满足安全要求的设备和材料不准使用。同时对接地或接零保护的可靠性进行检查，严禁电源虚接、使用不合格电源线、非防爆电器。严格控制设备超负荷运转、超容量使用。

（8）在防腐或除雾器、喷淋层施工过程中，吸收塔（其他防腐箱、罐）内起重作业的卷扬机不得布置在吸收塔（其他防腐箱、罐）内，布置在吸收塔（其他防腐箱、罐）外的卷扬机也必须可靠接地。

（9）在防腐或除雾器、喷淋层施工过程中，除保证必须的防爆通风外，所有进出口、人孔或法兰口必须采取可靠的隔离措施。

（10）吸收塔（其他防腐箱、罐）周围和烟道进出口部位的烟道、氧化空气管道、循环浆液管道和浆液输送管道等连接项目的动火施工，应在吸收塔（其他防腐箱、罐）首次防腐前结束配管。不得不在内部组件安装后方能连接的项目，必须在吸收塔（其他防腐箱、罐）内的易燃工作结束后，编制安全措施，进行可靠隔离。每班交底需在项目部全时监控的情况下进行。

（11）吸收塔（其他防腐箱、罐）内或烟道内的照明必须采用安全电源，变压器必须布置在吸收塔（其他防腐箱、罐）或烟道外。不得不使用220 V电源的，必须使用防爆电动工器具，并加强通风，设置可靠的消防设施和器材。

（12）在吸收塔（其他防腐箱、罐）施工时，必须同时设置可有效使用的临时消防水管道，并进行日常检查和维护。

（13）在防腐或除雾器、喷淋层施工期间，必须加强安全保卫力量，施工区域和其他区域应隔离，在进出口设专人登记、检查人员出入情况、工器具安全状况，杜绝带火种进入烟道或吸收塔（其他防腐箱、灌）内，无关人员不得进入此区域。

（14）在防腐或除雾器、喷淋层施工期间，必须控制施工作业区域当班工完、料净、场地清。未用完材料必须随时清理出现场，不得留存在作业区域。

（15）在防腐或除雾器、喷淋层施工期间，所有需打磨的工作必须在塔外进行，其所用接线板也必须置于塔外。

（16）在防腐或除雾器、喷淋层施工期间，吸收塔（其他防腐箱、灌）周围10 m内及相连接烟道内部允许进行电、火焊等明火作业。10 m以外需进行电、火焊作业的，必须办理工作票且有专人看护。

（二）脱硝系统

脱硝作为环保项目之一，其施工安全风险与锅炉主体工程相似，做好防高空坠落、防高空落物、防起重伤害是其重点安全控制工作。

八、调试

火电机组调试分为分部试运和整套启动试运两个阶段。在调试阶段，机组逐步进入热力状态，作业环境复杂多变，人身、设备安全隐患呈高发性，安全生产风险控制与调试技术紧密相关，技术要求高、发生事故损失大，属于火电建设安全风险最突出期。

（一）分部试运

分部试运一般指从高压厂用母线受电开始至整套试运开始的阶段调试工作，包括单机试运、厂用电受电、分系统试运、化学清洗、机组热力系统冲管等内容。下面对机组热力系统冲管中的安全要求进行简要介绍。

（1）吹管范围：锅炉过热器、再热器所有受热面及管路，机组高压旁路，小机高压气源管道，高中压轴封管道，锅炉吹灰管道及减温水管道。

（2）吹管方式：蒸汽吹管一般采用一段吹管方式，稳压吹管，降压打靶。

（3）吹管安全基本要求。

①严禁吹管系统超压、超温（临吹门前压力不大于6.5 MPa、温度不大于450 ℃）。

②临时管道、消音器、临吹门等临时系统的支撑、悬吊应有足够的强度和承载力。

③吹管临时系统应与建（构）筑物保持足够的安全距离，排气口不得朝向建（构）筑物。

④临时管道、消音器、临吹门等临时系统应采取保温措施。

⑤拆换靶板应采取工作制度，以保证工作人员的安全。

⑥吹管排气口应加装消音器，减少噪音的排放。

⑦临吹门开启、关闭失灵时，应采取紧急停炉措施。

（二）整套启动试运

整套启动试运阶段是指从炉、机、电等第一次整套启动时锅炉点火开始，到完成满负荷试运移交试生产。整套启动试运包括空负荷试运、带负荷试运和满负荷试运。试运风险特点在于对各种隐患情况的应急反应和正确处理，避免事故的发生和扩大。

整组启动安全管理必须执行《电力建设安全工作规程　第1部分：火力发电厂》（DL 5009.1—2014）各项规定。基本要求如下。

①所有仪表须完备准确，所有热工保护报警联锁须正常可靠。

②启动前安排好各专业人员各尽其职、各负其责。启动过程中做好数据记录。

③安装单位、检修值班人员、运行值班人员应认真执行岗位责任制，做好巡回检查及运行分析，发现设备缺陷或异常现象应立即采取措施，防止事故发生。

④达到规程或调试方案事故停机规定时，运行人员应立即打闸停机，然后向领导汇报。调试人员应做好指挥、监督运行操作工作，及时发现并指导消除存在的缺陷。

⑤机组启动调试应在试运指挥组统一指挥下进行。

⑥编制整套启动试运防重大事故技术方案，通过审批，交底执行。

⑦试运中应经常检查油系统是否漏油，严防油漏至高温设备及管道上。

⑧发生下列情况，应打闸停机（在甩负荷打闸停机时还应降低真空，确保机组安全）：机组发现强烈振动或摩擦；机组超速跳闸后，转速仍不下降；轴瓦油温或瓦温超限。

⑨在机组甩负荷试验期间，当机组发生下列异常时应立即在机头或主控室打闸停机：汽机转速达到机组允许最高转速；调速系统摆动无法维持机组空转；汽轮发电机组轴瓦温度超限；汽轮发电机组振动超过跳闸值；主汽温度下降超过规程规定的打闸值；汽轮机差胀，轴位移超限；调节级温降率与甩负荷前5 min的温度比平均下降大于2.5 ℃ /min。

⑩若甩负荷试验在汽轮机超速试验一个月外进行，则需重新进行汽轮机超速试验。

⑪若锅炉泄压手段失灵，锅炉超压时应立即停炉。

⑫停机后机组转速不能正常下降，应查明原因，采取一切措施切断汽源。

⑬电气设备及系统的安装调试工作全部完成后，在通电及启动前应检查是否已经做好下列工作：照明充足、完善，有适合于电气灭火的消防措施；房门、网门、盘门该锁的已锁好，警告标注明显、齐全；人员组织配合完善，操作保护用具齐备；工作接地和保护接地符合设计要求；通信联络设施足够可靠；所有开关设备都处于断开位置。上述各项检查工作完毕并符合要求后，所有人员应离开将要带电的设备及系统。非经指导人员许可登记，不得擅自再进行任何检查和检修工作。

⑭带电或启动条件齐备后，应由指挥人员按技术要求指挥操作，操作应按《电业安全工程规程》有关规定执行。

⑮电气设备在进行耐压试验前，应先测定绝缘电阻。用摇表测定绝缘电阻时，被测设备应确定与电源断开，试验中应防止与人体接触，试验后被试设备必须放电。

⑯测量轴电压或在转动中的发电机滑环上进行测量工作时，应使用专用的带绝缘柄的电刷，绝缘柄的长度不得小于300 mm。

⑰成套控制装置和自动调节系统试投前应使机组处于稳定运行工况，使有关设备、系统工作正常，并采取必要的保护措施。试运行中应密切注意机组的运行情况及被试验设备系统各个部分的动作情况，如有异常，则应立即停止试验。

模块四　风电工程建设安全生产技术

风电工程是电力建设工程的重要分支，在电站建设上与火电建设、水电建设既有相同之处，又有明显的差异。风电工程具有专业性强、风险性大、安全技术要求高等特点，对建设管理人员、施工作业人员、施工作业程序、施工条件、施工设备等均具有较高的安全要求。

一、施工道路及交通

山地风电场的施工点多线长，场地分散，山地里通行条件较差，工程材料、周转材料和施工机具均需往复运输，运输成本较高。海上风电场都是离岸施工，工作场地远离陆地，受海洋环境影响较大，可施工作业时间偏短。

（一）土石方挖填施工安全控制措施

（1）开挖施工时需设专人指挥，发现地质出现异常时立即停止作业，待确定安全后方可继续开挖。

（2）挖机开挖过程中严格执行人机分开作业，在机械开挖时，施工人员尽量不靠近，人工开挖时，机械远离开挖处，防止机械振动造成的土方塌方。

（3）工作人员必须戴安全帽，并使用相应的劳保产品。施工过程中，需设专人在地面上进行安全观察，发现有不安全势头，立即通知基坑处作业人员马上离开基坑上至地面。

（4）基坑上方四周应设置安全防护栏，用红白相间的油漆喷涂且有醒目的安全标志。开挖作业时严禁非工作人员进入基坑边沿。加强夜间施工照明，确保边坡上施工机械和人员的安全。

（5）必须编制防洪度汛措施，确保主体工程和临时工程安全度汛。

（二）爆破施工安全控制措施

（1）根据作息时间，合理安排爆破施工时间，但在大雾天和雷雨天气，或黄昏和夜晚，应禁止爆破作业。

（2）制定爆破施工安全管理细则和火工用品管理规定，并贯彻执行。

（3）爆破器材的运输、使用、储存、保管严格按《爆破安全规程》（GB 6722—2014）和公安部颁布的有关规定执行。炸药和雷管在使用前按国标进行检查。

（4）根据施工需要，开挖前进行爆破设计，并报有关部门审核批准，从技术上保证爆破方案的安全性和可靠性。

（5）严格按照已批复的方案执行。爆破施工时，指派有一定爆破经验的安全员专项负责，严格遵循爆破材料的领用手续和监察手段，严格执行警戒、警示等管理制度。

（三）护坡施工安全控制措施

（1）高边坡现场施工人员全部腰系安全绳。所有通道均设置防护栏杆，并在危险地段张挂安全网。上下交通爬梯应定期进行检修。

（2）严格作业程序，加强高边坡巡视，专人定期对边坡的卸荷情况和危石状况进行检查。

（3）尽可能避免高边坡立体交叉作业，防止高空坠物，在边坡各层马道上布置安全防护网。

（4）从进度安排上合理组织，尽量降低相邻工作面高差。

二、风机基础施工

(一)基础开挖、回填

风险主要源于边坡坍塌、物体打击、机械伤害等。其主要控制措施如下。

(1)严格控制基坑开挖边线和放坡坡度，施工人员不得随意加大或缩小基坑开挖尺寸，应严格按方案中基坑开挖平面和剖面图组织施工。根据放坡比例设置坡道宽度、设置应急通道。

(2)开挖基坑工人人数应按照基坑面积适当配备，不宜过多，以免相互碰撞。

(3)应经常检查基坑边坡或坑壁有无缝，雨后尤其应特别注意，以免坍塌伤人，休息时或收工后，工人不得在基槽内逗留。

(4)在基槽周围堆放挖出的土方时，一般自基槽边至堆放土方边的净距不得小于0.8 m，堆土高度不得超过1.5 m，如因条件限制，堆上高度超过1.5 m时，则净距不得小于1 m。

(5)施工期间，做好降、排水工作，地下水位应低于施工底500 mm以下，严防地下水及地面水流入基坑造成积水。

(二)模板工程

模板工程的风险主要源于在模板上行走发生高处坠落，支撑处地基不坚实导致发生支撑下沉、倾倒事故，猛撬、硬砸及大面积撬落或拉倒导致发生物体打击、坍塌事故。其主要控制措施如下。

(1)模板安装前由技术员进行计算，确保每根立杆上的荷载在允许范围以内。

(2)安装模板时由专职安全员现场监督，对违章行为立即制止。

(三)模板拆除工程

模板拆除时的安全防护措施如下。

(1)施工前，划定危险区域，设置警示标志，发出告示，通报施工注意事项，并设专人监护。

(2)进入施工现场，必须正确佩戴安全帽，凡在2 m及以上高处作业无可靠防护设施时，必须使用安全带，在恶劣天气条件下，不得进行拆除作业。

(3)作业人员拆除模板作业前佩戴好工具袋，作业时将螺栓螺帽、垫块、销卡、扣件等小物品放在工具袋内，后将工具袋吊下，严禁随意抛下。

(四)基础混凝土浇筑

基础混凝土浇筑时的安全管理要求如下。

(1)高处安装模板要按照高处作业要求落实措施。

(2)大体积混凝土基础施工，绑扎钢筋排架是一道危险工序，必须要做好钢筋防倾倒措施，施工作业指导书中加设支撑系统的数量及规格要通过计算来确定。

(3)钢筋骨架作业时按照钢筋作业安全管理要求落实。

(4)严格遵守大型施工机械的使用要求。

(5)混凝土浇筑要按方案中规定的速度进行，不宜过快。

三、设备运输、起重吊装

（一）人员要求

1. 通用要求

（1）现场作业人员应持证上岗，且证书在有效期内。

（2）吊装现场应设置专职安全员。

（3）起重机械的安装拆卸和操作的人员应具备相应资质。

（4）现场作业人员身体健康并经具备体检资质的医院体检合格，无妨碍从事该岗位工作的生理缺陷和疾病及疾病史。现场作业人员如身体不适、情绪不稳定应禁止作业。

（5）现场作业人员在工作期间应保持通信通畅，且做到实时沟通。

（6）现场作业人员应熟悉施工安全和警告标识，对危险源知情并掌握应对措施。

（7）吊装现场人员应正确使用劳动防护用品，且防护用品合格、有效。

（8）现场作业人员应掌握风力发电机组的安装工艺要求和安装质量验收标准。

（9）现场作业人员应掌握安装工具的正确使用及维护方法。

（10）现场作业人员应熟练掌握急救方法，正确使用消防器材、安全工器具。

（11）从事有职业病危害工作的人员应依据有关规定定期进行职业病专项体检和培调。

（12）现场作业人员应根据季节气候特点做好饮食卫生、防暑降温、防寒保暖、防中毒、卫生防疫等工作。

2. 特殊要求

（1）海上施工现场的人员，应正确穿着救生衣，并熟练掌握救生用具的使用方法。

（2）海上施工现场的人员，应进行海上求生、急救、消防、艇伐操纵培训并取得相关证书。

（3）从事水上、水下作业的人员，应具备相应资质且经过专项安全技术交底。

（4）海上施工的船舶应按规定配备足以保证船舶安全的合格船员，且船员应持有合格的适任证书。

（二）设备要求

1. 起重机械

（1）起重机械的通用要求如下。

①起重机械应按照国家有关规定检验合格后方可使用。

②起重机械吊运指挥信号应按照《起重吊运指挥信号》（GB/T 5082—1985）的规定执行。

③起重机械操作应符合起重机操作手册和《起重机械安全规程　第1部分：总则》（GB 6067.1—2010）的要求。

④起重机械负载率应小于90%且吊装方案应通过专家论证。

⑤起重机械的选型应满足风力发电机组设备起吊重量、起吊高度、作业半径、安全距离的要求。

⑥起重机械不应起吊重量和重心不明确的部件和设备。

⑦当使用设有大小钩的起重机械时，大小钩不应同时各自起吊物件。

⑧两台起重机械同时起吊一个重物时，要根据起重机械的起重能力进行合理的负荷分配。起吊重量不应超过两台起重机械所允许起吊重量总和的75%，每一台起重机械的负荷量不宜超过其安全负荷量的80%。

⑨设备与吊臂之间的安全距离应大于500 mm。起重机械作业环境应满足起重机械操作手册和《电力安全工作规程　电力线路部分》（GB 26859—2011）的要求。

⑩起重机械的测风设备应检验合格。

（2）陆上起重机械特殊要求如下。

①陆上主吊车应做好机体外壳电气双接地，且接地电阻应满足规范要求。

②山地项目主吊车和辅助吊车应做好外壳电气双接地，且接地电阻应满足规范要求。

（3）海上起重机械特殊要求如下。

①海上大型施工机械的安全性能应达到风力发电机组吊装要求。

②海上施工船舶应满足法定检验部门的现行要求，并取得认证证书或证明文件。

③海上施工船舶作业前应向海事局申办许可证等相关手续。

2. 工/器具要求

（1）高强螺纹连接副紧固工/器具的选择应符合《风电机组高强螺纹连接副安装技术要求》（GB/T 33628—2017）的规定。

（2）专用或特殊用途工/器具使用前应进行标定，以校验其准确性。

（3）作业前应检查工/器具齐全性、配套性，并查看合格证、鉴定证书、使用期限等，按照工/器具的使用说明书正确使用、存储和维护。

3. 吊/索具要求

（1）吊/索具应由专业制造商按国家标准规定生产、检验，具有合格证和维护、保养说明书。

（2）吊/索具应有铭牌，铭牌应包含吊/索具的生产日期、出厂日期。

（3）吊/索具应在其安全使用周期内使用。

（4）吊/索具存储应符合吊/索具存储条件和环境。

（5）不同制造商生产的吊/索具不宜进行混用。

（三）作业要求

1. 吊装作业前

（1）吊装作业前的通用要求如下。

①吊装方案应经吊装施工单位编制、校核、审核、批准后，报监理和业主审批，对风险较大的设备吊装工程，应组织专家评审。未经批准，不应更改吊装方案。

②吊装作业前，应对所有参与吊装的作业人员进行安全技术交底。

③吊装作业前，基础和平台验收合格，确保符合风力发电机组吊装要求。

④吊装作业前，应对施工用吊装辅助设备、工/器具、吊/索具、施工照明用具等全面检查、检修，确保其具备安全使用条件。

⑤吊装作业前，按照《钢结构高强度螺栓连接技术规程》（JGJ 82—2011）及螺栓制造商相

关文件要求，在监理单位的见证下，安装单位对高强螺栓进行送检，检验记录各项指标合格后方可投入使用。

⑥主吊车进入现场组装完毕后，应按照《起重机械定期检验规则》（TSG Q7015—2016）和《起重机对试验载荷的要求》（GB/T 22415—2008）进行检查和验收，各项检验指标符合要求后方可投入使用。

⑦设备正式吊装前应进行试吊，试吊合格后方可正式吊装。

⑧吊装作业前，应提前向当地气象部门咨询吊装时的天气情况，在雷雨、大雪、雷电、沙尘、能见度低、环境温度不大于-20 ℃等恶劣条件下，不应进行风力发电机组的吊装作业。

⑨夜间吊装作业应制定专项吊装方案和流程制度，且确保能见度和照明应满足安全作业的要求。

⑩高海拔地区吊装作业宜选用高原型起重机械。

⑪吊装作业前，应做安全检查确认。

⑫吊装作业前，检查吊装场地周围环境，应满足吊装安全要求。

（2）吊装作业前的特殊要求如下。

①起重机械在驳船上作业时，应制定专项施工方案，并组织专家进行论证。

②起重机械吊臂及吊钩应设置固定装置。

③风力等级大于或等于6级，不应进行陆上风力发电机组吊装作业；风力等级大于或等于7级，不应进行海上风力发电机组的吊装作业。

2. 吊装作业中

（1）吊装作业中的通用要求如下。

①吊装指挥人员应唯一且始终在现场。

②吊装作业人员应按吊装指挥人员指挥信号进行操作，指挥信号不明确时，不应进行吊装作业。

③设备吊装时应设置警戒区，无关人员及设备不应入内；起重机械工作期间，人员不应在吊臂下。

④作业中发现安全隐患应立即停止作业，直到隐患完全排除。

⑤风力发电机组安装时，不应单人作业。

⑥两人及以上不应同时攀爬同一节塔架，且通过平台后应立即关闭平台盖板。

⑦攀爬过程中、高处作业时，应避免人员及物品坠落。

⑧风力发电机组设备对接时，不应将任何物品和身体任何部位伸进对接面。

⑨设备吊装就位后，螺栓力矩在未达到工艺要求之前，吊车不应松钩。

⑩架吊装完成后应及时安装塔架间接地线。

⑪设备间密封应完好。

⑫塔下叶轮组装时，应采取固定措施防止叶轮倾覆。

⑬风力发电机组设备吊装时，必要时安装防止涡激振动的专用装置。

⑭暂停作业时，对吊装作业中未形成稳定体系的部分应采临时固定措施。

⑮暂停作业时，不应将吊物、吊篮、吊/索具悬在空中。

⑯施工现场临时用电、焊接或明火作业时应采取可靠安全措施，做好安全警示标识，保证安全。

⑰风力发电机组部件安装或预安装应按照《风力发电机组装配和安装规范》（GB/T 19568—2004）执行。

⑱高空作业时，应配备合理的缆风装置。

（2）吊装作业中的特殊要求如下。

①吊装作业时，应确认风速、风向、浪高、海流流速、海流流向和能见度在安全限值内。

②吊装作业时，海上施工平台或船舶上的起吊设备的吊高、吊重、作业半径等应满足风力发电机组设备吊装作业的要求。

③船舶施工作业时，应考虑潮位变化的影响，保持一定的安全水深。

④驻位下锚后，船舶的稳定性和安全性应满足风力发电机组设备吊装作业的要求。

⑤船舶甲板、通道和施工场所应根据需要采取防滑措施。

⑥部件起吊后，运输船舶要及时撤离现场。

⑦潮间带作业时，在退潮露滩之前，要落实好现场所有船舶坐滩前的安全措施。

3. 吊装作业后

吊装作业后的作业要求如下。

①吊装作业后起重机械应回转至指定方向，吊钩起升至指定高度。所有操作手柄归零后方可关闭总电源，防止下次开机后的误操作。操作室门应锁好，无关人员不得进入。

②工/器具应整理好并妥善存放于工具箱内。

③吊/索具应仔细检查、维护，如有损坏不应继续使用，应及时更换。

④吊/索具应分类放到指定位置，不应露天随意放置。

⑤高强度螺栓施工应符合《风电机组高强螺纹连接副安装技术要求》（GB/T 33628—2017）的规定。

⑥吊装作业后应清理工作场所卫生，并做好防护。

（四）集电线路施工

1. 主要工程内容

（1）电缆及直埋电缆沟的开挖、敷设。

（2）电缆中间头、终端头制作。

（3）电缆上线安装，固定金具采购或制作安装。

（4）光缆中间头制作、尾纤焊接，终端盒安装。

（5）分接箱的安装。

（6）电缆防火封堵。

（7）电缆中间接头处电缆井的施工。

2. 电缆敷设要求

（1）当电缆长度较长需采用机械敷设时，应将电缆放在滑车上拖拽，牵引端应采用专用的拉线网套或牵引头，牵引强度不得大于规范要求，必要时应在牵引端设置防捻器。电缆外护套不能直接接触地面摩擦，不允许用勾机野蛮施工。

（2）电缆敷设时，电缆盘处、滑车之间等部位应尽可能减少电缆碰地的机会，以免损伤电缆外护套。电缆上不得有铠装压扁、电缆绞拧等永久性机械损伤。

（3）电缆敷设后，电缆头应悬空放置，并应及时制作电缆终端，如不能及时制作电缆终端，电缆头必须采取措施进行密封，防止受潮。

（4）电缆应沿风场的维护道路以最短的路径顺着道路直埋，过道路处或汽车有可能碾压的电缆应穿管敷设。

3. 电缆头制作要求

（1）根据电缆终端和电缆的固定方式确定电缆头的制作位置，剖开电缆外护套，剖开过程中用力适当，不得损伤内层屏蔽和绝缘层，使用刀具时应佩戴防护手套。

（2）在制作电缆头时，应将钢带和铜带屏蔽层分开接地，并有标识。

（3）电缆头安装时应避开潮湿的天气，且尽可能缩短绝缘暴露的时间。如在安装过程中遇雨雾等潮湿天气应及时停止作业，并做好可靠的防潮措施。

4. 高压电缆试验要求

高压电缆应按照《电气装置安装工程电气设备交接试验标准》（GB 50150—2016）中的规定和要求进行试验。

5. 电缆固定要求

（1）电缆终端搭接和固定时应确保带电体与钢带、铜带接地之间的安全距离。

（2）对于多芯电缆、钢带和屏蔽接地均应采取两端接地的方式；当电缆穿过零序电流互感器时，屏蔽接地不应穿过零序电流互感器。

6. 埋标桩要求

沿电缆路径直线每间隔100 m、转弯处、电缆接头处应设明显的电缆标志桩。当电缆线路敷设在道路两侧时，电缆桩埋在靠近路侧，间隔距离为20 m。

7. 防雷和接地要求

电缆分接箱处应将电缆屏蔽层和保护层接地，不得遗漏。

8. 电缆相位要求

施工时应在现场仔细核对电缆首尾端的相位，确保无误后直接接线。

9. 光缆敷设要求

（1）光缆出管孔15 cm以内不应作弯曲处理。

（2）光缆接线采用熔接，光纤接续的环境必须清洁，接续过程中应特别注意防潮、防尘、防震。

（3）光缆接头处，金属外护套和金属加强芯应紧固在接头盒内，同侧金属外护套和金属加强芯相互连通，但两侧金属护套和金属加强芯应绝缘、不接地。

（五）集电线路施工

输变电工程（升压站及外部线路部分施工工程）是风电工程、电力建设工程的重要部分，同样具有专业性强、风险性大、安全技术要求高等特点，对建设管理人员、施工作业人员、施工作业程序、施工条件、施工设备等均具有较高的安全要求，施工过程参照输变电工程具体规范要求执行。

模块五　光伏电站建设安全生产技术

光伏发电的原理比较简单，就是利用半导体界面的光生伏特效应，将光能直接转变为电能。太阳能电池主要是由太阳电池板、控制器和逆变器三大部分组成，光伏发电不消耗燃料，不排放包括温室气体在内的任何有害物质，无噪声，无污染。太阳能电池经过串联后进行封装保护可形成大面积的太阳电池组件，再配合上功率控制器等部件就形成了光伏发电装置。与风力发电、生物质能发电和核电等新型发电技术相比，太阳能资源分布广泛且取之不尽、用之不竭，因此得到广泛应用。

一、基本规定

（1）开工前应具备下列条件：

①在工程开始施工之前，建设单位应取得相关的施工许可文件。

②施工现场应具备水通、电通、路通、电信通及场地平整的条件。

③施工单位的资质、特殊作业人员资格、施工机械、施工材料、计量器具等应报监理单位或建设单位审查完毕。

④开工所必需的施工图应通过会审；设计交底应完成；施工组织设计及重大施工方案应审批完成；项目划分及质量评定标准应确定。

⑤施工单位根据施工总平面布置图要求布置施工临建设施应完毕。

⑥工程定位测量基准应确立。

（2）设备和材料的规格应符合设计要求，不得在工程中使用不合格的设备材料。

（3）进场设备和材料的合格证、说明书、测试记录、附件、备件等均应齐全。

（4）设备和器材的运输、保管应符合要求；当产品有特殊要求时，应满足产品要求的专门规定。

（5）隐蔽工程应符合下列要求。

①隐蔽工程隐蔽前，施工单位应根据工程质量评定验收标准进行自检，自检合格后向监理方提出验收申请。

②应经监理工程师验收合格后方可进行隐蔽，隐蔽工程验收签证单应按照现行行业标准相关要求的格式进行填写。

（6）施工过程记录及相关试验记录应齐全。

二、土建工程

（一）一般规定

（1）土建工程的施工应按照现行国家标准《建筑工程施工质量验收统一标准》（GB 50300—2013）的相关规定执行。

（2）测量放线工作应按照现行国家标准《工程测量通用规范》（GB 5508—2021）的相关规定执行。

（3）土建工程中使用的原材料进厂时，应进行下列检测。

①原材料进场时应对品种、规格、外观和尺寸进行验收，材料包装应完好，应有产品合格证书、中文说明书及相关性能的检测报告。

②钢筋进场时，应按现行国家标准的规定抽取试件作力学性能检验。

③水泥进场时应对其品种、级别、包装或散装仓号、出厂日期等进行检查，并应对其强度、安定性及其他必要的性能指标进行复验，其质量应符合现行国家标准《通用硅酸盐水泥》（GB 175—2020）等的规定。

（4）当国家规定或合同约定应对材料进行见证检测时或对材料的质量发生争议时，应进行见证检测。

（5）原材料进场后应分类进行保管，钢筋、水泥等材料应存放在能避雨雪的干燥场所，并应做好各项防护措施。

（6）混凝土结构工程的施工应符合现行国家标准《混凝土结构工程施工质量验收规范》（GB 50204—2015）的相关规定。

（7）对掺用外加剂的混凝土，相关质量及应用技术应符合现行国家标准《混凝土外加剂》（GB 8076—2008）和《混凝土外加剂应用技术规范》（GB 50119—2013）的相关规定。

（8）混凝土的冬期施工应符合现行行业标准《建筑工程冬期施工规程》（JGJ/T 104—2011）的相关规定。

（9）需要进行沉降观测的建（构）筑物，应及时设立沉降观测标志，做好沉降观测记录。

（10）隐蔽工程包括混凝土浇筑前的钢筋检查、混凝土基础基槽回填前的质量检查等。隐蔽工程的验收应符合《建筑工程施工质量验收统一标准》（GB 50300—2013）基本规定的要求。

（二）土方工程

（1）土方工程的施工应执行现行国家标准《建筑地基基础工程施工质量验收标准》（GB 50202—2018）的相关规定，深基坑基础的土方工程施工还应执行现行行业标准《建筑基坑支护技术规程》（JGJ 120—2012）的相关规定。

（2）土方工程的施工中如遇爆破工程应按照现行国家标准《土方与爆破工程施工及验收规范》（GB 50201—2012）的相关规定执行。

（3）工程施工之前应建立全场高程控制网及平面控制网。高程控制点与平面控制点应采取必要的保护措施，并应定期进行复测。

（4）土方开挖之前应对原有的地下设施做好标记，并应采取相应的保护措施。

（5）支架基础采用通长开挖方式时，在保证基坑安全的前提下，需要回填的土方宜就近堆放，多余的土方应运至弃土场地堆放。

（6）对有回填密实度要求的，应试验检测合格。

（三）支架基础

（1）混凝土独立基础、条形基础的施工应按照现行国家标准《混凝土结构工程施工质量验收规范》（GB 50204—2015）的相关规定执行，并应符合下列要求。

①在混凝土浇筑前应先进行基槽验收，轴线、基坑尺寸、基底标高应符合设计要求。基坑内浮土、杂物应清除干净。

②基础拆模后，应对外观质量和尺寸偏差进行检查，并及时对缺陷进行处理。

③外露的金属预埋件应进行防腐处理。

④在同一支架基础混凝土浇筑时，宜一次浇筑完成，混凝土浇筑间歇时间不应超过混凝土初凝时间，超过混凝土初凝时间应做施工缝处理。

⑤混凝土浇筑完毕后，应及时采取有效的养护措施。

⑥支架基础在安装支架前，混凝土养护应达到70%强度。

⑦支架基础的混凝土施工应根据与施工方式相一致的且便于控制施工质量的原则，按工作班次及施工段划分为若干检验批。

⑧预制混凝土基础不应有影响结构性能、使用功能的尺寸偏差，对超过尺寸允许偏差且影响结构性能、使用功能的部位，应按技术处理方案进行处理，并重新检查验收。

（2）桩式基础的施工应执行国家现行标准《建筑地基基础工程施工质量验收标准》（GB 50202—2018）及《建筑桩基技术规范》（JGJ 94—2008）的相关规定，并应符合下列要求。

①压（打、旋）式桩在进场后和施工前应进行外观及桩体质量检查。

②成桩设备的就位应稳固，设备在成桩过程中不应出现倾斜和偏移。

③压桩过程中应检查压力、桩垂直度及压入深度。

④压（打、旋）入桩施工过程中，桩身应保持竖直，不应偏心加载。

⑤灌注桩成孔钻具上应设置控制深度的标尺，并应在施工中进行观测记录。

⑥灌注桩施工中应对成孔、清渣、放置钢筋笼、灌注混凝土（水泥浆）等进行全过程检查。

⑦灌注桩成孔质量检查合格后，应尽快灌注混凝土（水泥浆）。

⑧采用桩式支架基础的强度和承载力检测，宜按照控制施工质量的原则，分区域进行抽检。

（3）屋面支架基础的施工应符合下列要求。

①支架基础的施工不应损害原建筑物主体结构及防水层。

②新建屋面的支架基础宜与主体结构一起施工。

③采用钢结构作为支架基础时，屋面防水工程施工应在钢结构支架施工前结束，钢结构支架施工过程中不应破坏屋面防水层。

④对原建筑物防水结构有影响时，应根据原防水结构重新进行防水处理。

⑤接地的扁钢、角钢均应进行防腐处理。

（4）支架基础和预埋螺栓（预埋件）的偏差应符合下列规定。

①混凝土独立基础、条形基础的尺寸允许偏差应符合表3-2的规定。

表3-2　混凝土独立基础、条形基础的尺寸允许偏差

项目名称		允许偏差/mm
轴线		±10
顶标高		0，-10
垂直度	每米	≤5
	全高	≤10
截面尺寸		±20

②桩式基础尺寸允许偏差应符合表3-3的规定。

表3-3　桩式基础尺寸允许偏差

项目名称		允许偏差/mm
桩位		D/10且小于或等于30
桩顶标高		0，-10
垂直度	每米	≤5
	全高	≤10
桩径（截面尺寸）	灌注桩	±10
	混凝土预制桩	±5
	钢桩	±0.5%D

注：若上部支架安装具有高度可调节功能，桩顶标高变差则可根据可测范围放宽；D为直径。

③支架基础预埋螺栓（预埋件）允许偏差应符合表3-4的规定。

表3-4　支架基础预埋螺栓（预埋件）允许偏差

项目名称		允许偏差/mm
标高偏差	预埋螺栓	+20，0
	预埋件	0，-5
轴线偏差	预埋螺栓	2
	预埋件	±5

（四）场地及地下设施

（1）光伏发电站道路的施工宜采用永临结合的方式进行。

（2）道路的防水坡度及施工质量应满足设计要求。

（3）电缆沟的施工除应符合设计要求外，尚应符合下列要求。

①电缆沟的预留孔洞应做好防水措施。

②电缆沟变形缝的施工应严格控制施工质量。

③室外电缆沟盖板应做好防水措施。

（4）站区给排水管道的施工应符合下列要求。

①地埋的给排水管道应与道路或地上建筑物的施工统筹考虑，先地下再地上。管道回填后应尽量避免二次开挖，管道埋设完毕应在地面做好标识。

②给、排水管道的施工应符合现行国家标准《给水排水管道工程施工及验收规范》（GB 50268—2008）的相关规定。

（5）雨水井口应按设计要求施工，如设计文件未明确时，现场施工应与场地标高协调一致；集水井一般宜低于场地20 mm，雨水口周围的局部场地坡度宜控制在1%~3%；施工时应在集水口周围采取滤水措施。

（五）建（构）筑物

（1）光伏发电站建（构）筑物应包括综合楼、配电室、升压站、逆变器小室、大门及围墙等。

（2）建（构）筑物混凝土的施工应符合现行国家标准《混凝土结构工程施工质量验收规范》（GB 50204—2015）的相关规定，混凝土强度检验应符合现行国家标准《混凝土强度检验评定标准》（GB/T 50107—2010）的相关规定。

（3）砌体工程的施工应符合现行国家标准《砌体结构工程施工质量验收规范》（GB 50203—2021）的相关规定。

（4）屋面工程的施工应符合现行国家标准《屋面工程质量验收规范》（GB 50207—2012）的相关规定。

（5）地面工程的施工应符合现行国家标准《建筑地面工程施工质量验收规范》（GB 50209—2010）的相关规定。

（6）建筑装修工程的施工应符合现行国家标准《建筑装饰装修工程质量验收规范》（GB 50210—2018）的相关规定。

（7）通风与空调工程的施工应符合现行国家标准《通风与空调工程施工质量验收规范》（GB 50243—2002）的相关规定。

（8）钢结构工程的施工应符合现行国家标准《钢结构工程施工质量验收规范》（GB 50205—2020）的相关规定。

三、安装工程

（一）一般规定

（1）设备的运输与保管应符合下列要求。

①在吊、运过程中应做好防倾覆、防震和防护面受损等安全措施。必要时可将装置性设备和易损元件拆下单独包装运输。当产品有特殊要求时，尚应符合产品技术文件的规定。

②设备到场后应做下列检查。

a. 包装及密封应良好。

b. 开箱检查，型号、规格应符合设计要求，附件、备件应齐全。

c. 产品的技术文件应齐全。

d. 外观检查应完好无损。

③设备宜存放在室内或能避雨、雪的干燥场所，并应做好防护措施。

④保管期间应定期检查，做好防护工作。

（2）安装人员应经过相关安装知识培训。

（3）光伏发电站的施工中间交接验收应符合下列要求。

①光伏发电站施工中间交接项目可包含升压站基础、高低压盘柜基础、逆变器基础、配电间、支架基础、电缆沟道、设备基础二次灌浆等。

②土建交付安装项目时，应由土建专业填写“中间交接验收签证书”，并提供相关技术资料，交安装专业查验。

③中间交接项目应通过质量验收，对不符合移交条件的项目，移交单位负责整改合格。

（4）安装工程的隐蔽工程可包括接地装置、直埋电缆、高低压盘柜母线、变压器吊罩等。

（二）支架安装

（1）支架安装前应做下列准备工作。

①采用现浇混凝土支架基础时，应在混凝土强度达到设计强度的70%后进行支架安装。

②支架到场后应做下列检查。

a. 外观及防腐涂镀层应完好无损。

b. 型号、规格及材质应符合设计图纸要求，附件、备件应齐全。

c. 对存放在滩涂、盐碱等腐蚀性强的场所的支架应做好防腐蚀工作。

d. 支架安装前安装单位应按照“中间交接验收签证书”的相关要求对基础及预埋件（预埋螺栓）的水平偏差和定位轴线偏差进行查验。

（2）固定式支架及手动可调支架的安装应符合下列规定。

①支架安装和紧固应符合下列要求。

a. 采用型钢结构的支架，其紧固度应符合设计图纸要求及现行国家标准《钢结构工程施工质量验收规范》（GB 50205—2020）的相关规定。

b. 支架安装过程中不应强行敲打，不应气割扩孔。对热镀锌材质的支架，现场不宜打孔。

c. 支架安装过程中不应破坏支架防腐层。

d. 手动可调式支架调整动作应灵活，高度角调节范围应满足设计要求。

②支架倾斜角度偏差度不应大于 ±1°。

③固定及手动可调支架安装的允许偏差应符合表3-5的规定。

表3-5　固定及手动可调支架安装的允许偏差

项目名称	允许偏差/mm
中心线偏差	⩽2
梁标高偏差（同组）	⩽3
立柱面偏差（同组）	⩽3
预埋件	±5

（3）跟踪式支架的安装应符合下列要求。

①跟踪式支架与基础之间应固定牢固、可靠。

②跟踪式支架安装的允许偏差应符合设计文件的规定。

③跟踪式支架电机的安装应牢固、可靠。传动部分应动作灵活。

④聚光式跟踪系统的聚光部件安装完成后，应采取相应防护措施。

（4）支架的现场焊接工艺除应满足设计要求外，还应符合下列要求。

①支架的组装、焊接与防腐处理应符合现行国家标准《冷弯薄壁型钢结构技术规范》（GB 50018—2002）及《钢结构设计规范》（GB 50017—2017）的相关规定。

②焊接工作完毕后，应对焊缝进行检查。

③支架安装完成后，应对其焊接表面按照设计要求进行防腐处理。

（三）光伏组件安装

（1）光伏组件安装前应做下列准备工作。

①支架的安装应验收合格。

②宜按照光伏组件的电压、电流参数进行分类和组串。

③光伏组件的外观及各部件应完好无损。

（2）光伏组件的安装应符合下列要求。

①光伏组件应按照设计图纸的型号、规格进行安装。

②光伏组件固定螺栓的力矩值应符合产品或设计文件的规定。

③光伏组件安装允许偏差应符合表3-6的规定。

表3-6　光伏组件安装允许偏差

项目名称	允许偏差/mm	
倾斜角度偏差	±1°	
光伏组件边缘高差	相邻光伏组件间	≤2
	同组光伏组件间	≤5

（3）光伏组件之间的接线应符合下列要求。

①光伏组件连接数量和路径应符合设计要求。

②光伏组件间接插件应连接牢固。

③外接电缆同插接件连接处应搪锡。

④光伏组件进行组串连接后应对光伏组件串的开路电压和短路电流进行测试。

⑤光伏组件间连接线可利用支架进行固定，并应整齐、美观。

⑥同一光伏组件或光伏组件串的正负极不应短接。

（4）严禁触摸光伏组件串的金属带电部位。

（5）严禁在雨中进行光伏组件的连线工作。

（四）汇流箱安装

（1）汇流箱安装前应符合下列要求。

①汇流箱内元器件应完好，连接线应无松动。

②汇流箱的所有开关和熔断器应处于断开状态。

③汇流箱进线端及出线端与汇流箱接地端绝缘电阻不应小于20 MΩ。

（2）汇流箱安装应符合下列要求。

①安装位置应符合设计要求。支架和固定螺栓应为防锈件。

②汇流箱安装的垂直偏差应小于1.5 mm。

（3）汇流箱内光伏组件串的电缆接引前，必须确认光伏组件侧和逆变器侧均有明显断开点。

（五）逆变器安装

（1）逆变器安装前应做下列准备工作。

①室内安装的逆变器安装前，建筑工程应具备下列条件。

a. 屋顶、楼板应施工完毕，不得渗漏。

b. 室内地面基层应施工完毕，并应在墙上标出抹面标高；室内沟道无积水、杂物；门、窗安装完毕。

c. 进行装饰时有可能损坏已安装的设备或设备安装后不能再进行装饰的工作应全部结束。

②对安装有妨碍的模板、脚手架等应拆除，场地应清扫干净。

③混凝土基础及构件应达到允许安装的强度，焊接构件的质量应符合要求。

④预埋件及预留孔的位置和尺寸应符合设计要求，预埋件应牢固。

⑤检查安装逆变器的型号、规格应正确无误。逆变器外观检查完好无损。

⑥运输及就位的机具应准备就绪，且满足荷载要求。

⑦大型逆变器就位时应检查道路畅通，且有足够的场地。

（2）逆变器的安装与调整应符合下列要求。

①采用基础型钢固定的逆变器，逆变器基础型钢安装的允许偏差应符合表3-7的规定。

表3-7 逆变器基础型钢安装的允许偏差

项 目	允许偏差	
	mm/m	mm/全长
不直度	＜1	＜3
水平度	＜1	＜3
位置误差及不平行度	—	＜3

②基础型钢安装后，其顶部宜高出抹平地面10 mm。基础型钢应有明显的可靠接地。

③逆变器的安装方向应符合设计规定。

④逆变器与基础型钢之间固定应牢固可靠。

（3）逆变器交流侧和直流侧电缆接线前应检查电缆绝缘，校对电缆相序和极性。

（4）逆变器直流侧电缆接线前必须确认汇流箱侧有明显断开点。

（5）电缆接引完毕后，逆变器本体的预留孔洞及电缆管口应进行防火封堵。

（六）电气二次系统

（1）二次设备、盘柜安装及接线除应符合现行国家标准《电气装置安装工程盘、柜及二次回路接线施工及验收规范》（GB 50171—2012）的相关规定外，还应符合设计要求。

（2）通信、远动、综合自动化、计量等装置的安装应符合产品的技术要求。

（3）安防监控设备的安装应符合现行国家标准《安全防范工程技术规范》（GB 50348—2004）的相关规定。

（4）直流系统的安装应符合现行国家标准《电气装置安装工程蓄电池施工及验收规范》（GB 50172—2012）的相关规定。

（七）其他电气设备安装

（1）高压电器设备的安装应符合现行国家标准《电气装置安装工程高压电器施工及验收规范》（GB 50147—2010）的相关规定。

（2）电力变压器和互感器的安装应符合现行国家标准《电气装置安装工程　电力变压器、油浸电抗器、互感器施工及验收规范》（GB 50148—2010）的相关规定。

（3）母线装置的施工应符合现行国家标准《电气装置安装工程母线装置施工及验收规范》（GB 50149—2010）的相关规定。

（4）低压电器的安装应符合现行国家标准《电气装置安装工程低压电器施工及验收规范》（GB 50254—2014）的相关规定。

（5）环境监测仪等其他电气设备的安装应符合设计文件及产品的技术要求。

（八）防雷与接地

（1）光伏发电站防雷系统的施工应按照设计文件的要求进行。

（2）光伏发电站接地系统的施工工艺及要求除应符合现行国家标准《电气装置安装工程接地装置施工及验收规范》（GB 50169—2006）的相关规定外，还应符合设计文件的要求。

（3）地面光伏系统的金属支架应与主接地网可靠连接；屋顶光伏系统的金属支架应与建筑物接地系统可靠连接或单独设置接地。

（4）带边框的光伏组件应将边框可靠接地；不带边框的光伏组件，其接地做法应符合设计要求。

（5）盘柜、汇流箱及逆变器等电气设备的接地应牢固可靠、导通良好，金属盘门应用裸铜软导线与金属构架或接地排可靠接地。

（6）光伏发电站的接地电阻阻值应满足设计要求。

（九）架空线路及电缆

（1）架空线路的施工应符合现行国家标准《电气装置安装工程35 kV及以下架空电力线路施工及验收规范》（GB 50173—92）和《110-750 kV架空送电线路施工及验收规范》（GB 50233—2014）的有关规定。

（2）电缆线路的施工应符合现行国家标准《电气装置安装工程电缆线路施工及验收规范》（GB 50168—2006）的相关规定。

（3）架空线路及电缆的施工还应符合设计文件中的相关要求。

模块六　水电工程项目安全生产技术

水电工程是电力建设工程的重要分支，在电站建设上与火电建设既有相同之处，又有明显的差异，水电工程具有专业性强、风险性大、安全技术要求高等特点，对建设管理人员、施工作业人员、施工作业程序、施工条件、施工设备等均具有较高的安全要求。

一、主要施工设备安装、运行、拆除

水电工程主要施工设备包括砂石料生产系统、混凝土拌和系统、门座式（塔式）起重机、缆机、塔（顶）带机与供料系统等。

（一）大型施工设施基本安全要求

大型施工设备的安装机座应牢固。放置移动式设备时，场地应平整结实，防止移动倾倒。设备转动、传动的裸露部分应安设防护装置。

露天使用的电气设备及元件，均应选用防水型或采取防水措施。在有易燃、易爆气体的场所，电气设备及线路均应满足防爆要求。在大量蒸汽及粉尘的场所，应满足密封、防尘和防潮要求。

施工设备在运转时，不得以手触摸转动或传动部分，更不得在运转中进行润滑或修理。外置式的传动装置（如皮带、齿轮、链条等传动）处应装有安全防护罩。

移动式机械的电缆应有转收装置，不得随意放在地面上拖拉，以免损坏绝缘。

（二）砂石料生产系统安全技术要点

砂石料生产系统安全技术要点包括安装基础、破碎机械、筛分机械、输送机械、堆取料机械各部分的安全技术要点。

1. 安装基础安全技术要点

安装基础应坚固、稳定性好，基础各部位连接螺栓应紧固可靠，接地电阻不得大于4 Ω。

2. 破碎机械安全技术要点

采用机动车辆进料时，需设置进料平台，平台的基础应牢固、稳定。平台应平整、不积水、无横坡。平台宽度不宜小于运料车辆宽度的1.5倍，并符合施工车辆倒车、会车的要求。平台长度不宜小于运料车辆长度的2.5倍，并符合施工车辆倒车、会车的要求。平台与进料口连接处应设置混凝土埂，其高度以20 ~30 cm为宜，宽度不小于30 cm，长度不小于进料口宽度。

破碎机械进料口边缘除机动车辆进料侧外，还应设有宽度不小于0.5 m的走道，走道内外侧应设置防护栏杆，栏杆高度不小于1.2 m。破碎机械的进料口和出料口宜设置喷水降尘装置。

3. 筛分机械安全技术要点

筛分机械安装运行时，筛分楼应设置避雷装置，接地电阻不宜大于10 Ω。各层设备有可靠的指示灯等联动的启动、运行、停机、故障联系信号。裸露部分的传动装置设置孔口尺寸不大于30 mm×30 mm、装拆方便的钢筋网或钢板防护罩。设备周边应设置宽度不小于1 m的通道。

筛分设备前应设置检修平台。筛分设备各层之间应设有至少一个以上钢扶梯或混凝土楼梯。平台、通道临空高度大于2 m时应设置防护栏杆。

4. 输送机械安全技术要点

砂石输料皮带安装于隧洞内时，隧洞围岩应稳定，高度不低于2 m，不稳定的围岩应采用混凝土支护、衬砌。隧洞皮带机一侧应有宽度不小于0.8 m的通道，通道应平整、畅通。隧洞洞口应采取混凝土衬砌或上部设置安全挡墙等措施。隧洞内地面设应有排水沟，排水畅通、不积水。隧洞内应采用低压照明电源，使用的灯泡不得小于60 W，两照明灯之间的距离不宜大于30 m，并装有控制开关和触电保安器。

5. 取料机械安全技术要点

堆取料机械的行走轨道应平直，基础坚实，两轨顶水平误差不得大于3 mm，轨道坡度应小于3%。夹轨装置完好、可靠。设有启动、运行、停机、故障等音响、灯光联动信号装置。轨道两端应设止挡墙，其高度不小于行车轮直径的一半。

二、特殊脚手架搭设与平台、栈桥安装

水电建设工程具有施工难度大、作业环境复杂等特点，在施工给过程中常采用特殊脚手架与平台、栈桥等设备作为施工临时设施。

（一）施工脚手架搭设安全技术要点

对于门槽孔口宽度较小的脚手架，左、右侧脚手架应形成整体，以增强其稳定性。孔口中央应留有通道，通道上方应设防护平台。孔口宽度过大的，左、右侧脚手架可自成体系，但脚手架应与闸墙之间可靠连接，脚手架外侧按规定全面敷设安全网，保护孔口中央通道的安全。

门槽安装用脚手架高度小于25 m的，一般应采用扣件式钢管脚手架，其设计施工应符合《建筑施工扣件式钢管脚手架安全技术规范》（JGJ 130—2011）的规定。对于高度大于25 m（含25 m）的闸门井脚手架，还应根据脚手架结构图进行承载力、刚度和稳定性计算，编写设计计算书。

（二）移动式操作平台和悬挑式平台搭设安全技术要点

移动式操作平台适用于在轨道或地面上平移的临时操作平台，一般采用型钢或脚手架钢管制作。竖井和斜坡道上使用的移动式操作平台除有专用牵引系统外，停留作业面时，还应加外设置保险绳，平台两侧还应有辅助的活动导向装置或锁定装置。平台下侧应设平台防护网。移动式操作平台每层及上下联系梯道上均应设置安全防护栏杆，梯道底部离地面距离为0.3~0.5 m。移动式操作平台的面积不应超过10 m²，高度不应超过5 m。装设轮子的移动式平台，轮子与平台的接合处应牢固可靠，立柱底端离地面不得超过0.8 m。

悬挑式平台应与侧墙预埋件可靠连接，预埋件应事先设计并随土建施工同步埋设，不得随意减少或取消。悬挑式平台上设置的脚手板应固定、牢靠，平台临空边应设置安全防护栏杆和安全网。平台与外界应设安全联系梯道。

（三）施工脚手架和平台的使用与维护安全技术要点

脚手架在使用过程中，实行定期检查和班前检查制度。如遇大风、大雨、撞击等特殊情况时，应对脚手架的强度、稳定性、基础等进行专门检查，发现问题应及时报告处理。应根据脚手架的设计要求，合理使用，作业层上的施工载荷应符合设计要求，严禁超载。不得将模板支架、缆风绳、泵送混凝土的输送管等固定在脚手架上。严禁在脚手架上悬挂起重设备。

在施工中，若发现脚手架的异常情况，应及时报告设计部门和安全部门，由设计部门和安全部门对脚手架进行检查鉴定，确认脚手架的安全稳定性后方可使用。雨、雪天气施工，应采取必要的防雨、防雪、防滑措施。出现5级以上大风时，应停止脚手架施工作业。

（四）施工脚手架拆除安全技术要点

脚手架拆除前，应先将脚手架上留存的材料、杂物等清除干净，并将受拆除影响的机械设备、电气及其他管线等拆除，或加以保护。

脚手架拆除应统一指挥，按批准的施工方案、作业指导书的要求，自上而下进行，严禁上、下层同时拆除作业。拆下的材料、构配件等严禁往下抛掷，应用绳索捆绑牢固缓慢下放，或用吊车、吊篮等运送到地面。

脚手架拆除后，应做到工完场清，所有材料、构配件应堆放整齐、安全稳定，并及时转运。

（五）钢栈桥安装安全技术要点

钢栈桥是指施工机械专用栈桥和施工专用公路栈桥。钢栈桥安装安全技术要点如下。

（1）立柱安装前，应在需要作业的部位敷设临时作业平台及安全梯道。

（2）立柱安装时，严禁在不明荷载情况下使用吊车强行拖动。栈桥立柱之间纵、横向联系杆件连接好之前，不得撤销临时加固措施。立柱上所有紧固螺栓紧固力矩应符合设计和有关标准的规定。栈桥支承的铸钢和盆式支座的固定应符合设计和有关标准的规定，活动支座应能滑动自如。应设有通向各作业部位的专用安全梯道。

（3）桥面系统施工时，栈桥人行通道宽度不小于1.0 m，栈桥外侧临空边应按规定设置安全防护栏杆。供风、供水与供电的管路等应布置在栈桥面外侧的支架上，不得占用桥面有效通行空间。栈桥桥面采用钢面板的，预留空洞应使用钢盖板封盖，且应与梁面板牢固连接。人行道和汽车通道上均应设置防滑层。栈桥桥面不得随意集中堆放设备和材料，栈桥的出入口处应设置醒目的允许载重量、安全注意事项等警示标志。

三、施工道路及交通

（一）场内公路安全技术要点

施工生产区内机动车辆临时道路的纵坡不宜大于8%，进入基坑等特殊部位的个别短距离地段最大纵坡不得超过15%。道路最小转变半径不得小于15 m。路面宽度不得小于施工车辆宽度的1.5倍，且双车道路面宽度不宜窄于7.0 m，单车道不宜窄于4.0 m，单车道在可视范围内应设有会车位置。路基基础及边坡保持稳定。在急弯、陡坡等危险路段及岔路、涵洞口应设有相应警示标志。悬崖陡坡、路边临空边缘应设有警示标志、安全墩、挡墙等安全防护设施。

（二）机车轨道安全技术要点

施工现场的机车轨道应布置在基础稳固、边坡稳定的部位，纵坡应小于3%。机车轨道的端部应设有钢轨车挡，其高度不低于机车轮的半径，并设有红色警示灯。

机车轨道的外侧应设有宽度不小于0.6 m的人行通道，人行通道临空高度大于2.0 m时，边缘应设置防护栏杆。机车轨道、现场公路、人行通道等的交叉路口应设置明显的警示标志或设专人值班监护。

应设有专门的机车检修轨道，应保证通信信号安全可靠。

（三）施工桥梁安全技术要点

施工现场临时性桥梁应根据其用途、承重载荷和相应技术规范进行设计修建，宽度应不小于施工车辆最大宽度的1.5倍。人行道宽度应不小于1.0 m，并应设置防护栏杆。

施工现场架设临时性跨越沟槽的便桥和边坡栈桥应基础稳固、平坦畅通，设有防护栏杆。人行便桥宽度不得小于1.2 m；手推翻斗车便桥宽度不得小于1.5 m；机动翻斗车便桥应根据荷载进行设计施工，其最小宽度不得小于2.5 m。

（四）施工交通隧道安全技术要点

施工交通隧道在平面上宜布置为直线。机车交通隧道的高度应满足机车及装动货物设施总高度的要求，宽度不小于车体宽度与人行通道宽度之和的1.2倍。

汽车交通隧道洞内单线路基宽度应不小于3.0 m，双线路基宽度应不小于5.0 m。

洞口有防护设施，洞内不良地质条件洞段应进行支护。长度100 m以上的隧道内应设有照明设施。应设有排水沟，排水畅通。隧道内斗车路基的纵坡不宜超过1.0%。

施工现场工作面、固定生产设备及设施等应设置人行通道，基础牢固，通道无障碍，有防滑措施并设置护栏，无积水。人行通道宽度不小于0.6 m。危险地段应设置警示标志或警戒线。

四、供风系统

供风系统的机房应有足够的高度。单机排气量不小于20 m^3/min、总安装容量不小于60 m^3/min的压缩空气站宜安装机（门）式起重机等起重设备。空气压缩机房的维修平台和电动机地坑的周围应设置防护栏杆，地沟应铺设盖板。移动式空气压缩机应停放在牢固基础上，并设防雨棚、防晒棚和隔离护栏等设施。

机组之间应有足够的宽度，一般不小于3 m，机组的一侧与墙之间的距离不应小于2.5 m，另一侧应有宽敞的空地。机房的墙壁和屋顶宜安装吸音材料以减少噪声，空压机房内的噪声不得超过85 dB，进气口应安装于室外，并装有消音器。

压缩机的安全阀、压力表、空气阀、调压装置应齐全、灵敏、可靠，并按有关规定进行定期检验和标定。

储气罐罐体应符合国家有关压力容器的规定。

五、高边坡、洞室、水下开挖与防护

水电建设工程涉及高边坡、洞室、水下开挖等作业环节，具有较强的专业性，洞室作业、水下开挖作业的安全技术要点如下。

（一）洞室开挖及支护安全技术要点

1. 一般要求

洞室开挖过程中，应做好围岩稳定的安全支护工作。地质构造和存在事故隐患的部位应及时采取防范措施，并设置必要的安全围栏和警示标志。洞内的设施、设备、标识应符合安全文明施工要求。

2. 洞口及交叉部位开挖

洞口削坡开挖应自上而下进行，严禁上下交叉作业。开挖完成后边坡上不应存在浮石、危石及倒悬石，并做好洞脸排水、洞脸喷锚支护及其他安全防护设施工作。

洞口应设置混凝土或钢桁架防护棚。其顺洞轴方向的长度可依据实际地形、地质和洞型断面选定，一般不小于5 m。洞口以上边坡和两侧应采用喷锚支护或混凝土永久支护措施。自洞口计起，当洞挖长度不超过20 m时，应依据地质条件、断面尺寸及时做好洞口永久性或临时性支护。支护长度一般不得小于10 m。当地质条件不良，全部洞身应进行支护时，洞口段则应进行永久性支护。

平交口开挖应按照短进尺、多循环的原则施工。支护紧跟开挖作业面，根据开挖揭示的地质条件，采用长锚杆、钢筋网喷混凝土、钢支撑、混凝土衬砌等方式加强支护，加强支护范围要大于平交口应力影响区域（一般平交口弧线外6 m左右）。

在地下洞室高边墙布置的洞口开挖施工中，宜采用先洞后墙的施工方法，隧洞开挖宜进入主洞3~5 m。在高边墙开挖前应完成洞口段的开挖与支护，必要时完成洞口段的永久支护或衬砌。若采用先墙后洞的施工方法，在洞口开挖前必须完成洞脸部位高边墙的喷锚支护和进洞前的锁口支护。

3. 平洞开挖

钻孔前应将作业面清出实底，必须采用湿式钻孔法钻孔，其水压不小于0.3 MPa，风压不小于0.5 MPa。严禁沿残留炮孔进行钻进。

每次放炮后，应进行全方位的安全检查，并清除危石、浮石。发现非撬挖所能排除的险情时，应果断地采取其他措施进行处理。洞内进行安全处理时，应有专人监护，随时观察险石动态。

处理冒顶或边墙滑脱等现象时，应查清原因，制定具体施工方案及安全防范措施，迅速处理。地下水活跃的地段，应先治水后治坍塌。准备好畅通的撤离通道，备足施工器材。处理坍塌，一般宜先处理两侧边墙，然后再逐步处理顶拱。施工人员应在可靠的掩体下进行工作，整个过程应有专人现场监护。随时观察险情变化及时修改或补充原定措施计划。开挖与衬砌平行作业时的距离应按设计要求控制，但一般不宜小于30 m。地下工程开挖过程中，如遇到不良地质构造或易发生塌方地段、有害气体逸出及地下涌水等突发事件，应立即停工，并将作业人员撤至安全地点。在中、高地区开挖地下洞室时，要制定专门的安全技术措施。

4. 斜、竖井开挖

斜、竖井的井口附近，应在施工前做好修整，并在周围修好排水沟、截水沟，防止地表水流入井中。竖井井口平台应比地面高出0.5 m。在井口边应设置不低于1.4 m高的防护栏，挡脚板高应不小于35 cm。在井口及井底部位应设置醒目的安全标志。

当工作面附近或井筒未衬砌部分发现有落石、支撑发生异常声音或大量涌水等其他失稳异常表象时，施工人员应立即迅速撤回地面，并报告处理。

斜、竖井采用自上而下全断面开挖方法时，井深超过15 m时，上下人员宜采用提升设备。提升设施应有专门设计方案，并确保安全。应锁好井口，确保井口稳定。应设置防护设施，防止井台上有物坠入井内。漏水和淋水地段应有防水、排水措施。

竖井采用自上而下先打导洞再进行扩挖的方法时，井口周边至导井口应有适当坡度，便于扒渣。爆破后必须认真处理浮石和井壁。应采取有效措施防止石渣砸坏井底棚架。扒渣人员应系好安全带，自井壁边缘石渣顶部逐步下降扒渣。导井被堵塞时，严禁到导井口位置或井内进行处理，以防止石渣坠落砸伤。

5. 竖井提升

竖井井口应设置防雨设施，接罐地点应设置牢固的活动栅门，由专人负责启闭。接罐人员均应佩戴安全带，上下井的人员应服从接罐人员的指挥，通向井口的轨道应设阻车装置。

施工期间采用吊桶升降人员与物料时，吊桶应沿钢丝绳轨道升降，保证吊桶不会碰撞岩壁。在施工初期尚未设罐道时，应按照规程要求操作吊桶。提升钢丝绳应与吊桶连接牢固，保证在升降时不致脱钩。吊桶上方应设置保护伞。不得在吊桶边缘上坐立，乘坐人员身体的任何部位不得超出桶沿。严禁用底开式吊桶升降人员。吊桶提升到地面时，人员应从地面出车平台进出吊桶，并应在吊桶停稳和井盖门关闭以后进出吊桶。装有物料的吊桶不得乘人。吊桶载重量应有规定，不得超载。

升降人员和物料的罐笼，罐顶应设置方便打开的铁盖或铁门。罐底应满铺钢板，并不得有孔。如果罐底下面有阻车器的连杆装置，应设可靠的检查门。罐笼两侧用钢板挡严，内装扶手，罐道部分不得装带孔钢板。进出口两端应装设罐门或罐门帘，高度不得小于1.5 m。罐门或罐帘下部距罐底距离不得超过0.25 m，罐帘横杆的间距不得大于0.2 m，罐门不得向外开。载人的罐笼净空高度不得小于2 m。罐笼的一次容纳人数和最大载重量应明确规定，并在井口明示。提渣、升降人员和下放物料的速度不得超过3 m/s，加速度不得超过0.25 m/s^2。罐笼、钢丝绳、卷扬机各部及其连接处应设专人检查，如发现钢丝绳有损，罐道和罐耳间磨损度超过规定等情况，应立即更换。升降人员或物料的单绳提升罐笼应设置可靠的防坠器和应有的安全措施。罐笼升降作业时，井底不得停留人员。

6. 斜井运输

斜井的牵引运输速度不得超过3.5 m/s；接近洞口与井底时，不得超过2 m/s；升降加速度不得超过0.5 m/s^2。

井口、井下及卷扬机间应有联系信号。提升、下放与停留应各有明确的色灯和音响等信号规定。卷扬机司机未得到井口信号员发出的信号，不得开动。

斜井井底停车场应设避车洞。斜井井底附近的固定机械、电器设备与操作人员，均应设置在专用洞室内。斜坡段应设置人行道和扶手栏杆，人行道边缘与车辆外缘的距离不得小于30 cm。

7. 钢丝绳和提升装置

提升用的钢丝绳应每天检查一次，每隔3个月试验一次。升降人员的安全系数应大于8，升降物料的安全系数应大于6。升降物料的钢丝绳的断丝的面积与钢丝绳总面积之比应小于10%，升降人员用的钢丝绳不得有断丝。提升及制动钢丝绳直径减小不得超过10%，其他用途钢丝绳直径减小不得超过15%。

钢丝绳的钢丝有变黑、锈皮、点蚀、麻坑等损伤时，不得用于升降人员。钢丝绳锈蚀严重，点蚀、麻坑形成沟纹，外层钢丝松动时，应立即更换。有接头的钢丝绳只允许在水平坑道和坡角30°以下的斜井中运输物料时使用。

提升装置应设置防止过卷装置；当提升容器超过正常终端停止位置0.5 m时，应能自动断电，并使保险闸发生作用；应设置防止过速装置，当提升速度超过额定速度15%时，应能自动断电，并能使保险闸发生作用；应设过负荷和欠电压保护装置。当最大提升速度超过3 m/s时，应安装速度限制器，保证提升容器到达终端停止位置前的速度不超过2 m/s。提升装置应设防止闸瓦过度磨损时的报警和自动断电的保护装置。缠绕式提升装置应设松绳保护并接入安全回路。使用箕斗提升时，应采用定量控制，井口渣台应装设满仓信号，渣仓装满时能报警或自动断电。提升卷扬机应装设深度指示器、开始减速时能自动示警的警铃、司机不需离座即能操纵的常用闸和保险闸。常用闸和保险闸共同使用一套闸瓦时，操纵部分应分开。双滚筒提升卷扬机的两套闸瓦的传动装置应分开。司机不得离开工作岗位，也不得擅自调节制动闸。升降人员前，应先开一次空车，以检查卷扬机的动作情况，但连续运转时，可不受此限。主要提升装置应配有正、副司机，在交接班人员上下井的时间内，应由正司机操作，副司机在旁监护。

8. 不良地质地段开挖

施工时采取浅钻孔、弱爆破、多循环，尽量减少对围岩的扰动。施工时采取分部开挖及时支护。每一循环进尺宜控制在0.5~1.5 m。在完成一个开挖作业循环时，应全面清除危石及时支护，防止落石。

在不良地质地段施工，应做好工程地质、地下水类型和涌水量的预报工作，并设置排水沟、积水坑和充足的抽排水设备。在软弱、松散破碎带施工，应待支护稳定后方可进行下一段施工作业。

9. 石方机械挖运

洞内严禁使用汽油机为动力的石方挖运设备。机械挖运设备应有废气净化措施。挖运现场应有足够的照明。

挖运前应清理工作面的危石，在确保安全的情况下方可进行挖运。机械运转中其他人员不得登车，必须上下时应通知司机停车。掌子面挖掘时，应采用先上后下、先左后右的顺序挖掘，以保持掌子面的稳定。

采用装载机挖装时，装载机应低速铲切，不得大油门高速猛冲。铲掘时要根据掌子面的情况，采用不同的铲掘方法，严禁铲斗载荷不均或单边受力，铲斗切入也不宜过深。装车时严禁装偏，卸渣应缓慢。人工装运时，作业人员应按规定穿戴好劳动保护用品。严禁把手伸入车内或放在斗车帮上。重量超过50 kg的石块不得用人力装斗。

（二）水下开挖安全技术要点

1. 水下爆破

水下爆破应使用防水的或经防水处理的爆破器材。用于深水区的爆破器材，应具有足够的抗压性能，或采取有效的抗压措施。水下爆破使用的爆破器材应进行抗水和抗压试验。

爆破作业船只上的工作人员，作业时应穿好救生衣，不能穿救生衣作业时，应备有相应数量的救生设备。无关人员不准许登上爆破作业船。

用电力和导爆管起爆网路时，每个起爆药包内安放的雷管数不宜小于2发，并宜连成两套网路或复网路同时起爆。水下电爆网路的导线（含主线连接线）应采用足够强度且防水性、柔韧性良好的绝缘胶质线，爆破主线路呈松弛状态扎系在伸缩性小的主绳上，水中不应有接头。不宜用铝（或铁）芯线作为下电爆网路的导线。流速较大时宜采用导爆索起爆网路。

起爆药包使用非电导爆管雷管及导爆索起爆时，应做好端头防水工作，导爆索搭接长度应大于0.3 m。导爆索起爆网路应在主线上加系浮标，使其悬吊。应避免导爆索网路沉入水底造成网路交叉，破坏起爆网路。

盲炮应及时处理，遇难以处理而又危及航行船舶安全的盲炮，应延长警戒时间，继续处理。

2. 岩塞爆破

应根据岩塞爆破产生的冲击波、涌水等对周围应保护的建（构）筑物的影响进行分析论证。岩塞厚度小于10 m时，不宜采用洞室爆破法。

导洞开挖每次循环进尺不应超过0.5 m，每孔装药量不应大于150 g，每段起爆药量不应超过1.5 kg。导洞的掘进方向朝向水体时，超前孔的深度不应小于炮孔深度的3倍。应用电雷管或非电导爆管雷管远距离起爆。起爆前所有人员均应撤出隧洞。离水最近的药室不准超挖，其余部位应严格控制超挖、欠挖。每次爆破后应及时进行安全检查和测量，对不稳围岩进行锚固处理，只有确认安全无误，方可继续开挖。

装药工作开始之前，应将距岩塞工作面50 m范围内的所有电气设备和导电器材全部撤离。装药堵塞时，药室洞内只准用绝缘手电照明，且应由专人管理。距岩塞工作面50 m范围内，应用探照灯远距离照明，距岩塞工作面50 m以外的隧洞内，宜用常规照明。装药堵塞时应进行通风。

电爆网络的主线应采用防水性能好的胶套电缆，电缆通过堵塞段时，应采用可靠的保护措施。

3. 水下砂石料开采

水下砂石料开采的卸料区应设置能适应水位变化的码头、泊位缆桩及锚锭等。汛前应做好船只检查。开采作业不得影响堤防、护岸、桥梁等建筑安全和行洪、航运的畅通。

采砂船工作前，应按规定进行船检，并取得检验合格证；不得拆除船上的相应安全设施，应保持船上消防救生设施齐全、有效；检查电气设备漏电保护装置和防雨、防潮设施并保持其完好；检查照明、通信和救护设备，并应保持其完好；应制定防风浪安全措施，固定缆绳应符合规定，并定期检查；检查船上向外伸出的绳索、锚链或其他物体及警示标志。

采砂船作业时，驾驶员、轮机、水手等作业人员应经过专业技术培训，取得合格证书，持证上岗；不得在船上用明火取暖，不得在非指定地点烧煮食物；采砂船工作处水深不得小于规定的吃水深度；在航道上航行作业或停泊时，按相关规定悬挂灯号或其他信号标志。

按采区顺序开采，不得凹进开采或遗留滩嘴、滩包，并确保航道水深和宽度。作业人员应定期检查斗桥，确保完好。两艘及以上采砂船同时作业时，应保持安全距离。

冬季作业应有防滑措施。锚泊定位、开挖作业时应定期检查水下电缆和架空电线。通过桥梁、跨河架空线前，应确认电线的净高和桥梁的净空尺寸能保证船舶安全通过。

转移时，应调查了解新泊位及转移中所经过的航道地形、水文情况，制定转移方案并向全体船员交底。

六、大坝混凝土施工

水电工程中的混凝土工程与其他混凝土工程有很大的差异，主要表现在大坝混凝土模板施工、大坝常态混凝土施工、大坝碾压混凝土施工上。

（一）大坝混凝土模板施工安全技术要点

大坝混凝土浇筑时，一般采用大型模板。各种类型的大模板应按设计制作，每块大模板上应设有操作平台，上下梯道，防护栏杆，存放小型工具、螺栓的工具箱。

放置大模板前，应进行场内清理。长期存放应用绳索或拉杆应连接牢固。未加支撑或自稳度不足的大模板，不得倚靠在其他模板或构件上，应卧倒平放。

在大模板吊运过程中，起重设备操作人员不得离岗。模板吊运过程应平稳流畅，不得将模板长时间悬置空中。大模板安装就位后，应焊牢拉杆、固定支撑。未就位固定前，不得摘钩，摘钩后不得再行撬动，如需调正撬动时，则应重新固定。

拆除大模板应先挂好吊钩，然后拆除拉条和连接件。拆模时，不得在大模板或平台上存放其他物件。

（二）大坝常态混凝土施工安全技术要点

大坝常态混凝土施工按工序可分为预埋件埋设、打毛，混凝土运输，混凝土浇筑等作业。其中混凝土运输分为水平运输和垂直运输，下面重点介绍混凝土垂直运输。

混凝土垂直运输包括无轨移动式起重机（轮胎式、履带式）运输、轨道式起重机（门座式、门架式、塔式、桥式）运输、缆机（平移式、辐射式、摆塔式）运输和吊罐入仓运输等方式。

应严格按照起重作业规程进行现场作业。应定期做好润滑、检查、调试及保养工作。司机应与地面指挥人员协同配合，听从指挥人员信号，但对于指挥人员违反安全操作规程和可能引起危险、事故的信号及多人指挥，司机应拒绝执行。

起吊重物时，应垂直提升，严禁倾斜拖拉。严禁超载起吊和起吊埋在地下的重物，不得采用安全保护装置来达到停车的目的。不得在被吊重物的下部或侧面另外吊挂物件。

夜间照明不足或看不清吊物或指挥信号不清的情况下，不得起吊重物。

（三）大坝碾压混凝土施工安全技术要点

1. 碾压混凝土运输

碾压混凝土铺筑前应检查设备各部位是否安全可靠。

自卸汽车入仓口道路宽度、纵坡、横坡及转弯半径应符合所选车型的性能要求。

洗车平台应做专门的设计，应满足有关的安全规定。自卸汽车在仓内行驶时，车速应控制在5.0 km/h以内。

采用真空溜管入仓时，真空溜管应做专门的设计，包括受料斗、下料口、溜管管身、出料口及各部分的支撑结构，并应满足有关的安全规定。支撑结构应与边坡锚杆焊接牢靠，不得采用铅丝绑扎。出料口应设置垂直向下的弯头，以防碾压混凝土料飞溅伤人。真空溜管盖带破损修补或更换时，应遵守高处作业的安全规定。

2. 无损检测

采用核子水分/密度仪进行无损检测时，操作者在操作前应接受有关核子水分/密度仪安全知识的培训和训练，合格者方可上岗。应给操作者配备防护铅衣、裤、鞋、帽、手套等防护用品。操作者应在胸前佩戴胶片剂量计，每1~2月更换一次。胶片剂量计一旦显示操作者达到或超过了允许的辐射值，应立即停止操作。严禁操作者将核子水分/密度仪放在自己的膝部，不得企图以任何方式修理放射源，不得无故暴露放射源，不得触动放射源，操作时不得用手触摸带有放射源的杆头等部位。应派专人负责保管核子水分/密度仪，并应设立专台档案。每隔半年应把仪器送有关单位进行核泄漏情况检测，仪器储存处应牢固地张贴“放射性仪器”的警示标志。

核子水分/密度仪万一受到破坏，或者发生放射性泄漏，应立即让周围的人离开，并远离事故场所，直到专业人员将现场清除干净。核子水分/密度仪万一被盗或损坏，应及时报告公安部门、制造厂家或代理商，以便妥善处理。

3. 卸料与摊铺

仓号内应派专人指挥、协调各类施工设备。指挥人员应采用红、白旗和口哨发出指令。应由施工经验丰富、熟悉各类机械性能的人员担任指挥人员。

采用自卸卡车直接进仓卸料时，宜采用退铺法依次卸料；应防止在卸料过程中溜车，应使车辆保证一定的安全距离。自卸车在升大箱时，应保证车辆平稳，观察无障碍后，方可卸车。卸完料，大箱落回原位后，方可起步行驶。采用吊罐入仓时，卸料高度不宜大于1.5 m，并应遵守吊罐入仓的安全规定。搅拌车运送入仓时，仓内车速应控制在5.0 km/h以内，距离临空面应有一定的安全距离，卸料时不得用手触摸旋转中的搅拌筒和随动轮。

多台平仓机在同一作业面作业时，两机前后相距应不小于8 m，左右相距应大于1.5 m。两台平仓机并排平仓时，两平仓机刀片之间应保持20~30 cm的间距。平仓前进时，应以相同速度直线行驶；后退时，应分先后，防止互相碰撞。平仓机上下坡时，其爬行坡角不得大于20°。在横坡上作业，横坡坡角不得大于10°。下坡时，宜采用后退下行，严禁空挡滑行，必要时可放下刀片做辅助制动。

4. 碾压

振动碾机型的选择应考虑碾压效率、起振力、滚筒尺寸、振动频率、振幅、行走速度、维护要求及运行的可靠性和安全性。建筑物的周边部位应采用小型振动碾压实。

振动碾的行走速度应控制在1.0~1.5 km/h。振动碾前后左右无障碍物和人员时方可启动。变换振动碾前进或后退方向，应待滚轮停止后进行。不得利用换向离合器做制动用。两台以上振动碾同时作业，其前后间距不得小于3 m；在坡道上纵队行驶时，其间距不得小于20 m。上坡时变速，应在制动后进行，下坡时不得空挡滑行。

起振和停振应在振动碾行走时进行。在已凝混凝土面上行走，不得振动。换向离合器、起振离合器和制动器的调整，应在主离合器脱开后进行，不得在急转弯时用快速挡。不得在尚未起振情况下调节振动频率。

七、水电工程主要设备安装

水电工程主要设备安装包括水轮机安装、发电机安装、闸门安装、启闭机安装。水轮机和发电机安装的安全技术要点如下。

（一）水轮机安装安全技术要点

埋件安装时，在安装部位应设置必要的人行通道、工作平台及爬梯，配置护栏、扶手、安全网等设施，并满足承载要求。拆除工作平台、爬梯等施工设施时，应采取可靠的防倾覆、防坠落等安全措施。施工用钢平台高度在起点10 m以上时，应先进行设计，并经技术部门批准。组装后，应经质检和安全部门检查验收，合格后方能使用。

在蜗壳内或水轮机过流面等密闭场所进行防腐、环氧灌浆或打磨作业时，应配备相应的防火、防毒、通风及除尘等设施。

机坑清扫、测定和导水机构预装时，机坑内应搭设牢固的工作平台。

导叶轴套、拐臂安装时，头、手不得放在轴套、拐臂下方。调整导叶端部间隙时，导叶处与水轮机室应有可靠的信号联系。转轮四周应设置防护网，转轮周围人员行走的通道应保持清洁无油污。导叶工作高度超过2 m时，研磨立面间隙和安装导叶密封应在牢固的工作平台上进行。

水轮机室和蜗壳内应设置通风设备。当在尾水管、蜗壳内进行环氧砂浆作业时，水轮机室和蜗壳内的其他安装工作应停止。

采用电镀或刷镀对工件缺陷进行处理时，作业人员应做好安全防护。采用金属喷涂法处理工件缺陷时，应防止高温灼伤。

轴流式机组安装时，转轮室内应清理干净，工作平台在转轮吊入前拆除。混流式机组应在基础环下搭设工作平台。直到充水前拆除，平台应将锥管完全封闭。轴流式转轮吊入前，叶片上应清理干净，无油垢、杂物，叶片与叶片间应设安全保护网并绑扎牢固。

在水轮机转动部分上进行电焊作业时，应安装专用接地线，以保证转动部分处于良好的接地状态。

密封装置安装应排除作业部位的积水、油污及杂物。与其他工作上下交叉作业时，中间应设防护板。

（二）发电机安装安全技术要点

下部风洞盖板、下机架及风闸基础埋设时，应架设脚手架、工作平台或安全防护栏杆，与水轮机室应有隔离防护措施。

定子在安装间进行组装时，组装场地应整洁干净。在机坑内组装时，机坑外围应设置安全栏杆，栏杆高度应满足要求。机坑内工作平台应牢固，孔洞应封堵，并设置安全网和警示标志。使用测圆架调整定子中心和圆度时，测圆架的基础应有足够的刚度，并与工作平台分开设置，工作平台应有可靠的梯子和栏杆。

定子组合时，上下定子应设置梯子，严禁踩踏线圈，紧固组合螺栓时，应有可靠的工作平台和栏杆。

定子与铁芯叠装时，应搭设牢固的工作平台，工作平台内侧应有栏杆，在工作平台上压紧铁芯。使用扳手时，扳手的手把上应系有安全绳。手工下线时，工作平台内侧应设有扶手栏杆。

定子安装调整时，测量人员在机坑内的工作平台应有一定的刚度要求，且应有上下梯子、走道及栏杆等。

机架必须在机坑内进行焊接与气割时，应采取相应的保护措施，并派专人监护，严防火花或割下来的铁块等物掉入发电机定子与转子的各部位。

上机架吊装后，应做好防止杂物掉入发电机空气间隙的保护措施。作业人员上下转子支架时应设置爬梯。

八、调试

水轮发电机组及其附属设备调试的安全技术要求包括充水前检查、充水试验、空载运行、负载运行等阶段。

（一）充水前检查

1. 基本要求

（1）检查机组内部应3人以上同行，并应配备手电筒。

（2）进入设备内部时，随身无杂物。

（3）工器具应登记，出来时应检查无遗漏。

（4）过水部分、调试工作应由2人进行。

2. 检查内容

检查尾水及进水口启闭设备工作是否正常，尾水门、工作门是否处于关闭状态。检查制动闸是否处于制动状态，油、气系统压力是否正常，要求管路无渗漏，活动导叶处于关闭状态，接力器锁锭处于投入状态。检查确认电站机组检修排水系统、厂房渗漏排水系统和厂房抽排系统已投入正常运行。所有轴承已注入合格的透平油，油位符合要求。

（二）充水试验

1. 充水前状态检查

尾水充水前应完成水轮机检修密封，并将导叶开启2%~5%开度，满足排气要求。尾水充水完成后立即关闭导叶，动作前，检测人员应远离导水机构。

压力钢管及蜗壳充水前应再次对机组各系统进行全面检查，确认机组处于可以随时启动状态时，方可准备进行蜗壳充水，并应关闭导叶，投入接力器锁定装置及制动器。

运行人员对设备工作状态进行检查时，应两人同行。

2. 充水过程监视

尾水充水过程中，检查各部位有无渗、漏水，发现漏水等异常现象时，应立即停止充水进行处理，必要时将尾水管排空。

提升尾水门时，尾水平台应设置安全围栏，做好安全防护。

压力钢管及蜗壳充水过程中，应检查过水流道各部位进入门、蜗壳盘形阀、尾水盘形阀、水轮机顶盖、导叶轴密封、各测压表计及管路等的渗漏情况，发现渗漏应立即停止充水。

压力钢管充水后，应对厂房混凝土结构等水工建筑物进行全面检查，观察是否有渗漏、裂缝和变形，观察厂房内渗漏水情况，检查渗漏集水井、检修集水井水位不应有明显变化。

（三）空载运行

1. 启运前准备

在机组转动部分附近工作时，工作人员着装应整齐，并应与机组转动部分保持一定的安全距离。

各部位通道、梯子、脚踏板等处应清洁、无杂物、无油垢、畅通无阻。试验信号应明确，指挥统一；电话、电铃应可靠；各部位运行和检修人员应坚守岗位；其他无关人员严禁进入工作区域。

2. 启运工作安全要求

机组运转时，严禁有人站在活动的零件上或在其上面行走。运行试验项目按操作票或工作票进行，严禁随意变动设备。检修工作应签发工作票，写明所需安全措施，在安全措施实现后，方能进行检修。检修完毕后，应将场地清理干净。在检修过程中，试运行值班人员应坚守岗位，监护设备状态。

机组启动前，应对机组进行一次系统的全面检查，工作票应全部收回，确认机组内部无人后，风洞加锁。在停机状态时，导叶锁锭应投入。

（四）负载运行

倒闸操作应由两人进行。操作人员与带电体应保持规定的安全距离，并应穿长衣和长裤。用绝缘杆分合隔离开关或经传动机构分合断路器和隔离开关时，应戴绝缘手套；操作室外设备时，还应穿绝缘靴。雨天操作室外高压设备时，使用的绝缘杆应带防雨罩；雷电时，应停止室外的正常倒闸操作。

远程操作机组开机与停机时，现场应有人监视。值班人员应特别注意防止着火，发现变压器的异常状态及时报告值班长。未经允许不得攀登变压器。

冬季运行需取暖时，不得用明火；使用电热器取暖时，应有可靠的防火措施。发生火警时，应视火源类型及周围情况选用相应的消防器材，迅速进行扑灭。

进入机组内部对机组技术参数进行测量时，应防止触摸、碰撞运行设备。对使用的仪表、仪器应采取绝缘措施。

模块七　输变电项目安全生产技术

输变电工程包括输电线路（电力电缆线路）工程和变电（换流、开关）站工程，是电力工程建设的重要组成部分。本模块重点介绍杆塔、架线等主要安全生产技术要点。

一、通用要求

（一）作业人员的一般要求

（1）所有作业人员必须经过企业岗前培训并持证上岗。对从事电工、金属焊接与切割、高处作业、起重、机械操作、爆破（压）、企业内机动车驾驶等特种作业施工或特种设备操作的人员，经有关部门考核合格后，持证上岗。

（2）作业人员应身体健康，无妨碍施工作业的病症。高处作业人员必须每年体检合格，情绪不稳定及身体不适应的人员严禁登高作业。

（3）所有进入施工现场的作业人员必须着装整齐，佩戴胸卡，正确佩戴安全帽。在施工作业前，作业人员应检查个人的安全防护用品及工器具，确认齐全、良好并正确佩戴。严禁穿拖鞋、凉鞋、高跟鞋或带钉的鞋以及短袖上衣或短裤进入施工现场。严禁酒后进入施工现场。

（4）作业人员有权拒绝违章指挥和违章操作，有权拒绝施工无措施或虽有措施但未经交底的施工项目。技术及安全交底应经本人签字确认。

（5）高处作业人员应穿软底鞋，必须正确使用安全带（速差自控器、攀登自锁器等）、工具袋、传递绳，严禁高处抛物。垂直移动和水平移动不得失去保护。

（6）机械作业人员必须掌握所使用机械设备的性能及操作规程。机械设备使用前，要进行试运行，确认性能良好后方可作业。

（7）起重（吊装）作业必须设专人指挥，作业人员严禁在吊臂下或有碰撞、挤伤危险的吊车周围逗留。

（8）在带电区域作业时，应有防静电伤害措施，工作负责人不得离开作业现场，作业人员应熟知安全措施，必须服从指挥。

（9）焊接作业人员在作业时必须穿专用工作服和佩戴必要的防护用品。

（10）临时作业人员进入现场前，应对其进行必要的安全技能教育培训；工作时，现场必须有专人带领和监护，从事指定的作业，不得从事不熟悉的作业。

（11）临时调配的作业人员必须在熟悉现场环境和作业项目后，方可参与作业。

（二）作业现场的一般要求

（1）应绘制作业项目区域定置平面图。作业现场应有工棚、彩旗、安全设施、标志、标识牌等设施。作业场地应根据实际情况明确作业区域，做好标识和警示。各作业区域配备一定数量的消防器材。

（2）现场施工用机具、材料应定置堆放，分类摆放整齐，标识清楚，铺垫隔离。露天堆放的场地应平整、坚实、不积水，并应符合装卸、搬运、消防及防洪的要求。

（3）施工现场设置的休息室、临时厕所、工具房和指挥台等，禁用石棉瓦、脚手板、模板、彩条布、油毛毡、竹笆等材料搭建。

（4）作业现场应严密规划，尽量减少临时占用耕地。作业完毕后应清理现场，恢复地貌，做到工完、料尽、场地清。

（三）主要施工机具和安全用具的一般要求

（1）安全工器具、施工机械设备、材料等已经报审并批准，满足现场安全技术要求。现场安全用具、施工机具经检查合格，并应指定专人维护和操作，严格执行操作规程。

（2）主要施工机具。

①牵张机、混凝土搅拌机、机动绞磨机、卷扬机、振动器、滤油机、液压机具等按设备说明书的要求妥善保管、定期保养；使用前必须检查外观，严禁使用变形、破损、有故障等不合格的施工机具。

②监测仪表、制动器、限制器、安全阀、闭锁机构等安全装置必须齐全、完好、有效，使用中严密监视。

③机具的转动部分要保持润滑，并有完善的保护罩或遮拦。机械金属外壳应可靠接地。

④使用前应对设备的布置、锚固、接地装置及机械系统进行全面的检查，并做空载运转试验，使用中严禁超速、超载、超温、超压及带故障运行。

⑤不得使用没有按规定试验、鉴定合格的自制或改装的机具。

（3）起重机械、抱杆、钢丝绳（套）、滑车、棕（麻）绳、卸扣、链条葫芦、千斤顶、导线网套、双钩、卡线器、抗弯（旋转）连接器、地锚等工器具的制作、采购、保管、试验（检验）、使用等严格按安装规定有关条款执行。严禁以小代大使用。

（4）作业现场使用的机械设备，其完好率必须达到100%，并在操作范围内的醒目位置设置操作规程牌。夜间作业应设置充足的照明。

（5）各种锚桩的使用应符合作业指导书的规定，安全系数不得小于2。立锚桩应有防止上拔的措施，不得将已运行的杆塔、设备作为锚桩。

（6）施工现场应消除对机械作业有妨碍或不安全的因素。在机械产生对人体有害的气体、液体、尘埃、渣滓、放射性射线、振动、噪声等场所，必须配置相应的安全防护设施和三废处理装置。

（7）安全带（绳）、安全帽、安全网、登杆工具、作业平台、验电器、飞车、竹（木）梯、绳梯等安全防护用品、用具的制作、采购、保管、试验（检验）、检查、使用等严格按安装规定及相关规定执行。

（8）绝缘工器具和带电防护用具等的购置（翻新）、保管、试验（检验）、检查、使用等严格按安装规定及相关规定执行。

（四）施工现场管理的一般要求

（1）施工方案已批准，并完成交底。每项作业必须要有施工作业票（工作票），不得随意更改，如需更改必须重新履行审签手续。

（2）工作票由施工负责人在现场宣读，所有参与作业的人员都应清楚工作票的内容。

（3）现场施工应有明确的责任制。现场负责人对作业现场负全责，指挥操作人员安全有序作业。操作人员各司其职，严格按要求作业。专（兼）职安全员严格履行检查、监督职责，及时制止违章作业。

（4）施工现场的安全应急措施齐全完好，始终保持待用状态。

（5）施工现场作业时，发生天气异常变化应及时采取措施，具体要求严格按施工安全规范及相关规定执行。

二、杆塔工程

输电线路杆塔是指支撑高压或特高压架空送电线路的导线和避雷线的构筑物。

（一）通用安全技术措施

（1）抱杆的技术参数选择应与现场吊装实际相符。严禁超重起吊。

（2）禁止使用木抱杆组立铁塔。不宜采用无拉线小抱杆零吊塔件的组立方法。

（3）组立或拆、换杆塔应设安全监护人。

（4）杆塔组立作业区域应设置明显标志，非施工人员不得进入作业区。

（5）用于组塔或抱杆的临时拉线均应用钢丝绳。组塔用的钢丝绳的安全系数K、动荷系数K_1及不均衡系数K_2应符合表3-8~表3-10的规定。

表3-8　钢丝绳的安全系数K

序　号	工作性质及条件	K
1	用人力绞磨起吊杆塔或收紧导、地线用的牵引绳	4.0
2	用机动绞磨、卷扬机组立杆塔或架线牵引绳	4.0
3	拖拉机或汽车组立杆塔或架线牵引绳	4.5
4	起立杆塔或其他构件的吊点固定绳（千斤绳）	4.0
5	各种构件临时用拉线	3.0
6	其他起吊及牵引用的牵引绳	4.0
7	起吊物件的捆绑钢丝绳	5.0

表3-9　钢丝绳的动荷系数K_1

序　号	启动或制动系统的工作方法	K_1
1	通过滑车组用人力绞车或绞磨牵引	1.1
2	直接用人力绞车或绞磨牵引	1.2
3	通过滑车组用机动绞磨、拖拉机或汽车牵引	1.2
4	直接用机动绞磨、拖拉机或汽车牵引	1.3
5	通过滑车组用制动器控制时的制动系统	1.2
6	直接用制动器控制时的制动系统	1.3

表3-10　钢丝绳的不均衡系数K_2

序　号	可能承受不均衡荷重的起重工具	K_2
1	用人字抱杆或双抱杆起吊时的各分支抱杆	1.2
2	起吊门型或大型杆塔结构时的各分支绑固吊索	
3	利用两条及以上钢丝绳牵引或起吊同一物体的绳索	

（二）作业必备条件

（1）施工人员应熟悉施工区域内的环境。作业前，应清除影响杆塔组立的障碍物，如无法清除时应采取其他安全措施。临近带电体组立杆塔的最小安全距离应符合表3-11的规定并采取防感应电的措施。

表3-11　临近带电体组立杆塔的最小安全距离

带电体的电压等级/kV	≤10	35	66~110	220	330	500
工器具、安装构件、导线、地线与带电体的距离/m	2.0	3.5	4.0	5.0	6.0	7.0
作业人员的活动范围与带电体的距离/m	1.7	2.0	2.5	4.0	5.0	6.0
整体组立杆塔与带电体的距离/m	应大于倒杆距离（自杆塔边缘到带电体的最近侧为最小安全距离）					

（2）应检查抱杆正直、焊接、铆固、连接螺栓紧固等情况，判定合格后再使用。

（3）吊件螺栓应全部紧固，吊点绳、承托绳、控制绳及内拉线等绑扎处受力部位，不得缺少构件。

（4）高度为100 m及以上铁塔，应了解铁塔组立期间的当地气象条件，避开恶劣气象条件。

（三）主要工器具使用

1. 抱杆

（1）抱杆的规格应根据荷载计算确定，不得超负荷使用。搬运、使用中不得抛掷和碰撞。

（2）抱杆连接螺栓应按规定使用，不得以小代大。

（3）金属抱杆整体弯曲超过杆长的1/600，局部弯曲严重、磕瘪变形、表面腐蚀、裂纹或脱焊的不得使用。

2. 钢丝绳

（1）钢丝绳应具有产品检验合格证，并按出厂技术数据选用。

（2）钢丝绳端部用绳卡固定连接时，绳卡压板应在钢丝绳主要受力的一边，并不得正反交叉设置；绳卡间距不应小于钢丝绳直径的6倍。

（3）插接的环绳或绳套，其插接长度应不小于钢丝绳直径的15倍，且不得小于300 mm。

（4）在捆扎或吊运物件时，不得使钢丝绳直接和物体的棱角相接触。

3. 合成纤维吊装带、棕绳和化纤绳

（1）合成纤维吊装带、棕绳和化纤绳等应选用符合标准的合格产品，禁止超载使用。

（2）合成纤维吊装带使用前应对吊带进行试验和检查，损坏严重者应做报废处理。合成纤维吊装带使用期间应经常检查吊装带是否有缺陷或损伤，如有任何影响使用的状况发生，所需标识已经丢失或不可辨识的，应立即停止使用，送交有资质的部门进行检测。合成纤维吊装带不得拖拉、打结使用，有载时不得转动货物使吊带扭拧。不得使用没有护套的合成纤维吊带装吊装有尖角、棱边的货物。不得长时间悬吊货物。

（3）棕绳一般仅限于手动操作（经过滑轮）提升物件，或作为控制绳等辅助绳索使用。棕绳使用允许拉力不得大于9.8 N/mm²。旧绳、用于捆绑或在潮湿状态时应按允许拉力减半使用。使用前应逐段检查，霉烂、腐蚀、断股或损伤者不得使用，绳索不得修补使用。捆扎物件时，应避免绳索直接与物件尖锐处接触，不应和有腐蚀性的化学物品接触。

（4）化纤绳使用前应进行外观检查；使用中应避免刮磨或与热源接触等。绑扎固定不得用直接系结的方式。使用时与带电体有可能接触时，应按《带电作业用绝缘绳索》（GB/T 13035—2008）的规定进行试验、干燥、隔潮等。

4. 起重滑车

（1）滑车应按铭牌规定的允许负载使用，如无铭牌，应经计算和试验后重新标识方可使用。

（2）在受力方向变化较大的场合或在高处使用时应采用吊环式滑车。

（3）使用开门式滑车时应将门扣锁好。采用吊钩式滑车应有防止脱钩的钩口闭锁装置。

（4）滑车的缺陷不得焊补。

5. 卸扣

（1）卸扣不得处于吊件的转角处，不得横向受力。

（2）销轴不得扣在能活动的绳套或索具内。

（3）不得处于吊件的转角处。

（4）卸扣有裂纹、塑性变形、螺纹脱扣、销轴和扣体断面磨损达原尺寸的3%~5%时，不得使用。卸扣上的缺陷不允许补焊。

（5）禁止用普通材料的螺栓取代卸扣销轴。

6. 链条葫芦和手板葫芦

（1）使用前应检查吊钩及封口部件、链条、转动装置及刹车装置可靠，转动灵活、正常。

（2）刹车片严禁沾染油脂和石棉。

（3）起重链不得打扭，不得拆成单股使用。使用中发生卡链时，应将受力部位封固后方可进行检修。

（4）手拉链或扳手的拉动方向应与链槽方向一致，不得斜拉硬扳。手动受力值应符合说明书的规定，不得强行超载使用。

（5）操作人员禁止站在葫芦正下方，不得站在重物上面操作，也不得将重物吊起后停留在空中而离开现场。起吊过程中严禁任何人在重物下行走或停留。

（6）带负荷停留较长时间或过夜时，应采用手拉链或扳手绑扎在起重链上，并采取保险措施。

（7）起重能力在5 t以下的允许一人拉链，起重能力在5 t以上的允许两人拉链，不得随意增加人数猛拉。

（8）两台及两台以上链条葫芦起吊同一重物时，重物的重量应不大于每台链条葫芦的允许起重量。

7. 专用货运索道

（1）索道的设计、安装、检验、运行、拆卸应严格遵守《货运架空索道安全规范》（GB 12141—2008）、《架空索道工程技术标准》（GB 50127—2020）及《电力建设安全工作规程　第2部分：电力线路》（DL 5009.2—2013）及有关技术规定。

（2）索道设备出厂时应按有关标准进行严格检验，并出具合格证书。

（3）索道架设应按索道设计运输能力、选用的承力索规格、支撑点高度和高差、跨越物高度、索道档距精确计算索道架设驰度，架设时严格控制弛度误差范围。

（4）索道料场支架处应设置限位防止误操作，低处料场及坡度较大的支架处宜设置挡止装置防止货车失控。

（5）索道架设完成后，需经使用单位和监理单位安全检查验收合格后才能投入试运行，索道试运行合格后，方可运行。

（6）索道架设后应在各支架及牵引设备处安装临时接地装置。

（7）索道运行速度应根据所运输物件的重量来调整发动机转速，最高运行速度不宜超过10 m/min。载重小车通过支架时，牵引速度应缓慢，通过支架后方可正常运行。

（8）运行时发现有卡滞现象应停机检查。对于任一监护点发出的停机指令，均应立即停机，等查明原因且处理完毕后方可继续运行。

（9）牵引设备卷筒上的钢索至少应缠绕5圈。牵引设备的制动装置应经常检查，保持有效的制动力。

（10）索道的装料、卸料应在索道停止运行的情况下作业。

（11）索道禁止超载使用，禁止载人。

（四）临时地锚设置

（1）组塔应设置临时地锚（含地锚和桩锚），锚体强度应满足相连接的绳索的受力要求。

（2）钢制锚体的加强筋或拉环等焊接缝有裂纹或变形时应重新焊接；木质锚体应使用质地坚硬的木料，发现有虫蛀、腐烂变质者禁止使用。

（3）采用埋土地锚时，地锚绳套引出位置应开挖马道，马道与受力方向应一致。

（4）采用角铁桩或钢管桩时，一组桩的主桩上应控制一根拉绳。

（5）临时地锚应采取避免被雨水浸泡的措施。

（6）不得利用树木或外露岩石等承力大小不明物体作为主要受力钢丝绳的地锚。

（7）地锚埋设应设专人检查验收，回填土层应逐层夯实。

（五）机动绞磨设置

（1）机动绞磨应放置平稳，锚固应可靠，并应有防滑动措施。受力前方不得有人。

（2）拉磨尾绳不应少于两人，且应位于锚桩后面、绳圈外侧，不得站在绳圈内，距离绞磨不得小于2.5 m。磨绳上的油脂较多时应清除。

（3）机动绞磨宜设置过载保护装置，不得采用松尾绳的方法卸荷。

（4）卷筒应与牵引绳保持垂直。牵引绳应从卷筒下方卷入，且排列整齐，通过磨心时不得重叠或相互缠绕，在卷筒或磨心上缠绕不得少于5圈，绞磨卷筒与牵引绳最近的转向滑车应保持5 m以上的距离。

（5）机动绞磨不得在载荷的情况下过夜。

（6）作业人员不得跨越正在作业的卷扬钢丝绳。物料提升后，操作人员不得离开机械。

（六）杆塔组塔

（1）吊件垂直下方不得有人。

（2）在受力钢丝绳的内角侧不得有人。

（3）禁止在杆塔上有人时通过调整临时拉线来校正杆塔倾斜或弯曲。

（4）分解组塔过程中，塔上与塔下人员通信联络应畅通。

（5）钢丝绳与金属构件绑扎处应衬垫软物。

（6）组装杆塔的材料及工器具禁止浮搁在已立的杆塔和抱杆上。

（7）组立的杆塔不得用临时拉线固定过夜。需要过夜时，应对临时拉线采取安全措施。

（8）攀登高度80 m以上铁塔宜沿有护笼的爬梯上下。如无爬梯护笼时，应采用绳索式。安全自锁器沿脚钉上下。

（9）铁塔高度大于100 m时，组立过程中抱杆顶端应设置航空警示灯或红色旗号。

（10）铁塔应及时与接地装置连接。

（11）杆塔的临时拉线应在永久拉线全部安装完毕后方可拆除，拆除时应由现场指挥人统一指挥。不得采用安装一根永久拉线随即拆除一根临时拉线的做法。

（12）铁塔组立后，地脚螺栓应随即加垫板并拧紧螺帽及打毛丝扣。

（13）拆除抱杆应采取防止拆除段自由倾倒的措施，且宜分段拆除。不得提前拧松或拆除部分抱杆分段连接螺栓。

（七）附着式外拉线抱杆分解组塔

（1）升降抱杆过程中，四侧临时拉线应由拉线控制人员根据指挥人员的命令适时调整。

（2）抱杆到达预定位置后，应将抱杆根部与塔身主材绑扎牢固。抱杆倾斜角不宜超过15°。

（3）起吊构件前，吊件外侧应设控制绳。吊装构件过程中，吊件控制绳应随吊件的提升均匀松出。

（4）构件起吊和就位过程中，不得调整抱杆拉线。

（八）内悬浮内（外）拉线抱杆分解组塔

（1）承托绳的悬挂点应设置在有大水平材的塔架断面处，无大水平材时应验算塔架强度，必要时应采取补强措施。

（2）承托绳应绑扎在主材节点的上方。承托绳与主材连接处宜设置专门夹具，夹具的握着力应满足承托绳的承载能力。承托绳与抱杆轴线间夹角不应大于45°。

（3）抱杆内拉线的下端应绑扎在靠近塔架上端的主材节点下方。

（4）提升抱杆宜设置两道腰环，且间距不得小于5 m，以保持抱杆的竖直状态。

（5）构件起吊过程中抱杆腰环不得受力。

（6）应视构件结构情况在其上下部位绑扎控制绳，下控制绳（也称攀根绳）宜使用钢丝绳。

（7）构件起吊过程中，下控制绳应随吊件的上升松出，保持吊件与塔架间距不小于100 mm。

（8）抱杆长度超过30 m一次无法整体起立时，多次对接组立应采取倒装方式，禁止采用正装方式对接组立悬浮抱杆。

（九）流动式起重机组塔

（1）指挥人员看不清作业地点或操作人员看不清指挥信号时，均不得进行起吊作业。

（2）起重机作业位置的地基应稳固，附近的障碍物应清除。

（3）吊装铁塔前，应对已组塔段（片）进行全面检查。

（4）吊件离开地面约100 mm时应暂停起吊并进行检查，确认正常且吊件上无搁置物及人员后方可继续起吊，起吊速度应均匀。起重臂下和重物经过的地方禁止有人逗留或通过。

（5）分段吊装铁塔时，上下段间有任意一处连接后，不得用旋转起重臂的方法进行移位找正；控制绳应随吊件同步调整。

（6）起重机在作业中出现异常时，应采取措施放下吊件，停止运转后进行检修，不得在运转中进行调整或检修。

（7）使用两台起重机抬吊同一构件时，起重机承担的构件重量应考虑不平衡系数且不应超过单机额定起吊重量的80%。两台起重机应互相协调，起吊速度应基本一致。

（8）在电力线附近组塔时，起重机应接地良好。起重机及吊件与带电体的最小安全距离应符合表3-12规定。

表3-12　起重机及吊件与带电体的安全距离

电压等级/kV		安全距离/m	
		沿垂直方向	沿水平方向
交流	≤10	3.00	1.50
	20~35	4.00	2.00
	66~110	5.00	4.00
	220	6.00	5.50
	330	7.00	6.50
	500	8.50	8.00
	750	11.00	11.00
	1 000	13.00	13.00
直流	±50及以下	5.00	4.00
	±400	8.50	8.00
	±500	10.00	10.00
	±660	12.00	12.00
	±800	13.00	13.00

注：1. 750 kV数据是按海拔2 000 m校正的，其他等级数据按海拔1 000 m校正。

2. 表中未列电压等级按高一档电压等级的安全距离执行。

（十）杆塔拆除

（1）不得随意整体拉倒杆塔或在塔上有导线、地线的情况下整体拆除。

（2）采用新塔拆除旧塔或用旧塔组立新塔时，应对旧塔进行检查，必要时应采取补强措施。

（3）杆塔拆除应该根据现场地形、交跨情况确定拆塔方案，应遵守下列规定。

①分解拆除铁塔时，应按照组塔的逆序操作，将待拆构件受力后，方可拆除连接螺栓。

②整体倒塔时应有专人指挥，设立倒杆距离1.2倍的警戒区，明确倒杆方向。

③拉线塔拆除时应该先将原永久拉线更换为临时拉线再进行拆除作业。

（4）拆除杆塔的受力构件前应转换构件承力方式或对其进行补强。

（5）拆塔采用气（焊）割作业时，应严格按安装规定有关条款执行。

三、架线工程

（一）作业人员行为要求

（1）现场总指挥兼张力场指挥检查、确定张力场施工状态，汇总张力场、牵引场及整个牵引区段的情况，组织牵引作业。

（2）牵引场指挥检查、确定牵引场施工状态，及时转达总指挥的各项指令，督促处理发现的异常。

（3）现场专职安全员负责监督落实整个放线区段的安全文明施工和安全措施要求，制止违章，发现问题提出整改意见并督促整改。

（4）技术员负责监督落实整个放线区段的安全技术措施、布线计划，及时解决现场发现的问题。

（5）牵张机操作人员监视仪表及传动，张力或牵引力超过设定值时应及时停机并汇报，检查设备情况。

（6）压接操作人员检查压接设备状态、运转情况，正常后方可使用。

（7）作业人员监视线盘、转向及接地滑车运转状态；协助处理现场出现的异常。

（8）沿线监视人员观察导引绳升空情况，遇有障碍及时报告并处理异常。

（二）主要工器具使用

1. 牵引机和张力机

（1）使用前应对设备的布置、锚固、接地装置及机械系统进行全面的检查，并做运转试验。

（2）牵引机、张力机进出口与邻塔悬挂点的高度差、与线路中心线的夹角应满足其机械的技术要求。

（3）牵引机的牵引卷筒槽底直径不得小于被牵引钢丝绳直径的25倍。对于使用频率较高的钢丝绳卷筒应定期检查槽底磨损状态及时维修。

2. 放线滑车

（1）放线滑车允许荷载应满足放线的强度要求，安全系数不得小于3。

（2）放线滑车悬挂应根据计算对导引绳、牵引绳的上扬严重程度，选择悬挂方法及挂具规格。

（3）转角塔（包括直线转角塔）的预倾滑车及上扬处的压线滑车应设专人监护。

3. 连接网套

（1）导地线连接网套的使用应与所夹持的导地线规格相匹配。

（2）导地线穿入网套应到位，网套夹持导线的长度不得小于导线直径的30倍。

（3）网套末端应用铁丝绑扎，绑扎不得少于20圈。

（4）导地线连接网套每次使用前，应逐一检查，发现有断丝者不得使用。

（5）较大截面的导线穿入网套前，其端头应做坡面梯节处理。用于导线对接的两个网套之间宜设置防扭器具。

4. 卡线器

（1）卡线器的使用应与所夹持的线（绳）规格相匹配。

（2）卡线器有裂纹、弯曲、转轴不灵活或钳口斜纹磨平等缺陷的禁止使用。

5. 抗弯连接器

（1）抗弯连接器表面应平滑，与连接的绳套相匹配。

（2）抗弯连接器有裂纹、变形、磨损严重或连接件拆卸不灵活时禁止使用。

6. 旋转连接器

（1）旋转连接器使用前，检查外观应完好无损，转动灵活、无卡阻现象，禁止超负荷使用。

（2）旋转连接器的横销应拧紧到位。与钢丝绳或网套连接时应安装滚轮并拧紧横销。

（3）旋转连接器不宜长期挂在线路中。

（4）发现有裂纹、变形、磨损严重或连接件拆卸不灵活时禁止使用。

7. 飞行器

（1）展放导引绳前应对飞行器进行试运行至规定时间后，检查各部运行状态是否良好。

（2）采用无线信号传输操作的飞行器，信号传输距离应满足飞行距离要求。

（3）飞行器应在满足飞行的气象条件下飞行。

（4）飞行器的起降场地应满足设备使用说明书的规定。

（5）动力伞展放导引绳必须遵守国家关于无人机禁飞区的相关规定，必须选用有专业资质的分包单位。

（三）跨越架搭设与拆除

1. 作业原则

（1）跨越架中心应在线路中心线上，跨越架搭设位置，跨越架的形式、外形尺寸、所用材料等应根据方案满足《跨越电力线路架线施工规程》（DL/T 5106—2017）要求。

（2）被跨越物的距离应严格执行安全规程和相关单位的要求。

（3）对特殊重要跨越架的搭设，技术部门应制定专门的跨越方案，且经过有关部门审批。作业人员严格按照批准的方案搭设跨越架。

（4）跨越架长度较大时，宜分相搭设。

2. 搭设与拆除跨越架

（1）一般跨越架搭设。

①先立竖杆，竖杆为竹、木时，大头朝下，地面为土质时，应挖坑、埋设、回填夯实，否则应绑扎扫地杆；竖杆为钢管时，底部应设置防沉底座并绑扫地杆；竖杆为金属格构时，下部也应有防沉措施。自下而上绑扎横杆。横、竖杆的间距按规程要求或经计算确定。

②按规程要求绑扎剪刀撑、支杆或设置拉线。

③横、竖杆长度不够时，应错开搭接，搭接长度、绑扎等按规程要求。

④双排架应设封顶杆或设置封顶绳，按方案要求的间距封顶。如不能封顶时，应增加架顶高度，且补强架顶横杆。若被跨越物为35 kV及以上带电线路和电气化铁路，应使用尼龙绳、绝缘网封顶，并满足规程要求。金属格构的架顶必须设置挂胶滚筒或挂胶滚动横梁。

⑤在带电体附近搭设跨越架严禁用金属线绑扎，10 kV及以上被跨越电力线靠近带电体部分宜采用竹、木架杆。

⑥跨越架搭设过程中，应遵守高空作业相关规定，材料应用绳索传递，不得抛扔。在带电体附近，作业人员应在架体外侧攀登或作业。

⑦停电搭设跨越架时，确认已经停电，按规定验电、挂好接地线后，方可进行搭设作业。作业完成后，拆除接地，按规定程序恢复送电。

⑧跨越架通过验收后，应设醒目的警示标识。

（2）搭设特殊跨越架时，作业人员严格按照批准的方案搭设。

（3）拆除跨越架。

①拆除跨越架必须由上而下逐层拆除。拆除时两人一组在架上作业，必须相互配合。拆除的材料必须用绳索放下，不得抛掷。

②在拆除支撑及拉线时要考虑架子有无倾倒的可能，必要时在下层做临时支撑或拉线。

③需停电拆除时，严格执行停、送电程序并按规定做好安全措施。

④在带电体附近拆除时，作业人员应站在跨越架的外侧。

3. 金属格构式跨越架

（1）新型金属格构式跨越架架体应经过静载荷试验，合格后方可使用。

（2）跨越架架体宜采用倒装分段组立或吊车整体组立。

（3）跨越架的拉线位置应根据现场地形情况和架体组立高度确定。跨越架的各个立柱应有独立的拉线系统，立柱的长细比一般不应大于120。

（4）采用提升架提升跨越架架体时，应控制拉线并用经纬仪监测调整垂直度。

4. 悬索跨越架

（1）悬索跨越架的承载索应用纤维编织绳，其综合安全系数在事故状态下应不小于6。钢丝绳的安全系数应不小于5。拉网（杆）绳、牵引绳的安全系数应不小于4.5。网撑竿的强度和抗弯能力应根据实际荷载要求，安全系数应不小于3。承载索悬吊绳安全系数应不小于5。

（2）承载索、循环绳、牵网绳、支承索、悬吊绳、临时拉线等的抗拉强度应满足施工设计要求。

（3）绝缘绳、网使用前应进行外观检查，绳、网有严重磨损、断股及受潮时不得使用。

（4）可能接触带电体的绳索，使用前均应经绝缘测试并合格。

（5）绝缘网宽度应满足导线风偏后的保护范围。绝缘网伸出被保护的电力线外长度不得小于10 m。

（四）张力展放导线施工作业

1. 牵引场布置原则

（1）牵引机一般布置在线路中心线上，顺线路布置。进线口应对准邻塔放线滑车，与邻塔边线放线滑车水平夹角不应大于7°。小张力机应布置在主牵引机一侧稍前方，当影响牵引导线时，可在锚线地锚上设置转向滑车展放牵引绳。

（2）牵引机和小张力机使用枕木垫平支稳，牵引机四点锚固，小张力机不应少于三点锚固。锚固绳与机身水平夹角应控制在20°左右，对地夹角应控制在45°左右。钢绳卷车等均必须按机械说明书要求和张力计算要求进行锚固。

（3）锚线地锚位置应在牵引机前约20 m，与邻塔导线挂线点间仰角不得大于25°。

（4）牵引机和小张力机分别设置单独接地，牵引绳必须使用接地滑车进行可靠接地。

（5）牵引机进线口、小张力机出线口与邻塔导线悬挂点的仰角不宜大于15°，俯角不宜大于5°。

（6）牵引机卷扬轮、小张力机张力轮的受力方向均必须与其轴线垂直。

（7）钢绳卷车与牵引机的距离和方位应符合机械说明书要求，且必须使尾绳、尾线不磨线轴或钢绳筒。

（8）吊车的位置应满足牵引机、小张力机换盘需要。

2. 张力场布置原则

（1）张力机一般布置在线路中心线上，顺线路布置。出线口应对准邻塔放线滑车，与邻塔边线放线滑车水平夹角不应大于7°。小牵引机应布置在主张力机一侧稍前方，当影响牵引导线时，可在锚线地锚上设置转向滑车牵引绳。

（2）张力机和小牵引机使用枕木垫平支稳，四点锚固。锚固绳与机身水平夹角应控制在20°左右，对地夹角应控制在45°左右。

（3）锚线地锚位置应在张力机前约20 m，与邻塔导线挂线点间仰角不得大于25°。

（4）张力机张力轮、小牵引机卷扬轮的受力方向均必须与其轴线垂直。

（5）吊车的位置应满足导线换盘需要。

（6）张力机出线口和小牵引机进线口与邻塔导线悬挂点的仰角不宜大于15°，俯角不宜大于5°。

（7）导线盘架布置在张力机后方10 m左右，呈扇形布置，使导线出线方向垂直于线轴中心线。导线线轴布置在导线盘架和吊车后方，集中布置。

（8）张力机和小牵引机分别设置单独接地，导线和导引绳必须使用接地滑车进行可靠接地。

（9）张力机出口前方设置压接场地，压接场地使用帆布、草袋或草席进行铺垫。导线的可能落地处也需要铺垫。

3. 张力放线作业安全管控措施

（1）飞行器使用的初级导引绳为钢丝绳时安全系数不得小于3。纤维绳的安全系数不得小于5。导引绳、牵引绳的安全系数不得小于3。特殊跨越架线的导引绳、牵引绳安全系数不得小于3.5。

（2）架线施工前必须对铁塔螺栓、地脚螺栓安装紧固情况进行复查，关键部位塔材不得缺失。

（3）架线过程中，各作业点、监护点必须保持与现场指挥人联系畅通。

（4）使用前牵张设备的布置、锚固、接地装置符合施工方案要求，并做运转试验。

（5）运行时牵引机、张力机进出口前方不得有人通过。各转向滑车围成的区域内侧禁止有人。

（6）导引绳、牵引绳或导线临锚时，其临锚张力不得小于对地距离为5 m时的张力，同时满足对被跨越物距离的要求。

4. 紧线、挂线施工作业安全管控措施

（1）牵引地锚距紧线杆塔的水平距离应满足安全施工要求。地锚布置与受力方向一致，并埋设可靠。

（2）架线过程中，各作业点、监护点必须保持与现场指挥人联系畅通。

（3）紧线过程人员不得站在悬空导线、地线的垂直下方。不得跨越将离地面的导线或地线。人员不得站在线圈内或线弯的内角侧。

（4）挂线时，过牵引量严格执行设计要求，停止牵引后作业人员方可从安全位置到挂线点

操作。

（5）在完成地面临锚后应及时在操作塔设置过轮临锚，导线地面临锚和过轮临锚的设置应相互独立。

（6）设置过轮临锚时，锚线卡线器安装位置距放线滑车中心不小于5 m。

（7）高空压接必须双锚。

（8）紧线段的一端为耐张塔，且非平衡挂线时，应在该塔紧线的反方向安装临时拉线。临时拉线对地夹角不得大于45°。必须经计算确定拉线型号，地锚位置及埋深，如条件不允许，经计算后采取可靠措施。

5. 附件安装

（1）吊挂绝缘子串前，应检查绝缘子串弹簧销是否齐全、到位。吊挂绝缘子串或放线滑车时，吊件的垂直下方不得有人。

（2）上下绝缘子串必须使用下线爬梯和速差自控器。

（3）相邻杆塔不得同时在同相（极）位安装附件，作业点垂直下方不得有人。

（4）附件安装时，安全绳或速差自控器必须拴在横担主材上；间隔棒安装时，安全带挂在一根子导线上，后备保护绳挂在整组导线上。

（5）高处作业所用的工具和材料必须放在工具袋内或用绳索绑牢，上下传递物件用绳索吊送，严禁抛掷。

（6）使用飞车安装间隔棒时，前后刹车卡死（刹牢）方可进行工作。

6. 预防电击

为预防雷电及临近高压电力线作业时的感应电，应按安装规定要求装设接地线。

（1）接地线要求。

①工作接地线应用多股软铜线，截面积不得小于25 mm^2，接地线应有透明外护层，护层厚度大于1 mm。

②保安接地线仅作为预防感应电使用，不得以此代替工作接地线。保安接地线应使用截面积不小于16 mm^2的多股软铜线。

③接地线有绞线断股、护套严重破损及夹具断裂松动等缺陷时禁止使用。

（2）装设接地装置。

①接地线不得用缠绕法连接，应使用专用夹具，连接应可靠。

②接地棒应镀锌，直径应不小于12 mm，插入地下的深度应大于0.6 m。

③装设接地线时，应先接接地端，后接导线或地线端，拆除时的顺序相反。

④挂接地线或拆接地线时应设监护人。操作人员应使用绝缘棒（绳）、戴绝缘手套，并穿绝缘鞋。

（3）张力放线时接地。

①架线前，放线施工段内的杆塔应与接地装置连接，并确认接地装置符合设计要求。

②牵引设备和张力设备应可靠接地。操作人员应站在干燥的绝缘垫上，且不得与未站在绝缘垫上的人员接触。

③牵引机、张力机出线端的牵引绳、导线上应安装接地滑车。

④跨越不停电线路时，跨越档两端的导线应接地。

⑤应根据平行电力线路情况采取专项接地措施。

（4）紧线时的接地规定。

①紧线段内的接地装置应完整并接触良好。

②耐张塔挂线前，应用导体将耐张绝缘子串短接，并在作业后及时拆除。

（5）附件安装时的接地规定。

①附件安装作业区间两端应装设接地线。施工的线路上有高压感应电时，应在作业点两侧加装工作接地线。

②作业人员应在装设个人保安地线后进行附件安装。

③地线附件安装前，应采取接地措施。

④附件（包括跳线）全部安装完毕后，应保留部分接地线并做好记录，竣工验收后方可拆除。

⑤在330 kV及以上电压等级的运行区域作业，应采取防静电感应措施。例如，穿戴相应电压等级的全套屏蔽服（包括帽、上衣、裤子、手套、鞋等，下同）或静电感应防护服和导电鞋（220 kV线路杆塔上作业时宜穿导电鞋）。

⑥在±400 kV及以上电压等级的直流线路单极停电侧进行作业时，应穿着全套屏蔽服。

（6）参数测试接地。

①在线路杆塔、变电站进行线端作业，应采取防感应电措施，必要时应穿屏蔽服，加挂接地线，使用个人保安接地线。高压专业参数测试人员必须使用绝缘手套、绝缘靴、绝缘垫，拆、接引线前，线路必须接地。

②在停电检修线路作业区段的两端三相导线、地线上装设接地线，同时在检修作业点（工作相导线、地线）范围两侧装设个人保安接地线（注意：如果在检修作业点一侧或两侧已装设接地线，则相应检修作业点一侧或两侧的个人保安接地线可以不再装设）。

③装、拆接地线或使用个人保安接地线时，检修人员应使用绝缘棒或绝缘绳，人体不得碰触接地线，并与接地线保持足够的安全距离。

④试验前详细了解端和线路经过所有地区的天气，严禁在阴（雷）雨天气和大风天气进行线路参数试验。

⑤线路参数试验期间相邻（相关）线路禁止进行任何操作和作业。

⑥变更试验接线时，必须确保操作设备可靠接地。

7. 架空线路工程折旧

（1）架空线路工程宜以耐张段划分换线施工段。拆除线路时，在登塔（杆）前必须先核对线路名称，再进行验电、挂接地；与带电线路临近、平行、交叉时，使用个人保安接地线。

（2）换线施工前，应将导线、地线充分放电后方可作业。

（3）导线高空锚线应有二道保护。

（4）原导线接续管安装接续管保护套后方可通过放线滑车。

（5）带电更换架空地线或架设耦合地线时，应通过金属滑车可靠接地。

（6）拆除旧导线、地线的规定。

①禁止带张力断线。

②松线杆塔做好临时锚固措施。

③旧线拆除时，采用控制绳控制线尾，防止线尾卡住。

（7）以旧线牵引新线换线规定。

①注意旧线缺陷，必要时采取加固措施。

②新旧导线连接可靠，并能顺利通过滑轮。

③采用以旧线带新线的方式施工，应检查确认旧导线完好牢固。若放线通道中有带电线路和带电设备，应与之保持安全距离，无法保证安全距离时应采取搭设跨越架等措施或停电。

④牵引过程中应安排专人跟踪新旧导线连接点，发现问题立即通知停止牵引。

四、变电主要设备安装

电气设备按其用途及功能不同一般分为一次设备和二次设备两大类。一次设备主要有电力变压器（换流变压器）、高压断路器、隔离开关、互感器、避雷器、电抗器、电力电容器、高压开关柜、气体绝缘金属封闭开关设备（GIS/HGIS组合电器）、换流器、交（直）滤波器等。二次设备主要有测量表计、继电保护及自动装置、自动化系统、交（直）流设备等。

（一）油浸变压器、油浸电抗器施工

1. 吊罩或吊芯检查

（1）吊罩时，吊车必须支撑平稳，必须设专人指挥，其他作业人员不得随意指挥吊车司机。

（2）作业人员应在钟罩四角系溜绳和进行监视，防止钟罩撞伤器身。

（3）起吊应缓慢进行，吊至100 mm左右，应停止起吊，使钟罩稳定，指挥人员检查起吊系统的受力情况，确认无问题后，方可继续起吊。

（4）起吊时，吊臂下和钟罩下严禁站人或通行，必要时可按钟罩吊移路径设置围栏或警示标志。

（5）器身检查时，作业人员应穿无纽扣、无口袋、不起绒毛、干净的工作服和耐油防滑靴。

（6）使用的工具必须拴绳、登记、清点，严防工具及杂物遗留在变压器体内。

（7）检查人员应使用竹梯上下，严禁攀爬绕组，竹梯不得支靠在绕组上，梯脚必须有防滑措施，并设专人扶梯和监护。

（8）回落钟罩时，作业人员除按吊罩内容进行外，还应在钟罩四角用四根圆钢作为定位销使用。防止在钟罩回落过程中刮损器身或螺栓孔不正重复起吊。杜绝作业人员因扶正钟罩发生伤手事故。在使用圆钢作为定位销时，作业人员应将双手放在底座大沿下部握紧圆钢，严禁一手在大沿上部一手在大沿下部。

2. 不吊罩检查

（1）对于不需要吊罩检查的变压器和电抗器，应派人进入器身内部进行检查。

（2）在器身内部检查过程中，应连续充入露点小于−40 ℃的干燥空气，防止检查人员缺氧。

（3）如果是充油运输，在排油后也应向器身内部充入干燥空气。

（4）检查过程中如需要照明，必须使用12 V以下的行灯，行灯电源线必须使用橡胶软芯电缆，还必须有防护罩。

3. 附件安装

（1）在安装升高座、套管、油枕及顶部油管等时，必须牢固系好溜绳。

（2）吊车指挥人员宜站在钟罩顶部进行指挥，作业人员应做好邻边防护。

（3）安装升高座时，因器身为斜面，作业面狭小，作业人员在安装下沿螺栓时应搭脚手架，并有防止高处坠落措施。

4. 套管安装

（1）在油箱顶部作业时，四周临边处应设置水平安全绳或固定式安全围栏（油箱顶部有固定接口时）。

（2）高处作业人员应穿防滑鞋，必须通过自带爬梯上下变压器。

（3）吊装必须设专人指挥，应能全面观察整个作业范围，包括套管起落点及吊装路径、吊车司机和司索人员的位置。

（4）吊具应使用厂家提供的套管专用吊具或使用合格的尼龙吊带，绑扎位置及绑扎方法应经厂家确认。

（5）套管及吊臂活动范围下方严禁站人。在套管到达就位点且稳定后，作业人员方可进入作业区域。

（6）大型套管采用两台起重机械抬吊时，应分别校核主吊和辅吊的吊装参数，特别防止辅吊在套管竖立过程中超幅度或超载荷。

（7）在套管法兰螺栓未完全紧固前，起重机械必须保持受力状态。

（8）高处摘除套管吊具或吊绳时，必须使用高空作业车。严禁攀爬套管或使用起重机械吊钩吊人。

（9）当套管试验采用专用支架竖立时，必须确保专用支架的结构强度，并与地面可靠固定。

（二）其他电气设备吊装

（1）吊装作业前，规范设置警戒区域，悬挂警告牌，设专人监护，严禁非作业人员进入。

（2）户内式GIS（地理信息系统）吊装时，作业人员在接应GIS时应注意周围环境，防止临边高处坠落或挤压。

（3）使用桁车吊装GIS时，桁车必须检验合格并进行试吊。操作人员应在所吊GIS的后方或侧面操作。

（4）隔离开关刀头吊装时，严禁解除捆绑物，并保持平衡。

（5）电压互感器、耦合电容器、避雷器、开关柜、L形高压出线装置、升高座等竖直状且重心较高的设备（部件），在装卸、搬运的吊装过程中，必须确保包装箱完好且坚固，必须在起重机械安全受力后方可拆除运输安全措施，必须采取防倾覆的措施（如设置拦腰绳）。

（6）干式电抗器、平波电抗器吊装时，必须使用设备专用吊点。各个支撑绝缘子应均匀受力，防止单个绝缘子超过其允许受力。调整紧固并采取必要的安全保护措施后，作业人员方可进入电抗器下方作业。

（7）悬吊式阀塔设备吊装必须从上而下进行。

（8）交流（直流）滤波器吊装前，支撑式电容器组必须确保支撑绝缘子完成调节并锁定，悬挂式电容器组必须复查结构紧固螺栓。起吊过程中必须保持滤波器层架平衡，防止失稳。

（9）电缆盘卸车时，必须在挂钩前将运输车上其他电缆盘垫设木楔。在电缆盘吊移的过程中，严禁在电缆盘和吊车臂下方站人。

五、电力电缆工程

电力电缆是指在电力系统的主干线路中用以传输和分配大功率电能的电缆产品，常用于城市地下电网、发电站的引出线路、工矿企业的内部供电及过江、过海的水下输电线。

（一）一般规定

（1）开启工井井盖、电缆沟盖板及电缆隧道入孔盖时应使用专用工具，同时注意所立位置，以免滑脱后伤人。工井作业时，禁止只打开一只井盖（单眼井除外）。开启井盖后，井口应设置井圈，设专人监护。作业人员全部撤离后，应立即将井盖盖好，以免造成行人摔跌或不慎跌入井内。

（2）电缆隧道应有充足的照明，并有防水、防火、通风措施。进入电缆井、电缆隧道前，应先通风排除浊气，并用仪器检测，合格后方可进入。

（3）在潮湿的工井内使用电气设备时，操作人员应穿绝缘靴。

（4）工井、电缆沟作业前，施工区域应设置标准路栏，夜间施工应使用警示灯。无盖板的电缆沟、沟槽、孔洞，放置在人行道或车道上的电缆盘，应设遮拦和相应的交通安全标志、夜间设警示灯。

（5）已建工井、排管改建作业应编制相关改建方案并经运维单位审批，运行监护人、现场负责人应对施工全过程进行监护。改建施工时，使用电缆保护管对运行电缆进行保护，将运行电缆平移到临时支架上并做好固定措施，面层用阻燃布覆盖。施工部位和运行电缆做好安全隔离措施，确保人身和设备安全。

（二）施工准备

（1）电缆施工前应先熟悉图纸，摸清运行电缆位置及地下管线分布情况。挖土中发现管道、电缆及其他埋设物应及时报告，不得擅自处理。

（2）开挖土方应根据现场的土质确定电缆沟、坑口的开挖坡度，防止基坑坍塌；应采取有效的排水措施。不得将土和其他物件堆在支撑上，不得在支撑上行走或站立。沟槽开挖深度达到1.5 m及以上时，应采取防止土层塌方措施。每日或雨后复工前，应检查土壁及支撑稳定情况。

（3）采用非开挖技术施工前，应先探明地下各种管线及设施的相对位置。非开挖的通道，应与地下各种管线及设施保持足够的安全距离。通道形成的同时，应及时对施工区域灌浆。

（三）电缆敷设

（1）敷设电缆前应检查所使用的工器具是否完好、齐备。应设专人统一指挥，并保持通信畅通。

（2）放置电缆放线架应牢固、平稳，钢轴的强度和长度应与电缆盘重量和宽度相匹配，敷设电缆的机具应检查并调试正常，电缆盘应有可靠的制动措施。

（3）高处敷设电缆时，应执行高处作业相关规定。

（4）架空电缆、竖井工作作业现场应设置围栏，对外悬挂警示标志。工具材料上下传递所用绳索应牢靠，吊物下方不得有行人逗留。使用三脚架时，钢丝绳不得磨蹭其他井下设施。

（5）用机械牵引电缆时，牵引绳的安全系数不得小于3。施工人员不得站在牵引钢丝绳内角侧。

（6）用输送机敷设电缆时，所有敷设设备应固定牢固。施工人员应遵守有关操作规程，并站在安全位置，发生故障应停电处理。

（7）新旧电缆对接，锯电缆前应与图纸核对是否相符，并使用专用仪器确认电缆无电后，用接地的带绝缘柄的铁钎钉入电缆芯，方可工作。扶柄人应戴绝缘手套、站在绝缘垫上，并采取防灼伤措施。

（四）电缆试验

（1）被试电缆两端及试验操作应设专人监护，并保持通信畅通。

（2）电缆耐压试验前，应先对设备充分放电，并测量绝缘电阻。加压端应做好安全措施，防止人员误入试验场所。另一端应设置围栏并挂上警告标示牌。如另一端在杆上或电缆开断处，应派人看守。试验区域、被试系统的危险部位或端头应设临时遮拦，悬挂“止步，高压危险”标示牌。

（3）连接试验引线时应做好防风措施，保证与带电体有足够的安全距离，引线与遮拦的安全距离应符合相关的规定。更换试验引线时应先对设备充分放电。电缆试验过程中，施工人员应戴好绝缘手套，穿绝缘靴或站在绝缘台上。

（4）电缆耐压试验分相进行时，另两相应可靠接地。

（5）电缆故障声测定点时，禁止直接用手触摸电缆外皮或冒烟小洞。

（6）如电缆试验过程中发生异常情况，应立即断开电源，经放电、接地后方可检查。

（7）电缆试验结束，应对被试电缆充分放电，并在被试电缆上加装临时接地线，待电缆尾线接通后方可拆除。

六、临近带电体作业

在输变电施工中，经常有临近运行电力设备作业的情况，特别是在改扩建工程中尤为突出，需要在安全管理环节和现场作业环节控制风险。

（一）输电线路工程

1. 一般规定

（1）跨越施工前应对被跨越不停电电力线路架空情况进行复测，并考虑复测季节与施工季节环境温差的变化。根据复测结果选择制定跨越施工方案。

（2）跨越档相邻两侧杆塔上的放线滑车、牵张设备、机动绞磨等均应采取接地保护措施。跨越施工前，接地装置应安装完毕且与杆塔可靠连接。

（3）起重工具和临时地锚应根据其重要程度将安全系数提高20%~40%。

（4）临近带电体作业时，人体与带电体之间的最小安全距离应符合表3-13的要求。

表3-13 在带电线路杆塔上作业时人与带电导线的最小安全距离

电压等级/kV		安全距离/m	电压等级/kV		安全距离/m
交流	10及以下	0.7	交流	330	4.0
	20、35	1.0		500	5.0
	63（66）、110	1.5		750	8.0
	220	3.0		1 000	9.5
直流	±400	7.2	直流	±660	9.0
	±500	6.8		±800	10.1

（5）在临近或交叉其他有电电力线处作业时，应符合安全距离的规定，见表3-14所列。

表3-14 邻近或交叉其他有电电力线处作业时的安全距离

电压等级/kV		安全距离/m	电压等级/kV		安全距离/m
交流	10及以下	1.0	交流	330	5.0
	20、35	2.5		500	6.0
	63（66）、110	3.0		750	9.0
	220	4.0		1 000	10.5
直流	±400	8.2	直流	±660	10.0
	±500	7.8		±800	11.1

（6）临近带电体作业时，绝缘工具应按规定周期定期进行绝缘试验。

（7）绝缘绳、网每次使用前，应进行检查，有严重磨损、断股及受潮时禁止使用。上下传递物件应用绝缘绳索，作业全过程应设专人监护。

（8）绝缘工具的有效长度不得小于表3-15的规定。绝缘绳、网在现场应按规格、类别及用途整齐摆放，并采取有效的防水措施。

表3-15 绝缘工具的有效长度

单位：m

工具名称	带电线路电压等级						
	≤10 kV	35 kV	66 kV	110 kV	220 kV	330 kV	500 kV
绝缘操作杆	0.7	0.9	1.0	1.3	2.1	3.1	4.0
绝缘承力工具、绝缘绳索	0.4	0.6	0.7	1.0	1.8	2.8	3.7

注：传递用绝缘绳索的有效长度应按绝缘操作杆的有效长度考虑。

2. 不停电作业

（1）施工应在良好天气下进行，遇雷电、雨、雪、霜、雾，相对湿度大于85%或5级以上大风力时，应停止作业。如施工中遇到上述情况，则应将已展放好的网、绳加以安全保护。

（2）执行《电力安全工程规程　电力线路部分》（GB 26859—2011）规定的“电力线路第二种工作票”制度。在架线施工前，施工单位应向运行单位书面申请该带电线路“退出重合闸”，待落实后方可进行不停电跨越施工。施工期间如发生故障跳闸，在未取得现场指挥同意前，不得强行送电。

（3）跨越架架面（含拉线）与被跨电力线路导线之间的最小安全距离在考虑施工期间的最大风偏后不得小于表3-16的规定要求。

表3-16　跨越架架面（含拉线）与被跨电力线路导线之间的最小安全距离

单位：m

跨越架部位	被跨越电力线电压等级					
	≤10 kV	35 kV	66~110 kV	220 kV	330 kV	500 kV
架面（含拉线）与导线的水平距离	1.5	1.5	2.0	2.5	5.0	6.0
无地线时，封顶网（杆）与导线的垂直距离	1.5	1.5	2.0	2.5	4.0	5.0
有地线时，封顶网（杆）与地线的垂直距离	0.5	0.5	1.0	1.5	2.6	3.6

（4）跨越不停电线路时，施工人员不得在跨越架内侧攀登、作业，不得从封顶架上通过。

（5）导线、地线通过跨越架时，应用绝缘绳作引渡。引渡或牵引过程中，跨越架上不得有人。

（6）跨越架上最后通过的导线、地线、引绳或封网绳，应留有控制尾绳，防止其滑落至带电体上。

3. 停电作业

（1）停电作业前，需核对停电电力线路的名称、电压等级、跨越处两侧的起止杆塔号、有无分支线及同杆塔架设的多回电力线。根据现场勘查的结果，制定停电跨越施工方案。

（2）执行《电力安全工程规程　电力线路部分》（GB 26859—2011）规定的“电力线路第一种工作票”制度。

（3）停电、送电工作必须指定专人负责。严禁采用口头或约时停电、送电。在未接到停电许可工作命令前，严禁任何人接近带电体。

（4）现场施工负责人在接到停电许可工作命令后，必须首先安排人员进行验电。验电必须使用相应电压等级的合格的验电器。验电时必须戴绝缘手套并逐相进行。验电必须设专人监护。同杆塔架设有多层电力线时，应先验低压，后验高压，先验下层，后验上层。

（5）挂工作接地线时，应先接接地端，后接导线、地线端。接地线连接应可靠，不得缠绕。拆除时的顺序与挂时相反。装、拆工作接地线时，施工人员应使用绝缘棒或绝缘绳，人体不得碰触接地线。

（6）施工结束后，现场施工负责人应对现场进行全面检查，待全部施工人员和所用的工具、材料撤离杆塔后方可命令拆除停电线路上的工作接地线。

（7）工作接地线一经拆除，即视为该线路带电，严禁任何人再登杆塔进行任何工作。

（二）变电站工程

1. 一般规定

（1）在运行区内作业时，应执行现场勘察、工作票、工作许可、工作监护、工作间断、转移和终结及动火工作票等制度。

（2）无论高压设备是否带电，作业人员不得单独移开或越过遮拦进行作业。若有必要移开遮拦时，应有监护人在场，并符合安全距离的要求，见表3-17所列。

表3-17　设备不停电时的安全距离

交流电压等级/kV	安全距离/m	直流电压等级/kV	安全距离/m
10及以下（13.8）	0.70	±50及以下	1.50
20、35	1.00	±400	5.90
66、110	1.50	±500	6.00
220	3.00	±660	7.40
330	4.00	±800	9.30
500	5.00		
750	7.20		
1 000	7.70		

注：表中未列电压等级按高一档电压等级的安全距离执行。

（3）进入改、扩建工程运行区域的交通通道应设置安全标志，站内运输的安全距离应满足规定要求，见表3-18所列。

表3-18　车辆（包括装载物）外廓至无围栏带电部分之间的安全距离

交流电压等级/kV	安全距离/m	直流电压等级/kV	安全距离/m
≤10	0.95	±50及以下	1.65
20	1.05	±400	5.45
35	1.15	±500	5.60
66	1.40	±660	7.00
110	1.65（1.75）	±800	9.00
220	2.55		
330	3.25		
500	4.55		
750	6.70		

（续表）

交流电压等级/kV	安全距离/m	直流电压等级/kV	安全距离/m
1 000	7.25		

注：1. 括号内数字为110 kV中性点不接地系统所使用。
2. 表中数据不适用带升降操作功能的机械运输。

（4）运行区域常规作业。

①在运行的变电站及高压配电室搬动梯子、线材等长物时，应放倒后两人搬运，并应与带电部分保持安全距离。在运行的变电站手持非绝缘物件不应超过本人的头顶，设备区内禁止撑伞。

②在带电设备周围，禁止使用钢卷尺、皮卷尺和线尺（夹有金属丝者）进行测量作业，应使用相关绝缘量具或仪器进行测量。

③在带电设备区域内或临近带电母线处，禁止使用金属梯子。

④施工现场应随时固定或清除可能漂浮的物体。

⑤在变电站（配电室）进行扩建时，已就位的新设备及母线应及时完善接地装置连接。

（5）运行区域设备及设施拆除作业。

①确认被拆的设备或设施不带电，并做好安全措施。

②不得破坏原有安全设施的完整性，防止因结构受力变化而发生破坏或倾倒。

③拆除旧电缆时应从一端开始，不得在中间切断或任意拖拉。

④拆除有张力的软导线时应缓慢释放。

⑤弃置的动力电缆头、控制电缆头，除有短路接地外，应一律视为有电。

2. 临近带电体作业

（1）临近带电部分作业时，作业人员的正常活动范围与带电设备的安全距离应满足规定的要求，见表3-19所列。

表3-19　作业人员工作中正常活动范围与带电设备的安全距离

交流电压等级/kV	安全距离/m	直流电压等级/kV	安全距离/m
≤10	0.70	±50及以下	1.50
20、35	1.00	±400	6.70
66、110	1.50	±500	6.80
220	3.00	±660	9.00
330	4.00	±800	10.10
500	5.00		
750	8.00		
1 000	9.50		

注：表中未列电压等级按高一档电压等级的安全距离执行。

（2）起重机、高空作业车和铲车等施工机械操作正常活动范围，起重机臂架、吊具、辅具、钢丝绳及吊物等与带电设备的安全距离不得小于规定要求，见表3-20所列。

表3-20　施工机械操作正常活动范围与带电设备的安全距离

交流电压等级/kV	安全距离/m	直流电压等级/kV	安全距离/m
≤10	3.00	±50及以下	4.50
20、35	4.00	±400	9.50
66、110	4.50	±500	10.00
220	6.00	±660	12.00
330	7.00	±800	13.10
500	8.00		
750	11.00		
1 000	13.00		

注：表中未列电压等级按高一档电压等级的安全距离执行。

3. 改、扩建工程的专项作业

（1）运行区域户外施工作业。

①在带电设备垂直上方作业应编制专项施工方案，采取防护隔离措施。进行防护设施施工时，绝缘等级应符合相应电压等级要求，必要时应申请底部设备停电状态进行。

②吊装断路器、隔离开关、电流互感器、电压互感器等大型设备时，应在设备底部捆绑控制绳，防止设备摇摆。

③在母线和横梁上作业或新增设母线与带电母线靠近、平行时，母线应接地，并制定严格的防静电措施，作业人员应穿静电感应防护服或屏蔽服作业。

④采用升降车作业时，应两人进行，一人作业，一人监护，升降车应可靠接地。

⑤拆挂母线、设备连线时，应有防止母线、连线等弹到邻近带电设备或母线上的措施。

（2）在运行或部分带电盘、柜内作业。

①应了解盘内带电系统的情况，并进行相应的运行区域和作业区域标识。

②安装盘上设备时应穿工作服、戴工作帽、穿绝缘鞋或站在绝缘垫上，使用绝缘工具，整个过程应有专人监护。

③二次接线时，应先接新安装盘、柜侧的电缆，后接运行盘、柜侧的电缆。在运行盘、柜内作业时接线人员应避免触碰正在运行的电气元件。

④进行盘、柜上小母线施工时，作业人员应做好相邻盘、柜上小母线的防护作业，新装盘的小母线在与运行盘上的小母线接通前，应有隔离措施。

⑤在室内动用电焊、气焊等明火时，除按规定办理动火工作票外，还应制定完善的防火措施，设置专人监护，配备足够的消防器材，所用的隔板应是防火阻燃材料。电烙铁使用完毕后不得随意乱放，以免烫伤运行的电缆或设备。

（3）运行盘、柜内与运行部分相关回路搭接作业。

①与运行部分相关回路电缆接线的退出及搭接作业的安全技术交底内容应落实到每个接线端子上。

②拆盘、柜内二次电缆时，作业人员应确定所拆电缆确实已退出运行，应用验电笔等测量确认后方可作业。拆除的电缆端头应采取绝缘防护措施。

③剪断电缆前，应与电缆走向图纸核对相符，并确认电缆两头接线脱离无电后方可作业。

线上测试

事故与应急管理

拓展知识

中国式现代化坚持人民主体地位，是全体人民共同富裕的现代化，是实现人的全面发展、社会全面进步的现代化。中国式现代化破解了人类社会发展的诸多难题，打破了只有遵循资本主义模式才能实现现代化的神话，拓展了发展中国家走向现代化的途径。中国式现代化应急管理将为国家的新发展阶段、新发展理念、新发展格局全面夯实发展的安全底座。

中国式现代化应急管理的时代意义

模块一　应急管理概述

随着经济全球化的快速发展，各种影响国家安全、共同安全、环境安全与社会秩序的不稳定、不确定因素日益增多，突发事件的发生频率更高、危害程度更大、影响范围更广。从全国来看，虽然近年安全生产形势持续保持稳定向好的态势，但各类事故的体量依然很大。同时，生产安全事故也呈现出由传统的高危行业向其他行业领域发展的趋势，特别是一些地区和企业，安全意识不强、责任落实不力、安全投入不足、监管执法不到位的情况依然存在，安全生产面临的形势依然严峻、复杂。

当前我国经济社会的快速发展和社会主要矛盾已发生转化，人们对于安全和稳定的生存环境需求更为迫切，应急体系发展状况与严峻复杂的公共安全形势还不相适应，对应急管理的能力、体制和技术发展也有了更高的要求。应急管理工作的根本出发点是最大限度地预防和减少突发事件及其造成的伤亡和损失，保障人民的生命财产安全和社会稳定。

根据《“十四五”国家应急体系规划》《国务院安全生产委员会关于印发〈“十四五”国家安全生产规划〉的通知》的要求，到2025年，应急管理体系和能力现代化建设取得重大进展，形成统一指挥、专常兼备、反应灵敏、上下联动的中国特色应急管理体制，建成统一领导、权责一致、权威高效的国家应急能力体系，防范化解重大安全风险体制机制不断健全，应急救援力量建设全面加强，应急管理法治水平、科技信息化水平和综合保障能力大幅提升，安全生产、综合防灾减灾形势趋稳向好，自然灾害防御水平明显提升，全社会防范和应对处置灾害事故能力显著增强；防范化解重大安全风险体制机制不断健全，重大安全风险防控能力大幅提升，安全生产形势趋稳向好，生产安全事故总量持续下降，危险化学品、矿山、消防、交通运输、建筑施工等重点领域重特大事故得到有效遏制，经济社会发展安全保障更加有力，人民群众安全感明显增强。

一、应急管理建设历程

（一）中华人民共和国成立之初到改革开放之前，单项应对模式

该时期，我国建立了专业性防灾减灾机构，一些机构又设置若干二级机构及成立了一些救援队伍，形成了各部门独立负责各自管辖范围内的灾害预防和抢险救灾的模式，这一模式趋于分散管理、单项应对。该时期我国政府对洪水、地震等自然灾害的预防与应对尤为重视，但相关组织机构职能与权限划分不清晰，在应对突发事件时，政府实行党政双重领导，多采取“人治”方式，应急响应过程往往是自上而下地传递计划指令，是被动式地应对。

（二）改革开放之初到SARS事件，分散协调、临时响应模式

该时期，政府应急力量分散，应对“单灾种”多，应对“综合性突发事件”少，处置各类突发事件的部门多，但大多部门都是独立负责。为提高政府应对各种灾害和危机的能力，1989年4月，中国国际减灾十年委员会成立，后于2000年更名为中国国际减灾委员会。1999年，时任总理朱镕基提出建立一个统一的社会应急联动中心，将公安、交管、消防、急救、防洪、护林防火、防震、人民防空等政府部门纳入统一的指挥调度系统。2002年5月，广西壮族自治区南宁市社会应急联动系统正式运行，标志着“应急资源整合”的思想落地。在此阶段，当重特大事件发生时，通常会成立一个临时性协调机构以开展应急管理工作，但在跨部门协调时，工作量很大，效果一般。

（三）SARS事件后至2018年初，综合协调应急管理模式

2002年至2003年，我国经历了一场由SARS引发的从公共卫生到社会、经济、生活全方位的突发公共事件。应急管理工作得到政府和公众的高度重视，全面加强应急管理工作开始起步。

2005年，中国国际减灾委员会更名为国家减灾委员会，标志着我国探索建立综合性应急管理体制。

2006年，国务院办公厅设置国务院应急管理办公室（国务院总值班室），履行值守应急、信息汇总和综合协调职能，发挥运转枢纽作用。这是我国应急管理体制的重要转折点，是综合性应急体制形成的重要标志。同时，处理突出问题及事件的统筹协调机制不断完善，国家防汛抗旱总指挥部、国家森林防火指挥部、国务院抗震救灾指挥部、国家减灾委员会、国务院安全生产委员会等议事协调机构的职能不断完善。此外，专项和地方应急管理机构力量得到充实。

国务院有关部门和县级以上人民政府普遍成立了应急管理领导机构和办事机构，防汛抗旱、抗震救灾、森林防火、安全生产、公共卫生、公安、反恐、海上搜救和核事故应急等专项应急指挥系统进一步得到完善，解放军和武警部队应急管理的组织体系得到加强，形成了“国家建立统一领导、综合协调、分类管理、分级负责、属地管理为主的应急管理体制”的格局。但也暴露出应急主体错位、关系不顺、机制不畅等一系列结构性缺陷，而这需要通过顶层设计和模式重构完善新形势下的应急管理体系。

（四）2018年初开始，综合应急管理模式

2018年3月，我国成立应急管理部，将分散在各部门的应急管理相关职能进行整合，以防范化解重特大安全风险，健全公共安全体系，整合优化应急力量和资源，打造统一指挥、专常兼备、反应灵敏、上下联动、平战结合的中国特色应急管理体制。应急管理部负责组织编制国家应急总体预案和规划，指导各地区各部门应对突发事件工作，推动应急预案体系建设和预案演练；建立灾情报告系统并统一发布灾情，统筹应急力量建设和物资储备并在救灾时统一调度，组织灾害救助体系建设，指导安全生产类、自然灾害类应急救援，承担国家应对特别重大灾害指挥部工作；指导火灾、水旱灾害、地质灾害等防治；负责安全生产综合监督管理和工矿商贸行业安全生产监督管理等职责等。

二、应急管理工作内容

应急管理是指政府及其他公共机构在突发事件的应急准备、应急响应、应急保障和善后恢复过程中，通过建立必要的应对机制，采取一系列必要措施，应用科学、技术、规划与管理等手段，保障公众生命、健康和财产安全，促进社会和谐健康发展的有关活动。应急管理工作内容可概括为"一案三制"："一案"指的是应急预案，"三制"指的是应急管理体制、应急管理机制、应急管理法制。

应急预案，就是根据发生和可能发生的突发事件，事先研究制订的应对计划和方案。要建立"纵向到底，横向到边"的预案体系，所谓"纵"，就是按垂直管理的要求，从国家到省到市、县、乡镇各级政府和基层单位都要制定应急预案，不可断层；所谓"横"，就是所有种类的突发公共事件都要有部门管理，都要制定专项预案和部门预案；相关预案之间要做到互相衔接，逐级细化。预案的层级越低，各项规定就要越明确、越具体，避免出现"上下一般粗"现象，防止照搬照套。

应急管理体制，指为保障公共安全，有效预防和应对突发事件，避免、减少和减缓突发事件造成的危害，消除其对社会产生的负面影响，而建立起来的以政府为核心，其他社会组织和公众共同参与的有机体系。在我国，应急管理体制是指国家建立统一领导、综合协调、分类管理、分级负责、属地为主的应急管理体制。建立健全和完善应急管理体制，包括建立健全集中统一、坚强有力的组织指挥机构，发挥我们国家的政治优势和组织优势，形成强大的社会动员体系；建立健全以事发地党委、政府为主，有关部门和相关地区协调配合的领导责任制；建立健全应急处置的专业队伍、专家队伍；同时充分发挥人民解放军、武警和预备役民兵的重要作用。

应急管理机制，指在应对突发事件的过程中不断积累、沉淀下来的相对固定的有效的策略、方法及措施等。建立健全和完善应急运行机制，主要是建立健全监测预警机制、信息报告机制、应急决策和协调机制、分级负责和响应机制、公众的沟通与动员机制、资源的配置与征用机制，奖惩机制和城乡社区管理机制等。

应急管理法制，本质就是应急机制主体内容的法律表现形式，使应对突发事故工作基本上做到有章可循、有法可依。建立健全和完善应急法制，主要是加强应急管理的法制化建设，把整个应急管理工作建设纳入法制和制度的轨道，按照有关的法律法规来建立健全预案，依法行政，依法实施应急处置工作，要把法治精神贯穿于应急管理工作的全过程。

三、应急管理标准化工作

根据《应急管理标准化工作管理办法》规定，应急管理标准分为安全生产标准、消防救援标准、减灾救灾与综合性应急管理标准三大类，应急管理标准制修订工作实行分类管理、突出重点、协同推进的原则。

应急管理标准包括国家标准、行业标准、地方标准和团体标准、企业标准。

应急管理国家标准由应急管理部按照《标准化法》和国家标准化委员会（以下简称国家标准委）的有关规定组织制定；行业标准由应急管理部自行组织制定，报国家标准委备案；地方标准由地方人民政府标准化行政主管部门按照《标准化法》的有关规定制定，地方应急管理部门应当积极参与和推动地方标准制定；团体标准由有关应急管理社会团体按照《团体标准管理规定》（国标委联〔2019〕1号）制定并向应急管理部备案，应急管理部对团体标准的制定和实施进行指导和监督检查；企业标准由企业根据需要自行制定。

下列应急管理领域的技术规范或管理要求，可以制定应急管理标准。

（1）安全生产领域通用技术语言和要求，有关工矿商贸生产经营单位的安全生产条件和安全生产规程，安全设备和劳动防护用品的产品要求和配备、使用、检测、维护等要求，安全生产专业应急救援队伍建设和管理规范，安全培训考核要求，安全中介服务规范，其他安全生产有关基础通用规范。

（2）消防领域通用基础要求，包括消防术语、符号、标记和分类，固定灭火系统和消防灭火药剂技术要求，消防车、泵及车载消防设备、消防器具与配件技术要求，消防船的消防性能要求，消防特种装备技术要求，消防员（不包括船上消防员）防护装备、抢险救援器材和逃生避难器材技术要求，火灾探测与报警设备、防火材料、建筑耐火构配件、建筑防烟排烟设备的产品要求和试验方法，消防管理的通用技术要求，消防维护保养检测、消防安全评估的技术服务管理和消防职业技能鉴定相关要求，灭火和应急救援队伍建设、装备配备、训练设施和作业规程相关要求，火灾调查技术要求，消防通信和消防物联网技术要求，电气防火技术要求，森林草原火灾救援相关技术规范和管理要求，其他消防有关基础通用要求（建设工程消防设计审查验收除外）。

（3）减灾救灾与综合性应急管理通用基础要求，包括应急管理术语、符号、标记和分类，风险监测和管控、应急预案制定和演练、现场救援和应急指挥技术规范和要求，水旱灾害应急救援、地震和地质灾害应急救援相关技术规范和管理要求，应急救援装备和信息化相关技术规范，救灾物资品种和质量要求，相关应急救援事故灾害调查和综合性应急管理评估统计规范，应急救援教育培训要求，其他防灾减灾救灾与综合性应急管理有关基础通用要求（水上交通应急、卫生应急和核应急除外）。

（4）为贯彻落实应急管理有关法律法规和行政规章需要制定的其他技术规范或管理要求。

应急管理标准以强制性标准为主体，以推荐性标准为补充。对于依法需要强制实施的应急管理标准，应当制定强制性标准，并且具有充分的法律法规、规章或政策依据；对于不宜强制实施或具有鼓励性、政策引导性的标准，可以制定推荐性标准，并加强总量控制。

修订标准项目和采用国际标准或国外先进标准的项目完成周期，从正式立项到完成报批不得超过18个月，其他标准项目从正式立项到完成报批不得超过24个月。

四、电力行业应急管理工作要求

为贯彻落实党中央、国务院关于加强安全生产工作的决策部署，统筹发展和安全，深入贯彻“四个革命、一个合作”能源安全新战略，牢固树立“四个安全”治理理念，不断提升全国电力安全生产水平，保障电力系统安全稳定运行和电力可靠供应制定的计划，国家能源局于2021年12月8日印发实施《电力安全生产“十四五”行动计划》。

（一）“十四五”时期电力安全生产形势

“十四五”时期，我国能源消费增长迅猛，能源发展进入新阶段，在保供压力明显增大的情形下，电力安全发展的一些深层次矛盾凸显，风险隐患增多。

电力供需平衡压力增大。受人民生活水平改善、工业生产及外贸增长大幅拉动、经济和社会活动大规模恢复等因素影响，预计“十四五”期间，全国用电增长将维持在5%左右的中高速区间，2025年全社会用电量将达到9.5万亿~9.8万亿千瓦时。能源转型过程中，系统调峰能力阶段性不足，部分时段电力供应能力受到挑战，错峰限电风险将增加。

电力系统安全运行风险显著加大。电网规模持续扩大，系统结构愈加复杂，交直流混联大电网与微电网等新型网架结构深度耦合，“双高”“双峰”特征凸显，灵活调节能力不足，系统性风险始终存在。电力设备规模大幅增长，输电通道日益密集，储能等新业态蓬勃发展，设施设备运维管控风险骤增。

网络与信息安全风险持续升高。新能源、分布式电源大量接入电网，源网荷储能量交互新形式不断涌现，电力行业网络与信息系统安全边界向末端延伸。电力大数据获取、存储、处理使数据篡改和泄漏可能性增加，云计算、物联网、移动互联技术在电力系统深度应用，电力行业网络安全暴露面持续扩大。

电力建设施工安全风险集中凸显。“十四五”是向“碳达峰”目标迈进的关键期和窗口期，新能源及配套送出项目密集建设，电力工程作业面和风险点快速扩大，建设资源进一步摊薄，建设、监理等施工力量不足的矛盾将进一步加剧，安全主体责任落实及施工作业现场安全管控难度加大。水电资源开发、抽水蓄能电站建设进入新阶段，各类风险防范和安全管理任务艰巨。

重大突发事件应对能力明显不足。近年来，我国遭受的自然灾害突发性强、破坏性大，监测预警难度不断提高，部分重要密集输电通道、枢纽变电站、大型发电厂因灾受损风险升高。部分城市防范电力突发事件应急处置能力不足，效率不高。流域梯级水电站、新能源厂站综合应急能力存在短板，威胁电力系统安全稳定运行和电力可靠供应。

“十四五”时期是全国各行业大力实施“碳达峰、碳中和”战略目标的关键时期，也是电力体制改革继续深化、电力科技快速发展的重要时期，对于企业发展转型、安全新技术应用、电力市场化交易体系建设等方面可能给电力安全生产带来的风险因素，需要及时做出分析预判，也需要予以积极应对。

（二）指导思想

我们以习近平新时代中国特色社会主义思想为指导，全面贯彻党的十九大和十九届二中、三中、四中、五中、六中全会精神，二十大和二十届一中全会精神，坚持“人民至上、生命至上”，统筹发展和安全，深入贯彻“四个革命、一个合作”能源安全新战略，把握“十四五”时期电力发展新阶段新特征新要求，按照“三管三必须”原则，牢固树立“四个安全”治理理念，着力强化企业安全生产主体责任，加快构建科学量化的安全指标体系，全面落实风险分级管控和隐患排查治理双重预防机制，切实增强安全防范治理能力，有效遏制电力安全事故，坚决杜绝电力生产安全重特大事故，为实施“双碳”重大战略决策、推动经济社会高质量发展、实现第二个百年奋斗目标提供坚强的电力安全保障。

（三）基本原则

坚持安全发展。贯彻以人民为中心的发展思想，坚持底线思维，服务能源低碳转型和新型电力系统构建大局，统筹发展和安全，加强电力规划建设、运行管理、应急保障等各环节安全风险管控，实现电力高质量发展和高水平安全的良性互动。

坚持理念引领。以“四个安全”治理理念为引领，依托技术保障安全、管理提升安全、文化促进安全、责任守护安全，系统谋划技术支撑、管理提升、文化建设和责任落实的各项措施，全面提升电力本质安全水平。

坚持关口前移。严格安全生产准入，健全电力安全风险分级管控体系，完善隐患排查治理和挂牌督办机制，建立电力重大基础设施安全评估机制，强化电力应急体系和应急能力建设，构建电力安全治理长效机制。

坚持创新驱动。运用现代科技手段，提升电力安全生产信息化、数字化、智能化水平，推动电力安全治理数字化转型升级。构建科学量化的安全指标体系，探索电力安全审计、安全责任保险、安全信用惩戒等管理模式创新，推动安全责任落实。

坚持齐抓共管。强化电力安全生产主体责任，落实行业监管责任和地方各级政府有关部门的电力安全管理责任。有效发挥行业协会、科研高校等社会力量作用，充分激发电力企业员工主动参与安全生产工作积极性，共谋安全治理，共享安全成果。

（四）行动目标

到2025年底，电力安全生产监督管理量化评价指标体系基本形成，电力安全治理体系基本完善，治理能力现代化水平明显提升。以本质安全为目标的新技术应用覆盖率显著提高，面向新型电力系统的安全保障体系初步建立。安全文化核心理念实现全员渗透，安全生产责任层层落实机制有效运转。电力系统运行风险有效控制，电力安全生产状况稳定在控，电力突发事件处置应对有力，电力人身责任起数和事故死亡人数趋于“零”。

模块二　电力行业应急能力建设

一、制度保障能力建设

（一）完善电力应急管理责任制度

按照统一领导、综合协调、属地为主、分工负责的原则，完善国家指导协调、地方政府属地指挥、企业具体负责、社会各界广泛参与的电力应急管理体制。推进县级以上地方各级政府有关部门落实大面积停电事件属地应急处置责任，2018年底前完成地市级大面积停电事件应急预案编修工作，2019年底前完成县区级大面积停电事件应急预案编修工作。严格落实电力企业主要负责人是安全生产应急管理第一责任人的工作责任制，明确其他相关负责人的应急管理责任，建立科学合理的应急管理评价指标体系，落实相关岗位人员责任考核制度。

（二）加强电力应急管理机构建设

推动县级以上地方各级政府电力应急管理机构建设，建立健全省、市两级地方政府电力应急管理机构，明确相关职责，配齐管理人员。建立健全县区级以上电网企业、大中型发电企业和电力建设企业电力应急管理机构，地市级以上电网企业、大中型发电企业和电力建设企业配备专职人员，县级电网企业和其他电力企业酌情配备管理人员。

（三）完善电力应急管理法规规章

梳理电力行业现行法规制度体系，制定完善电力应急管理规章和规范性文件，推进电力应急管理法治建设。修订《〈电力安全事故应急处置和调查处理条例〉释义》，结合电力发展新形势，加强电力安全事故应急处置制度建设。研究制定电力企业水电站大坝运行安全应急管理制度，明确大坝应急管理责任，规范大坝应急管理工作。

（四）完善电力应急管理标准规范

充分发挥能源行业电力应急技术标准化委员会的作用，重点制定电力突发事件监测预警、电力应急队伍建设、应急物资装备储备、应急指挥信息系统、电力应急预案演练、电力突发事件应急处置后评估等标准，推进电力应急管理标准化建设。积极参与国际应急管理标准制定，加快电力应急管理与国际接轨。

（五）构建电力应急能力评估长效机制

持续开展电力企业应急能力建设评估，建立定期评估机制和行业对标体系，汇总分析行业评估数据，实现持续改进和闭环管理。县级以上地方各级政府电力应急管理机构组织开展大面积停电事件应急能力评估，强化属地应急处置指挥能力。加强电力突发事件应急处置后评估，总结和吸取应急处置经验教训。

二、应急准备能力建设

（一）加强应急预案编制管理

制定《电力建设企业应急预案编制导则》（DL/T 2519—2022）、《水电站大坝运行安全应急预案编制导则》（DL/T 1901—2018）。完善电力企业应急预案体系，编制现场应急处置卡，突出风险评估和应急资源调查，充分运用智能推演、态势感知、情景构建等预案编制技术，提高预案的针对性、科学性和可操作性。

（二）提升应急演练能力

推进电力突发事件应急演练由示范性、展示性向实战化、基层化、常态化、全员化转变。加强现场处置方案演练，做到岗位、人员、过程全覆盖。强化应急演练管理，规范方案制定和评估总结，对多部门、多单位参与的综合演练进行评估。推广桌面演练流程技术和虚拟现实技术应用，提升应急演练质量和实效。

（三）强化应急宣教培训

依托重点电力企业，建设若干国家级电力应急培训演练基地，突出专业性为主、技能培训优先、培训内容多样的特点，为开展电力应急实训演练提供硬件支撑。组织开展电力应急管理人员和专业救援处置人员专业技能与心理素质培训。依托高校智库、研究机构、行业协会等，推动设立电力应急相关学科专业，合作培养电力应急科技和管理人才。

（四）提高涉外电力突发事件应急能力

电力企业在境外项目建设和运营管理中，结合当地实际，编制电力应急预案及操作手册，明确电力突发事件信息报送流程和要求，定期开展应急演练。

三、预防预警能力建设

（一）提高电网防灾抗灾能力

深入开展电网风险研究，突出电网规划引领作用，统筹电源、电网建设和用户防灾资源，按照“重点突出、差异建设、技术先进、经济合理”的原则，适当提高电网设施灾害设防标准，有序推进重要城市和灾害多发地区关键电力基础设施防灾建设。根据需要强化跨行政区电力应急支援能力建设。加大电力设施保护工作力度，配合有关部门持续开展电力设施周边环境治理，严格管理电力设施附近的施工作业活动。

（二）强化自然灾害监测预警

发挥气象部际联席会议作用，提高重特大自然灾害监测预警能力。电力企业强化自然灾害监测预警能力，与有关部门加强沟通合作，规范发布预警信息。选取代表性地区电网，建设自然灾害监测预警平台，重点研究自然灾害时空分布特征、电力系统承灾脆弱性、影响破坏规律、风险评价及预警模型等。

（三）强化人身伤亡事故风险预控能力

完善安全生产风险分级管控和隐患排查治理双重预防机制，强化重大电力基础设施、施工和生产作业现场安全管理。利用物联网、大数据等技术实现风险和隐患全过程动态识别和预警，重点加强对可能发生重大以上人身伤亡事故的人员密集作业区、高危作业场所、重点作业环节的风险评估和现场管控。建立应急救援现场危害识别、监测与评估机制，规范现场救援处置程序，强化作业前应急推演，落实安全防护措施，防止发生次生衍生事故。

（四）加强水电站大坝安全应急管理

厘清大坝安全应急管理职责，科学设置大坝应急管理机构，建立健全电力企业、地方政府、相关单位大坝应急协调联动机制，研究推进流域梯级水电站安全与应急管理。创新大坝应急管理和技术，加强大坝除险加固、隐患治理和运行管理，提高大坝本质安全和运行安全水平。加强大坝安全在线监测分析和安全评估，建设大坝安全与应急管理相关平台。完善大坝安全应急预案，加强联合应急演练。

四、救援处置能力建设

（一）完善应急指挥协调联动机制

健全电力企业与县级以上地方各级政府有关部门的应急协调机制，加强企业之间、行业之间的应急协同联动。建立国家统筹、区域协调、跨省联动的大面积停电事件应急指挥协调联动机制，开展省、市、县三级大面积停电事件综合应急演练，推动国家级城市群大面积停电事件联合应急演练，重点提高跨省、跨区域协同应对能力。

（二）加强电力应急专业队伍建设

依托重点电力企业，建设多支具有不同专业特长、能够承担重大电力突发事件抢险救援任务的电力应急专业队伍。加强队伍管理和专业培训，按照标准配备应急装备，提高现场处置和协同作战能力。

（三）加强社会应急救援力量储备

组织具有相应资质的社会应急救援力量开展必要的电力专业培训和演练，建设社会救援力量基础信息共享平台，推进建立社会救援力量调用补偿机制，形成有能力、有组织、易动员的电力应急抢险救援后备队伍。

（四）加强应急专家队伍建设

建设国家、地方、企业各层面电力应急专家队伍，实施相关专业领域专家领航计划，形成分级分类、覆盖全面的应急专家资源网。完善专家管理、应急会商和辅助决策机制，组织专家开展专业咨询、培训演练、课题研究等。

（五）加强应急物资储备与调配

利用电力企业现有资源，在自然灾害多发地区设置省级电力应急物资储备库，统筹调配，满足跨省、跨区域应急处置需求。完善电力企业应急物资储备体系，推进建立联储联备、产储联合等物资保障机制，研究建立应急处置后续结算机制，实现应急物资共享和动态管理。

（六）加强应急指挥平台功能建设

推进县级以上地方各级政府与电力企业应急指挥平台之间的互联互通。充分运用信息化技术手段，完善应急指挥平台智能辅助决策等功能。加强应急队伍信息采集终端配置，实现电力突发事件多维度信息的准确快速报送。完善应急指挥平台运行维护机制，保证平台有效运转。

（七）强化大面积停电事件先期处置能力

结合电网运行新形势、新特点，完善电网运行安全管理机制，创新大面积停电事件先期处置手段，研究建立大面积停电先期处置的社会资源征用和费用补偿机制，提高电网抵御大面积停电的能力。

五、恢复重建能力建设

（一）灾后评估机制建设与完善

完善电力突发事件灾害评估机制，健全评估标准体系，规范评估内容、程序和方法。建立灾情统计系统，及时掌握电力供应、系统运行、设施受损和供电中断等情况，为制定抢险救援方案和恢复重建规划提供可靠依据。

（二）加强系统恢复能力建设

完善电网黑启动方案，优化黑启动电源布局。对具备FCB和孤岛运行功能的发电厂，研究建立鼓励机制。推进电网灾变模式下调度辅助决策、主动配电网多电源协调控制、源网荷储协同恢复等技术的研究应用。

（三）重要电力用户应急能力建设

县级以上地方各级政府有关部门依据国家有关规定，确定本地区重要电力用户名单。国家能源局派出能源监管机构配合省级政府有关部门督导重要电力用户按照规定配置自备应急电源并配合开展大面积停电应急演练。电网企业开展重要电力用户供电风险分析，根据需要加强对重要电力用户自备应急电源安全使用的指导。

（四）加强新型业态应急能力建设

具有配电网经营权的售电公司、微电网、局域电网等新型业态组织，落实本营业区供电安全应急主体责任。研究新型业态组织应急管理问题，探索适合新型业态发展需要的电力应急管理机制和措施。

六、电力企业应急能力建设评估

（一）电力企业应急能力建设评估工作原则

1. 监管部门指导

国家能源局制定应急能力建设评估标准规范，明确工作目标和要求，指导督促企业评估应急能力建设，协调解决突出问题。国家能源局派出机构负责监督指导辖区内企业应急能力建设评估，将企业评估情况列入年度安全生产监管内容。

2. 企业自主管理

企业按照应急能力建设评估标准规范要求，自主开展评估工作。根据实际细化建设目标，制定评估计划；自主划分评估等级，完善评估制度，明确奖惩措施；自主组建评估专家队伍或委托咨询机构，开展专业培训，扎实推进企业评估工作。

3. 分级分类评估

企业依照有关规范要求，按电网、发电、电力建设等不同专业和下属企业类别，针对性地开展应急能力建设评估，以打分量化形式，确定评估等级，强化分类指导。

4. 持续改进提高

企业要边评边改，以评促建，强化闭环管理，补齐短板，滚动推进应急能力建设评估，及时总结经验，完善制度措施，持续改进和全面提高企业应急管理能力。

（二）电力企业应急能力建设评估工作要求

（1）依据《电网企业应急能力建设评估规范》《发电企业应急能力建设评估规范》《电力建设企业应急能力建设评估规范》和有关标准、规范，以预防准备、监测预警、处置救援、恢复重建等重要环节为主加强应急能力建设，全面提高本单位突发事件的应对水平；要强化自主管理，将应急能力建设评估作为企业管理的重要内容，建立健全工作机制，制定评估工作实施方案和年度计划，明确建设措施和保障条件，积极开展建设评估；要根据企业情况，组织评估专家队伍，明确工作程序，客观、公正、独立地开展评估。企业工作方案和年度工作计划及评估情况要定期报告相关监管机构。

（2）国家能源局派出机构要加强应急管理工作的监督，指导企业有计划、有步骤、积极稳妥地推进应急能力建设评估。要结合安全生产风险预控体系建设、诚信体系建设、专项监管等工作，将企业应急能力建设评估作为督查内容，督促企业加强薄弱环节建设；适时抽查企业应急能力建设评估工作，对未按计划开展评估工作或对评估发现问题整改不力的企业，要限期责令整改。

（3）企业要建立完善相关制度，加强组织保障，明确目标考核要求，持续推进应急能力建设。要加大评估发现问题的整改力度，将应急能力建设评估与企业事故隐患排查治理有机结合，不断优化应急准备。坚持分类指导，对评估得分较低的企业，要重点抓改进、促提升；对评估得分较高的企业，要重点抓建设、促巩固，确保企业应急能力全面提升。各派出机构要根据企业应急能力评估情况，适时选择典型企业和工程建设项目，搭建经验交流平台，促进企业进一步提升评估水平。

模块三 电力企业应急预案管理

电力企业应当根据本单位的组织结构、管理模式、生产规模、风险种类、应急能力及周边环境等，组织编制应急预案体系。

一、应急预案体系构成

综合应急预案是指企业为应对各种突发事件而制定的综合性工作方案，是企业应对突发事件的总体工作程序、措施和应急预案体系的总纲，应包括应急组织机构及职责、应急响应、后期处置、应急保障等内容。

应急预案体系由综合应急预案、专项应急预案和现场处置方案等构成。

专项应急预案是指企业为应对某一种或多种类型突发事件（突发事件分为自然灾害类、事故灾难类、公共卫生类、社会安全类等），或者针对重要设施设备、重大危险源、重大活动防止事故而制定的专项性工作方案，应包括应急指挥机构及职责、响应启动、处置措施和应急保障等内容。

现场处置方案是指针对具体场所、装置或设施制定的应急处置措施，应包括事故风险描述、应急工作职责、应急处置、注意事项等。

二、应急预案的管理

（一）应急预案的编制要求

编制前成立应急预案编制工作组，明确编制任务、职责分工，制定工作计划。

应急预案编制工作组应由本单位有关负责人任组长，吸收与应急预案有关的职能部门和单位的人员（如生产、技术、设备、安全、行政、人事、财务人员）参加。

开展编制工作前，应该组织对应急预案编制工作组成员进行培训，明确应急预案编制步骤、编制要素及编制注意事项等内容。同时应广泛收集编制应急预案所需的各种材料，建立应急案例档案资源库，开展风险评估和应急资源调查。

1. 风险评估

风险评估是指针对不同事故种类及特点，识别存在的危险危害因素，分析事故可能产生的直接后果及次生、衍生后果，评估各种后果的危害程度和影响范围，提出防范和控制事故风险措施的过程。

2. 应急资源调查

应急资源调查是指全面调查本单位第一时间可以调用的应急资源状况和合作区域内可以请求援助的应急资源状况，并结合事故风险评估结论制定应急措施的过程。

3. 应急预案编制应遵循的基本要求

（1）有关法律、法规、规章和标准的规定。

（2）本企业的安全生产实际情况。

（3）本企业的危险性分析情况。

（4）明确应急组织和人员的职责分工，并有具体的落实措施。

（5）有明确、具体的应急程序和处置措施，并与其应急能力相适应。

（6）明确应急保障措施，满足本单位的应急工作需要。

（7）遵循相关应急预案编制规范和格式要求，要素齐全、完整，预案附件信息准确。

（8）相关应急预案之间及与所涉及的其他单位或政府有关部门的应急预案在内容上相互衔接。

4. 形成应急预案评审稿

应急预案编制完成后，应征求本单位应急管理归口部门和其他相关部门的意见，并组织桌面推演进行论证。如有需要，可对多个应急预案组织开展联合桌面演练。演练应当记录、存档。涉及政府有关部门或其他单位职责的应急预案，应书面征求相关部门和单位的意见。

应急预案编制责任部门根据反馈意见和桌面推演发现的问题，组织修改并起草编制说明。修改后的应急预案经本单位分管领导审核后，形成应急预案评审稿。

（二）桌面推演

按照应急预案明确的职责分工和应急响应程序，结合有关经验教训，相关部门及其人员可采取桌面推演的形式，模拟事故应对过程，逐步分析讨论并形成记录，检验应急预案的可行性，并进一步完善应急预案。

（三）应急预案评审与发布

应急预案评审采取会议评审形式。评审会议由本单位业务分管领导或其委托人主持，参加人员包括评审专家组成员、评审组织部门及应急预案编写组成员。评审意见应形成书面意见，评审专家按照“谁评审、谁签字、谁负责”的原则在评审意见上签字，并由评审组织部门存档。

综合应急预案的评审由本单位应急管理归口部门组织；专项应急预案、部门应急预案和现场处置方案的评审由预案编制责任部门负责组织。

综合应急预案的评审应邀请上级主管单位参加。涉及网厂协调和社会联动的应急预案，参加应急预案评审的人员应包括应急预案涉及的政府部门、国家能源局及其派出机构和其他相关单位的专家。

应急预案评审包括形式评审和要素评审。形式评审是指对应急预案的层次结构、内容格式、语言文字和编制程序等方面进行审查，重点审查应急预案的规范性和编制程序。要素评审是指对应急预案的合法性、完整性、针对性、实用性、科学性、操作性和衔接性等方面进行评审。

总体应急预案和专项应急预案经评审、修改，符合要求后，由本单位主要负责人（或分管领导）签署发布；部门应急预案由本部门主要负责人签署发布；现场处置方案由现场负责人签署发布。

三、应急预案的主要内容

应急预案的主要内容包括综合应急预案、专项应急预案、现场处置方案、附件及附录。

（一）综合应急预案的主要内容

综合应急预案的主要内容包括总则、适用范围和响应分级、应急组织机构及职责、应急响应、后期处置、应急保障。

总则需明确综合应急预案的适用范围和响应分级。响应分级是指依据事故危害程度、影响范围和生产经营单位控制事态能力，对事故响应进行分级，明确响应的基本原则，响应分级不可照搬事故分级。

应急组织机构及职责，需明确应急组织形式（可用图示）及构成单位（部门）的响应职责。应急组织机构可设置相应的工作小组，各小组的具体构成、职责分工及行动任务以工作方案的形式作为附件。

应急响应需明确信息接报、信息处置及研判、预警、响应启动、应急处置、应急支援、应急终止等。预警，包括预警启动、响应准备及预警解除。预警启动应明确预警信息发布渠道、方式和内容；响应准备应明确做出预警启动后应开展的响应准备工作，包括队伍、物资、装备、后勤及通信等；预警解除应明确预警解除的基本条件、要求及责任人。响应启动是指确定响应级别，明确响应启动后的程序性工作，包括应急会议召开，信息上报、资源协调、信息公开、后勤及财力保障工作。应急处置是指明确事故现场的警戒疏散、人员搜救、医疗救治、现场监测、技术支持、工程抢险及环境保护方面的应急处置措施，并明确人员防护的要求。应急支援是指明确事态无法控制情况下，向外部（救援）力量请求支援的程序及要求、联动程序及要求，以及外部（救援）力量到达后指挥关系。响应终止是指明确响应终止的基本条件、要求和责任人。

后期处置需明确污染物处理、生产秩序恢复、人员安置方面的内容。

应急保障需明确通信与信息保障、应急队伍保障、物资装备保障、其他保障。通信与信息保障是指明确应急保障的相关单位及人员通信联系方式和方法，以及备用方案和保障责任人。应急队伍保障是指明确相关的应急人力资源，包括专家、专兼职应急救援队伍及协议应急救援队伍。物资装备保障是指明确本单位应急物资和装备的类型、数量、性能、存放位置、运输及使用条件、更新及补充时限、管理责任人及其联系方式，并建立台账。其他保障是指根据应急工作需求而确定的其他相关保障措施（如能源保障、经费保障、交通运输保障、治安保障、技术保障、医疗保障及后勤保障）。

（二）专项应急预案的主要内容

专项应急预案的主要内容包括适用范围、应急组织机构及职责、响应启动、应急处置、应急保障。

适应范围需说明专线应急预案适用的范围，以及与综合应急预案的关系。

应急组织机构及职责需明确应急组织形式（可用图示）及构成单位（部门）的应急处置职责。应急组织机构可以设置相应的应急工作小组，各小组的具体构成、职责分工及行动任务以工作方案的形式作为附件。

响应启动需明确响应启动后的程序性工作，包括应急会议召开、信息上报、资源协调、信息公开、后勤及财力保障工作。

应急处置需针对可能发生的事故风险、危害程度和影响范围，明确应急处置指导原则，制定相应的应急处置措施。

应急保障需根据应急工作需求明确保障的内容。

专项应急预案包括但不限于上述内容。

（三）现场处置方案的主要内容

现场处置方案的主要内容包括事故风险描述、应急工作职责、应急处置、注意事项。

事故风险描述是指简述事故风险评估的结果（可用列表的形式附在附件中）。

应急工作职责需明确应急组织分工和职责。

应急处置主要内容如下：①应急处置程序。根据可能发生的事故及现场情况，明确事故报警、各项应急措施启动、应急救护人员的引导、事故扩大及同生产经营单位应急预案的衔接程序。②现场应急处置措施。针对可能发生的事故从人员救护、工艺操作、事故控制、消防、现场恢复等方面制定明确的应急处置措施。③明确报警负责人及报警电话，上级管理部门、相关应急救援单位联络方式和联系人员，事故报告基本要求和内容。

注意事项包括人员防护和自救互救、装备使用、现场安全方面的内容。

（四）附件的主要内容

附件部分包括生产经营单位概况，风险评估结果，预案体系与衔接，应急物资装备的名录或清单，有关应急部门、机构或人员的联系方式，格式化文本，关键的路线、标识和图纸，有关的协议或备忘录等。

生产经营单位概况简要概述本单位地址、从业人员、隶属关系、主要原材料、主要产品、产量、重点岗位、重点区域、周边重大危险源、重要设施、目标、场所和周边布局情况。

风险评估结果是指简述本单位风险评估的结果。

预案体系与衔接是指简述本单位应急预案构成和分级情况，明确与地方政府及其有关部门、其他相关单位应急预案的衔接关系（可用图示）。

应急物资装备的名录或清单应列出应急预案涉及的主要物资和装备的名称、型号、性能、数量、存放地点、运输和使用条件、管理责任人和联系电话等。

有关应急部门、机构或人员联系方式应列出应急工作中需要联系的部门、机构或人员及其多种联系方式。

格式化文本应列出信息接报、预案启动、信息发布等格式化文本。

关键的路线、标识和图纸包括但不限于：①警报系统分布及覆盖范围；②重要防护目标、风险清单及分布图；③应急指挥部（现场指挥部）位置及救援队伍行动路线；④疏散路线、集结点、警戒范围、重要地点的标识；⑤相关平面布置、应急物资分布的图纸；⑥生产经营单位的地理位置图、周边关系图、附近交通图；⑦事故风险可能导致的影响范围图；⑧附近医院地理位置图及路线图。

有关的协议或备忘录应列出与相关应急救援部门签订的应急协议或备忘录。

（五）附录的主要内容

附录的主要内容包括附录A风险评估报告编制大纲、附录B应急资源报告编制大纲、附录C应急预案编制格式要求，见表4-1所列。

表4-1 附录格式要求

目录	次目录	主要内容
附录A 风险评估报告编制大纲	A1危险有害因素辨识	描述生产经营单位危险有害因素辨识情况（可用列表形式表述）
	A2事故风险分析	描述生产经营单位事故风险的类型、事故发生的可能性、危害后果和影响范围（可用列表形式表述）
	A3事故风险评价	描述生产经营单位事故风险的类别及风险等级（可用列表形式表述）
	A4结论建议	得出生产经营单位应急预案体系建设的计划建议
附录B 应急资源报告编制大纲	B1单位内部应急资源	按照应急资源的分类，分别描述相关应急资源的基本现状、功能完善程度、受可能发生的事故的影响程度（可用列表形式表述）
	B2单位外部应急资源	描述本单位能够调查或掌握可用于参与事故处置的外部应急资源情况（可用列表形式表述）
	B3应急资源差距分析	依据风险评估结果得出本单位的应急资源需求，与本单位现有内外部应急资源对比，提出本单位内外部应急资源补充建议
附录C 应急预案编制格式要求	C1封面	应急预案封面主要包括应急预案编号、应急预案版本号、生产经营单位名称、应急预案名称及颁布日期
	C2批准页	应急预案应经生产经营单位主要负责人批准方可发布
	C3目次	目次中所列的内容及次序如下： ①批准页； ②应急预案执行部门签署页； ③章的编号、标题； ④带有标题的条的编号、标题（需要时列出）； ⑤附件，用序号表明其顺序

模块四 应急预案培训与应急演练

一、应急预案培训与应急演练的内容

电力企业应将应急预案的培训纳入安全生产培训工作计划，应组织与应急预案实施密切相关的管理人员和作业人员开展培训。综合预案的培训每3年至少组织开展一次，各专项应急预案的培训每年至少组织一次，各现场处置方案的培训每半年至少组织一次。预案培训的时间、地点、内容、师资、参加人员和考核结果等情况记入本企业的安全生产教育和培训方案。

应急演练是指针对突发事件风险和应急保障工作要求，由相关应急人员在预设情景下，按照应急预案规定的职责和程序，对应急预案的启动、预测与预警、应急响应和应急保障等内容进行应对训练。

二、应急演练的目的

（1）检验突发事件应急预案，提高应急预案针对性、实效性和操作性。

（2）完善突发事件应急机制，强化政府、电力建设施工企业及相关各方之间的协调与配合。

（3）锻炼电力建设施工企业应急队伍，提高应急人员在紧急情况下妥善处置突发事件的能力。

（4）提高公众对突发事件的风险防范意识与能力。

（5）发现可能发生事故的隐患和存在的问题。

三、应急演练的原则

（一）依法依规，统筹规划

应急演练工作必须遵守国家相关法律、法规、标准及有关规定，科学统筹规划，纳入各级政府、电力建设施工企业、相关各方的应急管理工作的整体规划，并按规划组织实施。

（二）突出重点，讲求实效

应急演练应结合本单位实际，针对性设置演练内容。演练应符合事故、事件发生、变化、控制、消除的客观规律，注重过程，讲求实效，提高突发事件应急处置能力。

（三）协调配合，保证安全

应急演练应遵守“安全第一”的原则，加强组织协调，统一指挥，保证人身、设备、人民财产、公共设施安全，并遵守相关保密规定。

四、应急演练的分类

应急演练分为综合演练、专项演练。

综合演练是指针对应急预案中全部或大部分应急响应功能，检验、评价应急组织应急运行能力的演练活动。综合演练一般要求持续几个小时，采取交互方式进行，演练过程要求尽量真实，调用更多的应急人员和资源，并开展人员、设备及其他资源略战性演练，以检验相互协调的应急响应能力。

专项演练是指针对某项应急响应功能或其中某些应急响应行动举行的演练活动，其主要目的是发挥应急响应功能的针对性作用。演练地点主要集中在若干个应急指挥中心或现场指挥部，并开展有限的现场活动，调用有限的外部资源。

五、应急演练的形式

（一）实战演练

实战演练是指由相关参演单位和人员，按照突发事件应急预案或应急程序，以程序性演练或检验性演练的方式，运用真实装备，在突发事件真实或模拟场景条件下开展的应急演练活动。其目的是检验应急队伍、应急抢救装备等资源的调动效率及组织实战能力，提高应急处置能力。

实战演练分为程序性演练和检验性演练。

（1）程序性演练是指根据演练题目和内容，事先编制演练工作方案和脚本。演练过程中，参演人员根据应急演练脚本，逐条分项推演。其主要目的是熟悉应对突发事件的处置流程，对工作程序进行验证。

（2）检验性演练是指演练时间、地点、场景不预先告知，由领导小组随机控制，有关人员根据演练设置的突发事件信息，依据相关应急预案，发挥主观能动性响应。其主要目的是检验实际应急响应和处置能力。

（二）桌面演练

桌面演练是指应急组织的代表或关键岗位人员参加的，按照应急预案及其标准工作程序，讨论紧急情况时应采取行动的演练活动。其主要目的是使相关人员熟悉应急职责，掌握应急流程。

六、应急演练规划与计划

应急演练规划是指针对近期的实际工作情况编制的，有目的性和针对性的工作计划，做到有的放矢、切合实际。各级政府、电力建设施工企业、相关方应针对突发事件特点对应急演练活动进行3~5年的整体规划，包括应急演练的主要内容、形式、范围、频次、日程等。

应急演练规划应从实际需求出发，通过分析本地区、本单位面临的主要风险，根据突发事件发生发展规律而制定。各级演练规划要统一协调、相互衔接，统筹安排各级演练之间的顺序、日程、侧重点，避免重复和相互冲突，演练频次应满足应急预案规定。在规划基础上，制定具体的年度工作计划，年度工作计划应包括演练的主要目的、类型、形式、内容，主要参与演练的部门、人员，演练经费概算等。

七、应急演练准备

应急演练准备是演练的基础和开始。演练准备工作包括成立组织机构、编写演练文件、落实保障措施及其他准备事项等。各项准备工作应围绕演练题目和范围来制定。

（一）成立组织机构

根据需要成立应急演练领导小组、策划组、技术组、后勤保障组、评估组等工作机构，并明确演练工作职责、分工。

应急演练领导小组负责领导应急演练筹备和实施工作，审批应急演练工作方案和经费使用，审批应急演练评估总结报告，决定应急演练的其他重要事项。

策划组负责应急演练的组织、协调和现场调度，编制应急演练工作方案，拟定演练脚本，指导参演单位进行应急演练准备工作，负责信息发布。

技术组负责应急演练安全保障方案制定与执行，负责提供应急演练技术支持，主要包括应急演练所涉及的调度通信、自动化系统、设备安全隔离等。

后勤保障组负责应急演练的会务、后勤保障工作，负责所需物资的准备以及应急演练结束后物资清理归库，负责人力资源管理及经费使用管理等。

评估组负责根据应急演练工作方案，拟定演练考核要点和提纲，跟踪和记录应急演练进展情况，发现应急演练中存在的问题，对应急演练进行点评；负责针对应急演练实施中可能面临的风险进行评估；负责审核应急演练安全保障方案。

（二）编写演练文件

演练文件是应急演练剧本，是应急演练全过程的指导文件，是应急演练成败的关键。演练文件包括应急演练工作方案、应急演练脚本、评估指南、安全保障方案。

1. 应急演练工作方案

应急演练工作方案的主要内容如下。

（1）应急演练的目的与要求。

（2）应急演练场景设计：按照突发事故的内在变化规律，设置情景的发生时间、地点、状态特征、波及范围及变化趋势等要素，进行情景描述。对演练过程中应采取的预警、应急响应、决策与指挥、处置与救援、保障与恢复、信息发布等应急行动与应对措施预先设定和描述。

（3）参演单位和主要人员的任务及职责。

（4）应急演练的评估内容、准则和方法，并制定相关具体评定标准。

（5）应急演练总结与评估工作安排。

（6）应急技术支撑和保障条件。参演单位联系方式、应急演练安全保障方案等。

2. 应急演练脚本

应急演练脚本是指应急演练工作方案的具体操作手册，帮助参演人员掌握演练进程和各自需演练的步骤。一般采用表格形式，描述应急演练每一步骤的时刻及时长、对应的情景内容、处置行动及执行人员、指令与报告对白、适时选用的技术设备、视频画面与字幕、解说词等。

应急演练脚本主要适用于程序性演练。脚本内容包括预警与报告、指挥与协调、应急通信、事故监测、警戒与管制、疏散与安置、医疗卫生、现场处置、社会沟通、后期处置和其他等。

3. 评估指南

根据需要编写评估指南，主要包括以下内容。

（1）相关信息：应急演练目的、情景描述、应急行动与应对措施简介等。

（2）评估内容：应急演练准备、应急演练方案、应急演练组织与实施、应急演练效果等。

（3）评估程序：针对评估过程做出的程序性规定。

4. 安全保障方案

安全保障方案主要内容如下。

（1）可能发生的意外情况及其应急处置措施。

（2）应急演练的安全设施与装备。

（3）应急演练非正常终止条件与程序。

（4）安全注意事项。

（三）落实保障措施

保障措施是应急演练成功的支撑骨架，包括组织保障、资金与物资保障、技术保障、安全保障和宣传保障。

组织保障要落实演练总指挥、现场指挥、演练参与单位（部门）和人员等，必要时考虑替补人员。

资金与物资保障要落实演练经费、演练交通运输保障，筹措演练器材、演练情景类型。

技术保障要落实演练场地设置、演练情景模型制作、演练通信联络保障等。

安全保障要落实参演人员、现场群众飞运行系统安全防护措施，进行必要的系统（设备）安全隔离，确保所有参演人员和现场群众的生命财产安全，确保运行系统安全。

宣传保障要根据演练需要，对涉及演练单位、人员及社会公众进行演练预告，宣传电力应急相关知识。

（四）其他准备事项

根据需要准备应急演练有关活动安排，进行相关应急预案培训，必要时可进行预演。

八、应急演练实施

（一）程序性实战演练实施

在应急演练开始之前，需要对实施前的状态进行检查确认，确认演练所需的工具、设备设施及参演人员到位，检查应急演练安全保障设备设施，确认各项安全保障措施完备。在演练条件具备后，由总指挥宣布演练开始，按照应急演练脚本及应急演练工作方案逐步演练，直至全部步骤完成。演练可由策划组随机调整演练场景的个别或部分信息指令，使演练人员依据变化后的信息和指令自主进行响应。出现特殊或意外情况时，策划组可调整或干预演练，若危及人身和设备安全时，应采取应急措施终止演练。

演练完毕后，由总指挥宣布演练结束。

（二）检验性实战演练实施

在应急演练开始之前，需要对实施前的状态进行检查确认，确认演练条件具备，检查应急演练安全保障设备设施，确认各项安全保障措施完备。

检验性演练实施可分为以下两种方式。

方式一：策划人员事先发布演练题目及内容，向参演人员通告事件情景，演练时间地点、场景随机安排。

方式二：策划人员不事先发布演练题目及内容，演练时间、地点、场景随机安排。有关人员根据演练指令，依据响应预案规定职责启动应急响应，开展应急处置行动。演练完毕后，由策划人员宣布演练结束。

（三）桌面演练实施

在应急演练开始之前，需要对实施前的状态进行检查确认，由策划人员确认演练条件具备。策划人员宣布演练开始，参演人员根据事先预想，按照预案要求，模拟进行演练活动，启动应急响应，开展应急处置行动。演练完毕，由策划人员宣布演练结束。

九、应急演练评估、总结与改进

（一）演练评估

演练评估是指对演练准备、演练方案、演练组织、演练实施、演练效果等进行评价，以确认应急演练是否已达到应急演练目的和要求，检验相关应急机构指挥人员及应急响应人员完成任务的能力。

评估组应掌握事件和应急演练场景，熟悉被评估岗位和人员的响应程序、标准和要求。演练过程中，按照规定的评估项目，依推演的先后顺序逐一进行记录。演练结束后进行点评，撰写评估报告，着重对应急演练组织实施中发现的问题和应急演练效果进行评估总结。

（二）演练总结

应急演练结束后，策划组应就演练所获得的经验进行总结，撰写总结报告，主要包括以下内容。

（1）本次应急演练的基本情况和特点。应急演练的主要收获和经验。应急演练中存在的问题及原因。

（2）对应急演练组织和保障等方面的建议及改进意见。对应急预案和有关执行程序的改进建议。对应急设施、设备维护与更新方面的建议。

（3）对应急组织、应急响应能力与人员培训方面的建议等。

（三）后续处置

应急演练结束后，将应急演练方案、应急演练评估报告、应急演练总结报告等文字资料，以及记录演练实施过程的相关图片、视频、音频等资料归档保存。对主管部门要求备案的应急演练，演练组织部门（单位）将相关资料报主管部门备案。

（四）持续改进

应根据应急演练评估报告、总结报告中指出的问题和建议，督促相关部门和人员制定整改计划，明确整改目标，制定整改措施，落实整改资金，并督查整改情况。

模块五　应急处置和救援

一、应急处置原则

应急处置关系到公众的生命和财产安全，涉及政府的应急职能部门，必要时需要多部门联动并协调合作。因此，要把握以下基本原则。

（一）以人为本，安全第一

把保障公众的生命安全和身体健康、最大限度地预防和减少突发事件造成的人员伤亡作为首要任务，切实加强应急救援人员的安全防护。

(二)统一领导，分级负责

在党中央、国务院的统一领导下，各级党委、政府负责做好本区域的应急管理工作。企业要认真履行安全生产责任主体的职责，建立与政府应急预案和应急机制相匹配的应急体系。

(三)预防为主，防救结合

做好预防、预测、预警和预报工作，做好常态下的风险评估、物资储备、队伍建设、完善装备、预案演练等工作，以预防为第一要务，实现预防与救援相结合。

(四)快速反应，协同应对

加强应急队伍建设，加强区域合作和部门合作，建立协调联动机制，形成统一指挥、反应灵敏、功能齐全、协调有序、运转高效的应急管理快速应对机制。

(五)社会动员，全民参与

发挥政府的主导作用，有效地动员企业及社会蕴藏的人力、物力和财力，形成应对突发事件的合力。增强公众的公共安全和风险防范意识，提高全社会的避险救助能力。

(六)依靠科学，依法规范

采用先进的救援装备和技术，充分发挥专家作用，实行科学民主决策，增强应急救援能力，依法规范应急管理工作，确保应急预案的科学性、权威性和可操作性。

(七)信息公开，引导舆论

在应急管理中信息透明、信息公开，积极地对社会公众的舆情进行监控，对舆情进行正确、有效地引导。

二、应急处置措施

(一)自然灾害、事故灾难和公共卫生事件应急处置措施

自然灾害、事故灾难和公共卫生事件应急处置措施包括6个方面：救助性措施、控制性措施、保障性措施、预防性措施、动员性措施和稳定性措施。

1. 救助性措施

坚持“以人为本”的原则，在突发事件的处置过程中要先避险，后抢险；先救人，后救物。

2. 控制性措施

突发事件发生后，应急管理部门应当对危险源、危险区域和所划定的警戒区逐层实施有效的静态控制，同时进行交通管制以实施有效的动态控制。

3. 保障性措施

突发事件发生后，基础设施部门应当及时修复被灾害损毁的公共设施。在处置的过程中，应急管理部门还要保障食品、饮用水、燃料等基本生活必需品的供应。

4. 预防性措施

在突发事件处置的过程中，应急管理部门不仅要着力减轻已经造成的损害结果，还要对有关的设备、设施及活动场地潜在的风险进行排查，并采取有效的预防性措施，防止社会公众蒙受新的损失。

5. 动员性措施

应急管理部门需要启用本级政府的财政预备和应急物资储备，必要时，应急管理部门应开展社会动员，紧急征用企业、社会所储备物资、设备、设施用具。

6. 稳定性措施

应急管理部门应协调国家执法机关，采取有效的稳定性措施，严厉打击违法犯罪活动，为突发事件的应急处置创造一个良好的外部环境。

（二）社会安全事件应急处置措施

社会安全事件应急处置措施包括5种：强制性隔离措施、保护控制措施、封锁限制措施、重点保卫措施和其他合法措施。

1. 强制性隔离措施

当社会安全事件发生时，应急管理部门应协调公安机关，根据事件的性质和危害程度，依法采取果断行动，进行强制干预，将冲突双方隔离，有效地控制现场事态，维持正常的社会程序。

2. 保护控制措施

社会安全事件发生后，特定区域内的建筑物、交通工具、设备、设施等可能会成为破坏对象，需要进行重点保护。燃料、燃气、电力、水等供应关系着千家万户，涉及国计民生，应急管理部门应协调公安部门，对其采取必要的控制措施，避免社会安全事件影响的扩散。

3. 封锁限制措施

社会安全事件发生后，公安部门要实施现场管理，对出入封锁区域人员的证件、车辆、物品进行检查，限制有关公共场所内的活动。这有助于维持处置现场秩序，抓获犯罪嫌疑人，避免新的社会安全事件的发生。

4. 重点保卫措施

国家机关、军事机关、广播电台、电视台、外国驻华使馆等是易受社会安全事件冲击的关键部门。在现实中，这些部门经常是群体性突发事件中公众表达利益诉求、发泄不满情绪的对象。不仅如此，它们还因具有较高的象征价值，是敏感地点，容易成为恐怖袭击等暴力活动的针对对象。为此，在处置社会安全事件的过程中要重点加强对以上机关的保卫工作。

5. 其他合法措施

《突发事件应对法》规定，在必要的情况下，可依靠法律、行政法规和国务院的规定，采取以上四项措施之外的其他措施。

三、应急响应和救援

根据《生产安全事故应急条例》相关规定，应急响应和救援措施如下。

（1）发生生产安全事故后，生产经营单位应当立即启动应急预案，按照国家有关规定报告事故情况，并采取下列应急措施。

①迅速控制危险源，组织抢救遇险人员。

②停止现场作业，组织现场人员撤离，通知可能受到事故影响的单位与人员。

③防止事故危害扩大和发生次生灾害的必要措施。

④根据需要请求邻近的应急救援队伍参加救援。

⑤向参加救援的应急救援队伍提供相关技术资料、信息和处置方法。

⑥维护事故现场秩序，保护事故现场并及时收集证据。

⑦法律、法规规定的其他应急措施。

（2）有关地方人民政府及其负有安全生产监督管理职责的部门接到生产安全事故报告后，应当立即启动相应的应急预案，按照国家有关规定上报事故情况，并采取下列应急措施。

①研判事故发展趋势及可能造成的危害。

②通知可能受事故影响的单位与人员、隔离事故现场、划定警戒区域、疏散受到威胁的人员、实施交通管制。

③依法发布调用和征用应急资源的决定。

④维护现场秩序，组织安抚遇险人员和遇险遇难人员亲属。

⑤依法发布事故信息。

⑥法律、法规规定的其他应急措施。

（3）发生生产安全事故后，有关人民政府认为有必要的，可以设立应急救援现场指挥部，指定现场指挥部总指挥。现场指挥部成员应当包括政府及其有关部门负责人、应急救援专家、应急救援队伍负责人、事故发生单位负责人等。

现场指挥部按照本级人民政府的授权组织制定并实施现场应急救援方案，协调、指挥有关单位和个人参加现场应急救援。

参加生产安全事故现场应急救援的单位和个人应当服从现场指挥部的统一指挥。

（4）在应急救援中发现可能直接威胁救援人员生命安全或造成次生灾害等情况时，现场指挥部或负责统一指挥应急救援的地方人民政府及其有关部门应当立即采取相应措施消除隐患，降低或化解风险；必要时，可以暂时撤离救援人员。

（5）生产安全事故发生地人民政府有关部门应当为应急救援提供通信、交通运输、医疗、气象、水文、地质、电力、供水等保障，为救援人员提供必需的后勤保障，为受到危害的人员提供避难场所和生活必需品。

模块六　生产安全事故管理

一、生产安全事故分级

《生产安全事故报告和调查处理条例》第三条规定：“根据生产安全事故（以下简称事故）

造成的人员伤亡或者直接经济损失，事故一般分为以下等级：（一）特别重大事故，是指造成30人以上死亡，或者100人以上重伤（包括急性工业中毒，下同），或者1亿元以上直接经济损失的事故；（二）重大事故，是指造成10人以上30人以下死亡，或者50人以上100人以下重伤，或者5 000万元以上1亿元以下直接经济损失的事故；（三）较大事故，是指造成3人以上10人以下死亡，或者10人以上50人以下重伤，或者1 000万元以上5 000万元以下直接经济损失的事故；（四）一般事故，是指造成3人以下死亡，或者10人以下重伤，或者1 000万元以下直接经济损失的事故。国务院安全生产监督管理部门可以会同国务院有关部门，制定事故等级划分的补充性规定。本条第一款所称的'以上'包括本数，所称的'以下'不包括本数。"

二、生产安全事故报告

《生产安全事故报告和调查处理条例》第九条规定："事故发生后，事故现场有关人员应当立即向本单位负责人报告；单位负责人接到报告后，应当于1小时内向事故发生地县级以上人民政府安全生产监督管理部门和负有安全生产监督管理职责的有关部门报告。

情况紧急时，事故现场有关人员可以直接向事故发生地县级以上人民政府安全生产监督管理部门和负有安全生产监督管理职责的有关部门报告。"

（一）事故分级报告

安全生产监督管理部门和负有安全生产监督管理职责的有关部门接到事故报告后，应当依照下列规定上报事故情况，并通知公安机关、劳动保障行政部门、工会和人民检察院。

（1）特别重大事故、重大事故逐级上报至国务院安全生产监督管理部门和负有安全生产监督管理职责的有关部门。

（2）较大事故逐级上报至省、自治区、直辖市人民政府安全生产监督管理部门和负有安全生产监督管理职责的有关部门。

（3）一般事故上报至设区的市级人民政府安全生产监督管理部门和负有安全生产监督管理职责的有关部门。

安全生产监督管理部门和负有安全生产监督管理职责的有关部门依照上述规定上报事故情况，应当同时报告本级人民政府。国务院安全生产监督管理部门和负有安全生产监督管理职责的有关部门及省级人民政府接到发生特别重大事故、重大事故的报告后，应当立即报告国务院。

必要时，安全生产监督管理部门和负有安全生产监督管理职责的有关部门可以越级上报事故情况。

（二）事故报告时限

（1）安全生产监督管理部门和负有安全生产监督管理职责的有关部门逐级上报事故情况，每级上报的时间不得超过2小时。

（2）事故报告后出现新情况的，应当及时补报。自事故发生之日起30日内，事故造成的伤亡人数发生变化的，应当及时补报。道路交通事故、火灾事故自发生之日起7日内，事故造成的伤亡人数发生变化的，应当及时补报。

（三）事故报告内容

（1）事故发生单位概况。

（2）事故发生的时间、地点及事故现场情况。

（3）事故的简要经过。

（4）事故已经造成或可能造成的伤亡人数（包括下落不明的人数）和初步估计的直接经济损失。

（5）已经采取的措施。

（6）其他应当报告的情况。

三、生产安全事故调查组织、规定

（一）事故分级调查

特别重大事故由国务院或国务院授权有关部门组织事故调查组进行调查。

重大事故、较大事故、一般事故分别由事故发生地省级人民政府、设区的市级人民政府、县级人民政府负责调查。省级人民政府、设区的市级人民政府、县级人民政府可以直接组织事故调查组进行调查，也可以授权或委托有关部门组织事故调查组进行调查。

未造成人员伤亡的一般事故，县级人民政府也可以委托事故发生单位组织事故调查组进行调查。

（二）事故调查组织

根据事故的具体情况，事故调查组由有关人民政府、安全生产监督管理部门、负有安全生产监督管理职责的有关部门、监察机关、公安机关及工会派人组成，并应当邀请人民检察院派人参加。

事故调查组组长由负责事故调查的人民政府指定，主持事故调查组的工作。

事故调查组可以聘请有关专家参与调查。

事故调查组成员应当具有事故调查所需要的知识和专长，并与所调查的事故没有直接利害关系。

（三）事故调查组职责

（1）查明事故发生的经过、原因、人员伤亡情况及直接经济损失。

（2）认定事故的性质和事故责任。

（3）提出对事故责任者的处理建议。

（4）总结事故教训，提出防范和整改措施。

（5）提交事故调查报告。

（四）事故调查规定

事故调查组有权向有关单位和个人了解与事故有关的情况，并要求其提供相关文件、资料，有关单位和个人不得拒绝。事故发生单位的负责人和有关人员在事故调查期间不得擅离职守，并应当随时接受事故调查组的询问，如实提供有关情况。

事故调查中需要进行技术鉴定的，事故调查组应当委托具有国家规定资质的单位进行技术鉴定。必要时，事故调查组可以直接组织专家进行技术鉴定。进行技术鉴定所需时间不计入事故调查期限。

事故调查组应当自事故发生之日起60日内提交事故调查报告；特殊情况下，经负责事故调查组的人民政府批准，提交事故报告可以适当延长，但延长的期限最长不超过60日。

（五）事故调查报告的内容

（1）事故发生单位概况。

（2）事故发生经过和事故救援情况。

（3）事故造成的人员伤亡和直接经济损失。

（4）事故发生的原因和事故性质。

（5）事故责任的认定及对事故责任者的处理建议。

（6）事故防范和整改措施。

事故调查报告应当附具有关证据材料。事故调查组成员应当在事故调查报告上签名。

四、生产安全事故处理

对于生产安全重大事故、较大事故、一般事故，负责事故调查的人民政府应当自收到事故调查报告之日起15日内做出批复；对特别重大事故，需30日内做出批复，特殊情况下，批复时间可以适当延长，但延长的时间最长不超过30日。

有关机关应当按照人民政府的批复，依照法律、行政法规规定的权限和程序，对事故发生单位和有关人员进行行政处罚，对负有事故责任的国家工作人员进行处分。

事故发生单位应当按照负责事故调查的人民政府的批复，对本单位负有事故责任的人员进行处理。

负有事故责任的人员涉嫌犯罪的，依法追究刑事责任。

事故发生单位应当认真吸取事故教训，落实防范和整改措施，防止事故再次发生。防范措施和整改措施的落实情况应当接受工会和职工的监督。

安全生产监督管理部门和负有安全生产监督管理职责的有关部门应当对事故发生单位落实防范和整改措施的情况进行监督检查。

事故处理的情况由负责事故调查的人民政府或其授权的有关部门、机构向社会公布，依法应当保密的除外。

模块七　电力安全事故管理与应急处置

一、电力生产安全事故分级

《电力安全事故应急处置和调查处理条例》第三条规定，根据电力安全事故（以下简称事故）

影响电力系统安全稳定运行或影响电力（热力）正常供应的程度，事故分为特别重大事故、重大事故、较大事故和一般事故。事故等级划分标准的部分项目需要调整的，由国务院电力监管机构提出方案，报国务院批准。

二、电力生产安全事故报告

《电力安全事故应急处置和调查处理条例》第八条规定："事故发生后，事故现场有关人员应当立即向发电厂、变电站运行值班人员、电力调度机构值班人员或者本企业现场负责人报告。有关人员接到报告后，应当立即向上一级电力调度机构和本企业负责人报告。本企业负责人接到报告后，应当立即向国务院电力监管机构设在当地的派出机构（以下称事故发生地电力监管机构）、县级以上人民政府安全生产监督管理部门报告；热电厂事故影响热力正常供应的，还应当向供热管理部门报告；事故涉及水电厂（站）大坝安全的，还应当同时向有管辖权的水行政主管部门或者流域管理机构报告。电力企业及其有关人员不得迟报、漏报或者瞒报、谎报事故情况。"

《电力安全事故应急处置和调查处理条例》第九条规定："事故发生地电力监管机构接到事故报告后，应当立即核实有关情况，向国务院电力监管机构报告；事故造成供电用户停电的，应当同时通报事故发生地县级以上地方人民政府。对特别重大事故、重大事故，国务院电力监管机构接到事故报告后应当立即报告国务院，并通报国务院安全生产监督管理部门、国务院能源主管部门等有关部门。"

三、电力生产安全事故报告内容

（1）事故发生的时间、地点（区域）及事故发生单位。

（2）已知的电力设备、设施损坏情况，停运的发电（供热）机组数量、电网减供负荷或发电厂减少出力的数值、停电（停热）范围。

（3）事故原因的初步判断。

（4）事故发生后采取的措施、电网运行方式、发电机组运行状况及事故控制情况。

（5）其他应当报告的情况。

事故报告后出现新情况的，应当及时补报。

四、电力生产安全事故调查组织、规定

（一）事故分级调查

特别重大事故由国务院或国务院授权的部门组织事故调查组进行调查。

重大事故由国务院电力监管机构组织事故调查组进行调查。

较大事故、一般事故由事故发生地电力监管机构组织事故调查组进行调查。国务院电力监管机构认为必要的，可以组织事故调查组对较大事故进行调查。

未造成供电用户停电的一般事故，事故发生地电力监管机构也可以委托事故发生单位调查处理。

（二）事故调查组织

根据事故的具体情况，事故调查组由电力监管机构、有关地方人民政府、安全生产监督管理部门、负有安全生产监督管理职责的有关部门派人组成；有关人员涉嫌失职、渎职或涉嫌犯罪的，应当邀请监察机关、公安机关、人民检察院派人参加。

事故调查组组长由组织事故调查组的机关指定。

根据事故调查工作的需要，事故调查组可以聘请有关专家协助调查。

（三）事故调查规定

事故调查组应当按照国家有关规定开展事故调查，并在下列期限内向组织事故调查组的机关提交事故调查报告。

（1）特别重大事故和重大事故的调查期限为60日；特殊情况下，经组织事故调查组的机关批准，可以适当延长，但延长的期限不得超过60日。

（2）较大事故和一般事故的调查期限为45日；特殊情况下，经组织事故调查组的机关批准，可以适当延长，但延长的期限不得超过45日。

事故调查期限自事故发生之日起计算。

（四）事故调查报告内容

（1）事故发生单位概况和事故发生经过。

（2）事故造成的直接经济损失和事故对电网运行、电力（热力）正常供应的影响情况。

（3）事故发生的原因和事故性质。

（4）事故应急处置和恢复电力生产、电网运行的情况。

（5）事故责任认定和对事故责任单位、责任人的处理建议。

（6）事故防范和整改措施。

事故调查报告应当附具有关证据材料和技术分析报告。事故调查组成员应当在事故调查报告上签字。

五、电力生产安全事故处理

（1）发生事故的电力企业主要负责人有下列行为之一的，由电力监管机构处其上一年年收入40%至80%的罚款；属于国家工作人员的，并依法给予处分；构成犯罪的，依法追究刑事责任。

①不立即组织事故抢救的。

②迟报或漏报事故的。

③在事故调查处理期间擅离职守的。

（2）发生事故的电力企业及其有关人员有下列行为之一的，由电力监管机构对电力企业处100万元以上500万元以下的罚款；对主要负责人、直接负责的主管人员和其他直接责任人员处其上一年年收入60% 至100% 的罚款，属于国家工作人员的，并依法给予处分；构成违反治安管理行为的，由公安机关依法给予治安管理处罚；构成犯罪的，依法追究刑事责任。

①谎报或瞒报事故的。

②伪造或故意破坏事故现场的。

③转移、隐匿资金、财产，或者销毁有关证据、资料的。

④拒绝接受调查或拒绝提供有关情况和资料的。

⑤在事故调查中作伪证或指使他人作伪证的。

⑥事故发生后逃匿的。

（3）电力企业对事故发生负有责任的，由电力监管机构依照下列规定处以罚款。

①发生一般事故的，处10万元以上20万元以下的罚款。

②发生较大事故的，处20万元以上50万元以下的罚款。

③发生重大事故的，处50万元以上200万元以下的罚款。

④发生特别重大事故的，处200万元以上500万元以下的罚款。

（4）电力企业主要负责人未依法履行安全生产管理职责，导致事故发生的，由电力监管机构依照下列规定处以罚款；属于国家工作人员的，并依法给予处分；构成犯罪的，依法追究刑事责任。

①发生一般事故的，处其上一年年收入30%的罚款。

②发生较大事故的，处其上一年年收入40%的罚款。

③发生重大事故的，处其上一年年收入60%的罚款。

④发生特别重大事故的，处其上一年年收入80%的罚款。

六、电力安全事故应急处置

（1）事故发生后，有关电力企业应当立即采取相应的紧急处置措施，控制事故范围，防止发生电网系统性崩溃和瓦解；事故危及人身和设备安全的，发电厂、变电站运行值班人员可以按照有关规定，立即采取停运发电机组和输变电设备等紧急处置措施。

事故造成电力设备、设施损坏的，有关电力企业应当立即组织抢修。

（2）根据事故的具体情况，电力调度机构可以发布开启或关停发电机组、调整发电机组有功和无功负荷、调整电网运行方式、调整供电调度计划等电力调度命令，发电企业、电力用户应当执行。

事故可能导致破坏电力系统稳定和电网大面积停电的，电力调度机构有权决定采取拉限负荷、解列电网、解列发电机组等必要措施。

（3）事故造成电网大面积停电的，国务院电力监管机构和国务院其他有关部门、有关地方人民政府、电力企业应当按照国家有关规定，启动相应的应急预案，成立应急指挥机构，尽快恢复电网运行和电力供应，防止各种次生灾害的发生。

（4）事故造成电网大面积停电的，有关地方人民政府及有关部门应当立即组织开展下列应急处置工作。

①加强对停电地区关系国计民生、国家安全和公共安全的重点单位的安全保卫，防范破坏社会秩序的行为，维护社会稳定。

②及时排除因停电发生的各种险情。

③事故造成重大人员伤亡或者需要紧急转移、安置受困人员的，及时组织实施救治、转移、安置工作。

④加强停电地区道路交通指挥和疏导，做好铁路、民航运输以及通信保障工作。

⑤组织应急物资的紧急生产和调用，保证电网恢复运行所需物资和居民基本生活资料的供给。

（5）事故造成重要电力用户供电中断的，重要电力用户应当按照有关技术要求迅速启动自备应急电源；启动自备应急电源无效的，电网企业应当提供必要的支援。

事故造成地铁、机场、高层建筑、商场、影剧院、体育场馆等人员聚集场所停电的，应当迅速启用应急照明，组织人员有序疏散。

（6）恢复电网运行和电力供应，应当优先保证重要电厂厂用电源、重要输变电设备、电力主干网架的恢复，优先恢复重要电力用户、重要城市、重点地区的电力供应。

（7）事故应急指挥机构或者电力监管机构应当按照有关规定，统一、准确、及时发布有关事故影响范围、处置工作进度、预计恢复供电时间等信息。

电力安全事故等级划分标准

线上测试

参 考 文 献

［1］ 国家电力监管委员会，国家安全生产监督管理总局.关于深入开展电力安全生产标准化工作的指导意见：电监安全〔2011〕21号［A/OL］.（2011-08-03).http://www.mem.gov.cn/gk/gwgg/agwzlfl/yj_01/201108/t20110803_242199.shtml.

［2］ 国家能源局.国家能源局关于印发《电力企业应急能力建设评估管理办法》的通知：国能发安全〔2020〕66号［A/OL］.（2020-12-01）.http://zfxxgk.nea.gov.cn/2020-12/01/c_139618463.htm.

［3］ 中国安全生产科学研究院.安全生产管理［M］.北京：应急管理出版社，2020.

［4］ 中国安全生产科学研究院.安全生产技术基础［M］.北京：应急管理出版社，2022.

［5］ 本书编写组.电力工程建设项目安全生产标准化规范及达标评级标准［M］.杭州：浙江人民出版社，2014.

［6］ 国家能源局，国家安全监管总局.国家能源局 国家安全监管总局关于印发光伏发电企业安全生产标准化创建规范的通知：国能安全〔2015〕127号［A/OL］.http://zfxxgk.nea.gov.cn/auto93/201504/t20150428_1908.htm.

［7］ 朱鹏.事故管理与应急处置［M］.北京：化学工业出版社，2022.

［8］ 中华人民共和国国务院.电力安全事故应急处置和调查处理条例［A/OL］.（2020-07-07）.https://www.gov.cn/zhengce/2020-12/27/content_5573760.htm.